21 世纪高等学校**机电类规划教材**

JIDIANLEI GUIHUA JIAOCAI

工业和信息化部
"十二五"规划教材

机床
数控技术及编程

◆ 黄新燕 主编

◆ 曹春平 副主编

人民邮电出版社

北 京

图书在版编目（CIP）数据

机床数控技术及编程 / 黄新燕主编. -- 北京：人
民邮电出版社，2015.2
　21世纪高等学校机电类规划教材
　ISBN 978-7-115-38253-5

Ⅰ. ①机… Ⅱ. ①黄… Ⅲ. ①数控机床－程序设计－
高等学校－教材 Ⅳ. ①TG659

中国版本图书馆CIP数据核字(2015)第016877号

内 容 提 要

本书以现代数控机床为基础，较详细地介绍了机床数字控制的原理和最新技术。全书共分 6 章，主要包括数控机床控制刀具完成轮廓加工的轮廓插补原理、数控机床的加工程序的编制、计算机数字控制装置的类型以及控制软件、典型位置检测装置的工作原理和数控机床的常用伺服系统的工作原理。

本书内容全面、深入，各章既有联系性，又有一定的独立性。可作为工科高等院校数控技术应用类、模具设计与制造类、机械制造及自动化类等机械类专业的教材，也可供从事数控系统研发的技术人员或数控机床编程与操作人员参考。

◆ 主　　编　黄新燕
　　副 主 编　曹春平
　　责任编辑　戴思俊
　　执行编辑　税梦玲
　　责任印制　彭志环

◆ 人民邮电出版社出版发行　　北京市丰台区成寿寺路 11 号
　　邮编　100164　　电子邮件　315@ptpress.com.cn
　　网址　https://www.ptpress.com.cn
　　北京盛通印刷股份有限公司印刷

◆ 开本：787×1092　1/16
　　印张：16.5　　　　　　　　2015 年 2 月第 1 版
　　字数：413 千字　　　　　　2024 年 7 月北京第 16 次印刷

定价：39.80 元

读者服务热线：(010)81055256　印装质量热线：(010)81055316
反盗版热线：(010)81055315
广告经营许可证：京东市监广登字 20170147 号

数控技术涵盖了机械制造、计算机技术、精密测量、信息处理、网络通信、光机电及自动控制等领域的最新成就。它是使生产和制造实现自动化、柔性化和集成化的基础技术。它的发展和应用,开创了制造业的新时代,使世界制造业的水平发生了巨大变化。

本书从企业对数控技术人才的知识和基本技能的需求出发,构建教材的理论和知识体系以及实际技能的训练体系。本书的内容主要包括数控的基本概念和发展趋势、数控机床轮廓控制的典型方法、数控机床程序的组成和结构、如何用数控系统的功能字编制数控程序、典型零件数控程序的编制、计算机数控系统的硬件和软件结构、数控机床的典型位置检测装置、典型位置检测装置的工作原理、数控机床伺服系统的类型、不同类型伺服系统的结构和工作原理等。通过本课程的学习,将使学生具备数控技术的基础知识,掌握数控编程的基本技能,了解现代数字化控制的最新技术和方法。

本书既强调基础,又力求体现新知识、新技术,此外还注重实际能力的培养。在编写体例上采用新的形式,简约的文字表述,大量的实物图片,图文并茂,直观明了。注重理论和实践的结合,每一章开始提出本章的目标和学习任务,每一章的结束配套相应的思考题,这样的一种体系有助于学生进行自习和复习。

通过6章内容的学习和训练,学生不仅能够掌握数控技术的基础知识,而且能够掌握典型零件数控加工程序编制的方法,同时掌握典型伺服系统的组成和速度控制方法。

本书的参考学时为32～48学时,建议采用理论与实践相结合的教学模式,各章的参考学时见学时分配表。

学时分配表

章　节	课　程　内　容	课　时　分　配	
		讲授	实践训练
第1章	概论	2	
第2章	数控系统的轮廓控制原理	6	
第3章	数控机床的程序编制	10	6
第4章	计算机数字控制装置	4	6
第5章	位置检测装置	4	
第6章	伺服驱动系统	8	2

　　本书由南京理工大学机械工程学院黄新燕任主编，并编写第 1～4 章；曹春平任副主编，并编写第 5 章和第 6 章。本书的编写得到南京理工大学机电实验中心的帮助，在此表示感谢。

　　由于时间仓促，编者水平和经验有限，书中难免有欠妥和错误之处，恳请读者批评指正。

编　者

2014 年 9 月

第 **1** 章 概论 Introduction

【目标】

了解数控机床是一个典型的机电产品。它是由机床和数控系统两大部分组成的。机床是机械部件,数控系统是电气部件。掌握数控机床的组成、功能和未来的发展趋势,对数控系统有一个基本和全面的认识。

【学习任务】

通过本章的学习,你需要掌握以下的知识。

- 数控的概念
- 数控机床的组成
- 数控机床的分类
- 数控技术的发展

1.1 基本概念

1.1.1 数控机床的产生

社会生产与科学技术的迅速发展使机械产品日趋精密、复杂而且改型频繁。这不仅给机床设备提出了提高精度与效率的要求,也提出了增加通用性与灵活性的要求。特别是宇航、造船、武器生产等部门,它们需要加工的零件具有精度高、形状复杂、批量较小,经常变动的特点。使用普通机床去加工这类零件,不仅劳动强度大、生产效率低,还难以保证精度,有些零件甚至无法加工。

大批量的零件加工使用专用自动化单机、组合机床,以及由它们组成的自动化加工线,可以得到高的加工效率。但是,约占机械加工总量 80% 的单件、小批量零件的加工,不宜使用这类不易变更的“刚性”自动化设备,因此对机床自动化设备提出了“柔性”的要求,即要求它灵活、通用,能迅速地适应加工零件的频繁变化,而不需对设备进行专门的调整及更换专用的工夹具。

微电子技术、自动信息处理、数据处理以及电子计算机的发展,给自动化技术带来了新的概念,推动了机械制造装备的自动化。

第一台数控机床是为了适应航空工业制造复杂零件的需要而产生的。1948 年,美国帕森斯(Parsons Co.)公司在研制加工直升飞机叶片轮廓检查用样板的机床时,提出了数控机床的初始设想。受空军委托,该公司与麻省理工学院(MIT)合作开始了三坐标铣床的数控化研究工作,1952 年公开发布了世界上第一台直线插补连续控制的三坐标数控铣床样机的诞生。又经过三年的改进并结合数控程序自动编制方法的研究,数控机床于 1955 年进入实用阶段。

1.1.2　数控的基本概念

数控(Numerical Control,NC)是数字控制的简称,是利用数字化信息来实现自动控制的方法。数控机床(Numerical Control Machine Tools)是指采用数字化信息控制的机床,数控技术不仅用于控制机床,还可用于控制其他设备。

国际信息处理联盟(International Federation of Information Processing,IFIP)第五技术委员会对数控机床作了如下的定义:数控机床是一个装有程序控制系统的机床。该系统能够逻辑地处理具有使用号码,或其他符号编码指令规定的程序。

在机床控制中,"数字控制"和"顺序控制"是两种不同的概念,对于"顺序控制"来说,只能控制各种自动加工动作的先后顺序,而对运动部件的位移量不能进行控制。数字控制的过程是一个全自动化过程,使数控设备进行自动控制的那些指令是以数字和文字编码的方式记载在控制介质上,指令经过控制计算机处理和计算后,对各种动作的顺序,位移量以及速度等实现自动控制。

因此,数控机床是一种采用计算机技术,利用数字信息进行控制的高效、能自动化加工的机床。首先,它按照规定的数字化代码表达各种机械位移量、工艺参数、辅助功能(如刀具交换、冷却液开与关等),然后,通过逻辑处理与运算,数控系统发出各种控制指令,从而实现要求的机械动作,自动完成零件加工任务。当加工零件或加工工序变动时,只需改变其指令程序就可以实现新的加工。由此可见,数控机床是一种灵活性很强、技术密集度及自动化程度很高的机电一体化加工设备。

1.1.3　数控机床的特点

由数控机床产生的背景可知,数控机床在以下一些类型的零件的加工中更能显示出它的优越性:①批量小而又多次生产的零件;②几何形状复杂的零件;③在加工过程中必须进行多种加工的零件;④切削余量大的零件;⑤必须控制公差(即公差带范围小)的零件;⑥工艺设计会变化的零件;⑦加工过程中的错误会造成严重浪费的贵重零件;⑧需全部检测的零件等。概括起来,数控机床具有以下几方面的特点。

1. 加工精度高,产品质量稳定

普通机床是依靠人工控制切削用量,通过加工过程中不断地测量来保证加工精度。数控机床的切削用量是由加工程序指定,并且是按照程序自动进行加工的,避免了受人的经验不足、操作失误或每一次加工过程中参数控制的不一致的影响。现代数控系统还可以利用控制软件补偿机床本身的系统误差,利用自适应控制消除各种随机误差。因此,数控机床可以获得高的加工精度及重复精度,产品质量稳定。

2. 生产效率高

数控机床加工中通常使用较简单的通用夹具,减少了生产准备时间和工件装夹时间。在加工过程中,由于数控机床的重复精度高,简化了检验工作,省去了对工件进行多次测量、检验的时间。数控机床的机械结构刚性较大,可以使用较大的切削用量获得较高的生产率。数控机床可以采用最佳切削参数和最佳走刀路线,因此,缩短了加工时间。据统计,普通数控机床的生产率较普通机床的生产率高 2～3 倍,尤其是某些复杂零件的加工,生产率可提高十几倍甚至几十倍。随着数控机床的高速化发展趋势,生产效率将不断提高。

3. 适应性和灵活性好

由于市场不断出现多样化、单件、小批量的产品需求,数控机床通过改变程序,就可以加工新品种的零件。因此,可以快速、灵活地满足产品变更的需求。

4. 操作者的劳动强度降低且劳动条件得到改善

数控机床是具有很高自动化程度的全新型机床。它的控制系统不仅能控制机床各种动作的先后顺序,还能控制机床运动部件的运动速度,以及刀具相对工件的运动轨迹。另外,如自动换刀、启停冷却液、自动变速等大部分操作也都不需人工完成,因而大大减轻了工人的劳动强度。

数控机床一般都配有较好的安全防护、自动排屑、自动冷却和自动润滑装置,操作者的劳动条件可得到很大改善。

5. 生产管理现代化水平提高

在数控机床上加工,能准确计算零件加工时间,加强了零件加工的计划性,便于实现优化调度。检验工作的简化,对工夹具、半成品的管理的减轻,因误操作出废品及损坏刀具的可能性的减少,这些都有利于生产过程的科学管理和信息化管理。

6. 使用成本和维护技术要求高

数控机床的初次投资及维修等费用较高,对管理及操作人员的素质要求也较高,合理地选择及使用数控机床,可以降低企业的生产成本,提高经济效益和竞争能力。

目前,选用数控机床时主要考虑三种因素,即:单件、中小批量的生产;形状比较复杂、精度要求高的零件的加工;更新频繁、生产周期要求短的零件的加工。

1.2 数控机床的组成及分类

1.2.1 数控机床的组成

数控机床一般由控制介质、数控系统、伺服系统和机床本体四个部分组成,如图 1.1 所示,图中实线所示为开环控制的数控机床框图。

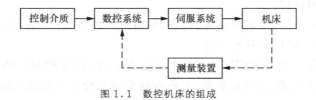

图 1.1 数控机床的组成

为了提高机床的加工精度,在上述系统中再加入一个测量装置(即图 1.1 中的虚线部分),这样就构成了闭环控制的数控机床。

开环控制系统的工作过程为:首先,将控制机床工作台运动的位移量、位移速度、位移方向、位移轨迹等参量通过控制介质输入给机床数控装置,数控装置依据这些参量指令计算得出进给脉冲序列;然后,经伺服系统转换放大,控制工作台按所要求的速度、轨迹、方向和距离移动。若为闭环系统,测量装置反馈检测机床工作台的实际位移值,反馈量与输入量在数控装置中进行比较,若有差值,说明二者间有误差,则数控装置控制机床向着消除误差的方向运动,最终按照要求的形状与尺寸完成零件的切削加工。

1．控制介质

数控机床工作时，不需要工人去摇手柄操作机床，但又要自动地执行人们的意图，这就必须在人和数控机床之间建立某种联系，这种联系的媒介物称为控制介质（或称程序介质、信息载体）。

在通用机床上加工零件时，由工人按图纸和工艺要求进行加工。在数控机床上加工时，则要把加工零件所需的全部动作及刀具相对于工件的位置等内容，用数控装置所能接受的数字和文字代码来表示，并把这些代码储存在控制介质上。

早期数控系统采用的控制介质是标准穿孔纸带。随着计算机技术的发展，控制介质分别以穿孔卡、磁带、磁盘、光盘和 U 盘的形式呈现。至于采用哪一种，则取决于数控装置的配置。

CAD/CAM 技术的发展以及计算机网络技术的发展催生了计算机集成制造系统，可以直接借助网络这个载体来实现中央计算机和数控装置之间的信息的传输。

2．数控系统

数控系统通常由数控装置和可编程序逻辑控制器（Programmable Logic Controller，PLC）组成。

数控装置是数控机床的中枢，是推动数控技术发展的关键环节。数控装置接收输入介质的信息，并将代码加以识别、储存、运算，输出相应的指令脉冲以驱动伺服系统，进而控制机床动作。在普通数控机床中，数控装置一般由输入装置、存储器、控制器、运算器和输出装置组成。在计算机数控机床中，数控装置由硬件和软件两大部分组成。数控装置所需具备的主要功能有以下几种。

① 多坐标控制（多轴联动）。

② 实现多种函数的插补（如直线、圆弧、抛物线、螺旋线等）。

③ 多种程序输入功能（人机对话、手动数据输入、由上级计算机及其他计算机输入设备的程序输入以及程序的编辑和修改）。

④ 信息转换功能：EIA/ISO 代码转换，英制/公制转换，绝对值/增量值转换等。

⑤ 补偿功能：刀具半径补偿，刀具长度补偿，传动间隙补偿，螺距误差补偿等。

⑥ 多种加工方式选择，还可以实现各种加工循环，重复加工，凹凸模加工和镜像加工等。

⑦ 故障自诊断和监控。

⑧ 多种形式的显示功能：显示字符、轨迹、平面图形和动态三维图形。

⑨ 输入输出接口、通信和联网功能。

在数控系统中，除了进行轮廓轨迹控制和点位控制外，还应控制一些开关量，如主轴的启动与停止、冷却液的开与关、刀具的更换、工作台的夹紧与松开等辅助功能，主要由可编程序逻辑控制器来完成。它除了负责将零件加工程序中的 M 代码、S 代码、T 代码等顺序动作信息转换成对应的控制信号，控制机床完成相应的开关动作，还能接受机床操作面板的指令，直接控制机床的动作。

3．伺服系统

伺服系统的作用是把来自数控装置的指令转换为机床移动部件的运动，使工作台（或溜板）精确定位或按规定的轨迹作严格的相对运动，最后加工出符合图纸要求的零件。因此伺服系统的性能是决定数控机床的加工精度、表面质量和生产率的主要因素之一。

伺服系统包括主轴驱动单元（主要是速度控制）、进给驱动单元（主要有速度控制和位置控制）、主轴电动机和进给电动机。在进给伺服系统中，相对于每个脉冲信号，机床移动部件的位移量叫作脉冲当量(用 δ 来表示)。常用的脉冲当量为 0.01mm/脉冲、0.005mm/脉冲及 0.001mm/脉冲。一般来说,数控机床的伺服系统要求有好的快速响应性能,以及能灵敏而准确地跟踪指令的功能。

在数控机床的伺服系统中,常用的伺服驱动元件有步进电动机、直流伺服电动机和交流伺服电动机等。随着交流电动机调速技术的逐步完善,交流伺服电动机应用越来越普遍。

4. 机床

由于数控机床切削用量大、连续加工发热多等因素会影响工件精度,此外,在加工中不能像在通用机床上那样可以随时由人工进行干预。因此,机床本体的设计要求比通用机床更严格,制造要求更精密。在数控机床设计时,多采用新的加强刚性、减小热变形、提高精度等方面的措施,使得数控机床的外部造型、整体布局、传动系统以及刀具系统等方面都有了改进。数控机床的机床本体结构概括起来有下面几个特点。

① 传动链短。数控机床采用了高性能的主轴及进给伺服系统,简化了它的机械传动结构。

② 动态特性好。为了适应连续的自动化加工,机床的动态刚度、阻尼精度、耐磨性以及抗热变形性能都较高。

③ 传动效率高。采用一些高效传动件。如滚珠丝杆螺母副、直线滚动导轨等。

另外,为了保证数控机床的功能得到充分发挥,数控机床还有一些配套部件(如冷却、排屑、防护、润滑、照明等系列装置)和辅助设备(对刀仪等)。

1.2.2 数控机床的分类

目前,数控机床品种齐全,规格繁多,据不完全统计已有 400 多个品种规格。为了研究数控机床,可以按照多种原则来进行分类。但归纳起来,通常按 4 种原则来分类。

1. 按工艺方法分类

(1)金属切削数控机床

金属切削数控机床依据功能可以分为普通数控机床、数控加工中心和多坐标数控机床。

数控的车、铣、镗、钻、磨床等这类机床实现的工艺和普通机床相似,不同之处是这类数控机床能加工复杂形状的零件。

此外,还有加工中心。它是在一般数控机床上加装一个刀库(可容纳 10～100 把刀具)和自动换刀装置而构成的一种带自动换刀装置的数控机床,又称多工序数控机床、镗铣类加工中心、车削中心,习惯上简称为加工中心(Machining Center,MC)。

数控加工中心和一般数控机床的区别是:工件经一次装夹后,数控装置就能控制机床自动地更换刀具,连续地对工件各加工面完成铣(车)、镗、钻、铰及攻丝等多工序加工。因此,和一般的数控机床相比,加工中心具有下列优点。

① 减少机床台数,便于管理,对于多工序的零件只要一台机床就能完成全部加工,并可以减少半成品的库存量。

② 由于工件只要一次装夹,因此减少了由于多次安装造成的定位误差,可以依靠机床精度来保证加工质量。

③ 工序集中,减少辅助时间,提高了生产率。

④ 由于零件在一台机床上一次装夹就能完成多道工序加工,所以大大减少了专用工夹具的数量,进一步缩短了生产准备时间。

由于数控加工中心的优点很多,深受用户欢迎,因此在数控机床生产中占有很重要的地位。

还有一类加工中心是在车床基础上发展起来的,以轴类零件为主要加工对象,除可进行车削、镗削外,还可以进行端面和周面上任意部位的钻削、铣削和攻丝加工。习惯上称此类机床为车削中心(Turning Center,TC)。

有些复杂形状的零件,用三坐标的数控机床还是无法加工,如螺旋桨、飞机上的曲面零件的加工等,需要三个以上坐标的合成运动才能加工出所需形状。于是出现了多坐标的数控机床,其特点是数控装置控制的轴数较多,机床结构也比较复杂,其坐标轴数通常取决于加工零件的工艺要求。现在常用的是4、5、6坐标的数控机床。图1.2为五轴联动的数控加工示意图。这时,x、y、z 三个坐标与转台的回转、刀具的摆动可以同时联动,加工机翼、叶轮等类零件。

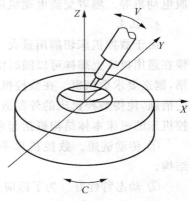

图1.2　五坐标加工

(2)金属成形数控机床

金属成形数控机床指使用挤、冲、压、拉等成形工艺的数控机床,如数控压力机、折弯机、弯管机、旋压机等。

(3)特种加工数控机床

特种加工数控机床主要指数控线切割机、电火花成形机、火焰切割机、激光加工机和快速成形机等。

2. 按控制系统对运动轨迹的控制方式分类

按照数控系统能够控制的刀具与工件间相对运动的轨迹,可将数控机床分为点位控制数控机床、点位直线控制数控机床、轮廓控制数控机床等(见图1.3)。

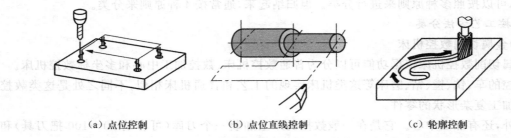

(a)点位控制　　　　　　(b)点位直线控制　　　　　　(c)轮廓控制

图1.3　按照控制系统对运动轨迹的控制方式分类

(1)点位控制数控机床

这类机床的数控装置只能控制机床移动部件从一个位置(点)精确地移动到另一个位置(点),即仅控制行程终点的坐标值,而且在移动过程中不进行任何切削加工,至于相关两点之间的移动速度及路线则取决于生产率。为了在精确定位的基础上获得尽可能高的生产率,相关两点之间的移动通常是首先以快速运动方式移动到接近新点的位置,然后降速1~3级,使刀具慢速趋近定位点,确保刀具定位精度。

这类机床主要有数控坐标镗床、数控钻床、数控冲床和数控测量机等,其对应的数控装置称为点位控制数控装置。

(2)点位直线控制数控机床

这类机床工作时,不仅控制相关两点之间的位置(即距离),还要控制相关两点之间的移动速度和路线(即轨迹)。其路线一般都由和各坐标轴平行或成45°的直线段组成。它和点位控制数控机床的区别在于:当机床的移动部件移动时,可以沿一个坐标轴的方向(一般也可以沿45°斜线,但不能沿任意斜率的直线)进行切削加工,这类机床虽然有2～3个可控轴,但可同时控制的轴只有一个。其辅助功能比点位控制的数控机床多,例如,增加了主轴转速控制、循环进给加工、刀具选择等功能。

这类机床主要有简易数控车床、数控镗铣床和数控加工中心等,其对应的数控装置称为点位直线控制数控装置。

(3)轮廓控制数控机床

这类机床的控制装置能够同时对两个或两个以上的坐标轴进行连续控制。加工时不仅要控制起点和终点,还要控制整个加工过程中每点的速度和位置,使机床加工出符合图纸要求的复杂形状的零件。

按照联动(同时控制)轴数分,有2轴联动、2.5轴联动、3轴联动、4轴联动和5轴联动数控机床。2.5轴联动是三个主要控制轴(x,y,z)中,任意两个轴联动,另一个是点位或直线控制。

这种技术的辅助功能亦比较齐全。这类机床主要有数控车床、数控铣床、数控磨床和电加工机床等,其对应的数控装置称为轮廓控制数控装置(或连续控制数控装置)。

3. 按伺服系统的控制方式分类

数控机床按照对被控制量有无检测反馈装置可以分为开环和闭环两种。在闭环系统中,根据测量装置安放的位置又可以将其分为全闭环和半闭环两种。在开环系统的基础上,还发展了一种开环补偿型数控系统。

(1)开环控制数控机床

在开环控制中,机床没有检测反馈装置(见图1.4)。其工作过程是:输入的数据经过数控装置运算分配出指令脉冲,通过伺服机构(伺服元件常为步进电机)使被控工作台移动。由于数控装置发出的信息流是单向的,机床加工精度不高,其精度主要取决于伺服系统的性能。

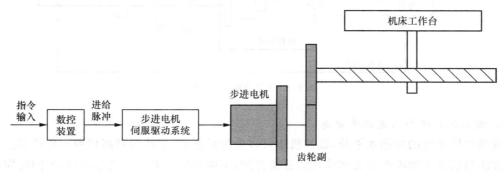

图1.4 开环控制系统框图

因此,该类机床工作比较稳定、反应迅速、调试方便、维修简单,但由于其控制精度受到限制,因此它适用于一般要求的中、小型数控机床。

(2)半闭环控制数控机床

由于开环控制精度达不到精密机床和大型机床的要求,所以必须检测它的实际工作位置,为此,在数控机床上增加检测反馈装置,在加工中时刻检测机床移动部件的位置,使之和数控装置所要求的位置相符合,以期达到很高的加工精度。

半闭环控制系统的组成如图 1.5 所示。这种控制方式对工作台的实际位置不进行检查测量,而是通过与伺服电动机有联系的检测元件,如测速发电机、光电编码盘或旋转变压器等间接检测出伺服电动机的转角,推算出工作台的实际位移量,用此值与指令值进行比较,用差值来实现控制。从图 1.5 可以看出,由于工作台没有完全包括在控制回路内,因而称之为半闭环控制。这种控制方式介于开环与闭环之间,精度没有闭环高,调试却比闭环方便。

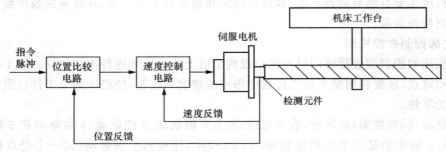

图 1.5　半闭环控制系统框图

(3)闭环控制数控机床

闭环控制系统框图如图 1.6 所示。当指令值发送到位置比较电路时,若工作台没有移动,则没有反馈量,指令值使得伺服电机转动。通过检测元件将速度反馈信号送到速度控制电路,通过光栅等将工作台实际位移量反馈回去,在位置比较电路中与指令值进行比较,用比较的差值进行控制,直至差值消除为止,最终实现工作台的精确定位。这类机床的优点是精度高、速度快,但是调试和维修比较复杂。

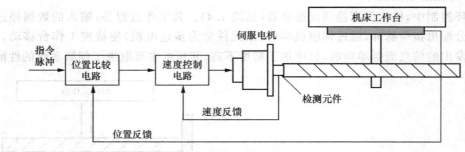

图 1.6　闭环控制系统框图

4. 按数控系统的功能水平分类

按照数控系统的功能水平分,数控机床可以分为经济型、中档型和高档型三种类型。这种分类方法目前并无明确的定义和确切的分类界限,不同国家分类的含义也不同,不同时期的含义也在不断发展变化。

(1)经济型数控机床

这类机床的伺服进给驱动一般是由步进电机实现的开环驱动,采用 8 位或 16 位单片机作为数控装置,具有简单的 RS232 通信功能,能满足形状比较简单的直线、圆弧及螺纹的加工。一般控制轴数在 3 轴以下,脉冲当量(分辨率)多为 $10\mu m$,快速进给速度在 10m/min 以下。

(2)中档型数控机床

中档型数控机床也称标准型数控机床,采用交流或直流伺服电机实现半闭环驱动,能实现

4 轴或 5 轴以下联动控制,脉冲当量为 $1\mu m$,进给速度为 $15\sim24m/min$,一般采用 16 位或更高性能的 CPU,具有 RS232C 通信接口、DNC 接口和内装 PLC,具有图形显示功能及面向用户的宏程序功能。

(3)高档型数控机床

高档型数控机床指加工复杂形状的多轴联动数控机床或加工中心,其功能强、工序集中、自动化程度高、柔性高。一般采用 32 位或更高性能的微处理器,形成多 CPU 结构。采用数字化交流伺服电机形成闭环驱动,并开始使用直线伺服电机,具有主轴伺服功能,能实现 5 轴以上联动。脉冲当量(分辨率)为 $1\sim0.1\mu m$,进给速度可达 $100m/min$ 以上。具有人性化的图形用户界面,有三维动画功能,能进行加工仿真检验。同时还具有多功能智能监控系统和面向用户的宏程序功能,还有很强的智能诊断和智能工艺数据库,能实现加工条件的自动设定,且具有制造自动化协议(Manufacturing Automation Protocol,MAP)等高性能通信接口,能实现计算机联网和通信。

1.3 数控技术的发展

从 1952 年至今,数控机床按照数控装置的发展,经历了几代变化。随着科学技术的发展,制造技术的进步,以及社会对产品质量和品牌多样化的要求越来越强烈,要求数控机床成为一种高效率、高质量、高柔性和低成本的新一代制造设备。同时,为了满足制造业向更高层次发展,为柔性制造单元(FMC)、柔性制造系统(FMS)以及计算机集成制造系统(CIMS)提供基础设备,数控系统正朝着智能化、高速化、高精度、高可靠性、功能复合化、开放性和标准化及网络化等方向发展。

1.智能化

数控系统应用高技术的重要目标是智能化。在新一代的数控系统中,由于采用"进化计算"(Evolutionary Computation)、"模糊系统"(Fuzzy System)和"神经网络"(Neural Network)等控制技术,其性能大大提高。智能化技术主要体现在以下几个方面。

(1)自适应控制技术的运用

在数控机床进行加工的过程中,有许多参数的变化会对加工效果产生直接或间接的影响。例如,毛坯余量不均匀,材料硬度不一致,刀具磨损或破损,工件变形,机床热变形等,这些参数的变化是事先难以预测的。编制加工程序时往往采用的是经验数据,而这些经验数据在实际加工时难以适应加工过程的变化,使得加工不是处于最佳状态。现代数控机床采用了自适应控制(Adaptive Control,AC)技术。AC 技术可对机床主轴转矩、切削力、切削温度、刀具磨损等参数值进行自动测量,能根据切削条件变化而自动调整并保持最优工作状态,从而使加工成本降低,加工精度以及零件表面质量提高,还可以自动选择最佳切削用量,使切削效率和刀具寿命大大提高。

(2)故障自诊断、自修复功能

在系统整个工作状态中,利用数控系统内装程序随时对数控系统本身以及与其相连的各种设备进行自诊断、自检查。一旦出现故障立即采取停机等措施,并进行故障报警,提示发生故障的部位和原因等,并利用"冗余"技术,自动使故障模块脱机,接通备用模块。

(3)刀具寿命自动检测和自动换刀功能

利用红外、声发射、激光等检测手段,对刀具和工件进行检测。发现工件超差、刀具磨损和破损等及时进行报警、自动补偿或更换刀具。

(4)模式识别技术

应用图像识别和声控技术,使机床自己辨识图样,按照自然语言命令进行加工。

(5)智能化交流伺服驱动

研究能自动识别负载并自动调整参数的智能化伺服系统,包括智能化主轴交流驱动装置和进给伺服驱动装置,使驱动系统获得最佳运行。

2. 高速化

计算机数控系统在读入加工指令数据后,能高速度地处理并计算出伺服电动机的位移量,并且伺服电动机能高速度地做出反应;此外,还必须追求主轴转速、进给率、刀具交换、托盘交换等各种关键部件实现高速化。提高数控机床进给速度,有以下几方面措施。

(1)CPU 的选用

提高微处理器的位数和速度是提高 CNC 速度最有效的手段。现代 CNC 装置已经逐步由 16 位 CPU 过渡到 32 位 CPU,频率由原来的 5MHz、10MHz,提高到 16MHz、20MHz,提高了 CNC 装置的运算速度。例如,日本 FANUC 公司生产的 FS15 系统采用的 32 位 CPU,使系统的运算速度较 16 位 CPU 提高了 2 倍,快速进给速度达到 100m/min,进给速度达到 60m/min。FANUC 公司 FS16 和 FS18 数控系统还采用了简化与减少控制基本指令的精简指令计算机(Reduces Instruction Set Computer,RISC),它能进行高速度的数据处理,其执行指令速度可达到每秒 100 万条。有足够的超前路径加(减)速优化预处理能力,有些系统可提前处理 5000个程序段。

(2)提高多轴控制水平

现代数控机床具有多轴控制功能,可控制轴数为 3～15 根,同时控制轴数(联动)为 3～6根。在加工曲线、曲面及特殊型面时,可实现多轴联动控制。

在数控机床的高速化中,以电主轴和直线电机的应用为特征。据统计,由于主轴的高速化,使得切削时间比过去缩短了 80%。主轴高速化的手段是采用高速内装式主轴电动机,即电主轴,从而可将主轴转速提高到 40000～100000r/min,进给加速度和减速度达到 2g 以上。为保证加工速度,高档数控系统可在每秒内进行 2000～10000 次进给速度的改变。

(3)配置高速、高性能的内装式可编程序控制器

利用可编程序控制器(PLC)指令来编制 PLC 程序,绘制梯形图,并可利用梯形图的监控功能,使机床的故障诊断和维修更为方便。PLC 具有高速处理功能,可使 CNC 与 PLC 之间有机地结合起来,速度大大提高。

3. 高精度

为了提高加工精度,除了在机床结构总体设计、主轴箱和进给系统采用低膨胀系数材料、通入恒温油等方面采取措施外,在控制系统方面,可考虑采用交流数字伺服系统(日本已有交流伺服电动机装上每转可产生 100 万个脉冲的内装式位置检测器,其位置检测精度能达到每个脉冲 0.01μm)。伺服系统的质量直接关系到数控机床的加工精度,采用交流数字伺服系统,伺服电动机的位置环、速度环及电流环都实现了数字化,并采用了新型控制理论,实现了不受机械负荷变动影响的高速响应伺服系统。

高精度化概括起来有以下几方面措施。

(1)前馈控制

过去的伺服系统,是把伺服电动机位置的检测信号与位置指令之差,乘以位置环增益 G

的值,作为速度指令。这种控制方式在以进给速度 F 加工时,伺服系统的追踪滞后是 F/G,这使得在拐角加工和圆弧切削时加工精度恶化。所谓前馈控制,就是在原来的控制系统上加上速度指令(即指令的各阶导数)的控制方式。采用它能使伺服系统的追踪滞后减少一半,改善拐角切削加工精度。

（2）机床静摩擦的非线性控制

过去的数控机床没有采用针对较大静摩擦的有效控制措施,因此圆弧切削的圆度较差。新型的数字伺服系统具有补偿机床驱动系统静摩擦的非线性控制功能,能改善圆弧切削时的圆度。

（3）补偿功能

现代数控机床利用数控系统的补偿功能,提高其加工精度和动态性能。例如,可以补偿轴向运动误差。首先测量出运动系统的误差曲线,然后将相应的补偿数值输入并保存在数控系统中,当坐标轴运动时自动取出补偿值予以补偿轴向运动误差。

丝杠、齿轮的间隙误差等也可获得补偿。由于丝杠或齿轮等传动部件存在间隙,当运动方向改变时,就产生误差。补偿方法是测量其误差曲线,将与间隙相应的校正值存放在数控系统内。当机床做换向运动时,立即取出该校正值给予补偿以消除间隙误差。在间隙变化时,也可以及时调整校正值。

此外,在新一代数控系统中,还开发了刀具误差补偿、热变形误差补偿、空间误差补偿等。近 10 年来,普通数控机床的加工精度已由 $10\mu m$ 提高到 $5\mu m$,精密级加工中心则从 $3\sim5\mu m$ 提高到 $1\sim1.5\mu m$,超精密加工精度已开始进入纳米级($0.001\mu m$)。

4. 高可靠性

数控系统比较贵重,用户期望发挥投资效益,要求设备可靠。特别是对在长时间无人操作环境下运行的数控系统,可靠性成为人们最为关注的问题。高可靠性具体从以下几方面着手。

（1）硬件电路的选择

新型的数控系统大量采用大规模或超大规模的集成电路,采用专用芯片及混合式集成电路,使线路的集成度提高,元器件数量减少,功耗降低,为提高可靠性提供了保证。

（2）模块化和通用化

现代数控机床装备有计算机数控系统(CNC 系统),只要改变软件控制程序,就可以适应各类机床的不同要求。数控系统的硬件则按功能被制成多种功能模块,可以根据机床数控功能的要求,选择不同的模块,还可以自行扩展或裁剪,组成满意的数控系统。模块化、标准化、通用化的实现,不但便于组织开发、生产和应用,而且提高了制作和运行的可靠性,并且便于用户维修和保养。

由于采取了各种有效的可靠性措施,现代数控系统的平均无故障工作时间可达到 MTBF＝$10000\sim36000h$。

5. 功能复合化

在一台设备上实现多种工艺步骤的加工,可缩短加工链。随着数控机床向柔性化方向发展,功能复合化更多体现在:①工件自动装卸、工件自动定位;②刀具自动对刀;③工件自动测量与补偿;④集钻、车、镗、铣和磨为一体的"万能加工"和集装卸、加工和测量为一体的"完整加工"等。

6. 开放性和标准化

传统的数控系统是一种专用封闭式系统,各个厂家的产品之间以及与通用计算机之间不兼容，维修、升级困难，越来越难以满足市场对数控技术的要求。针对这种情况，人们提出了开放式数控系统的概念，国内外正在大力研究开发开放式数控系统，有些已进入实用。

数控技术诞生后的 50 多年间的信息交换都是基于 ISO 6983 标准，即采用 G、M 代码对加工过程进行描述。这种面向过程的描述方法已越来越不能满足现代数控技术高速发展的需要。国际上正在研究和制定一种新的 CNC 系统标准 ISO 14649（STEP－NC），从而提供一种不依赖于具体系统的中性机制，能够描述产品整个生命周期内的统一数据模型。

7. 网络化

20 世纪 90 年代中期，由于 Internet/Intranet 与 Web 技术在制造业快速普及和广泛应用，以及基于 PC 的开发，数控技术取得了实质性进展，CNC 机床不仅作为独立运行的加工设备，而且在计算机、网络和通信技术支持下可以形成网络化数控制造系统。目前，先进的数控系统为用户提供了强大的联网能力，除了具有 RS232 接口外，还带有远程缓冲功能的 DNC 接口，可以实现多台数控机床间的数据通信和直接对多台数控机床进行控制。有的已配备与工业局域网通信的功能以及网络接口，使得远程在线编程、远程仿真、远程操作、远程监控及远程故障诊断成为可能。

思考题和习题

1-1　什么是数控？

1-2　数控机床由哪几部分组成？各个组成部分的作用是什么？

1-3　数控机床有哪些分类方式？各种分类方式中都有哪些类型的数控机床？它们的特点又是什么？

1-4　数控技术的发展趋势主要体现在哪几个方面？

1-5　数控机床选型时需要考虑哪些问题？

【目标】

了解数控系统的轮廓控制是采用插补方法实现的。掌握数控系统常用的插补方法及各种方法的应用范围和特点。了解插补不仅仅要完成刀具或工件运动轨迹的计算,同时也必须完成运动速度的运算。

【学习任务】

通过本章的学习,你需要掌握以下的知识。

- 插补的概念
- 逐点比较法的原理
- 数字积分法的原理
- 数据采样法的原理
- 进给速度常用控制方法

2.1　概述

数控系统的轮廓控制的关键是怎样控制刀具或工件的运动轨迹。在机床的实际加工中,被加工工件的轮廓形状千差万别、各式各样,为了满足几何尺寸精度的要求,刀具中心轨迹应该准确地依照工件的轮廓形状生成,在数控装置中采用了插补。所谓插补就是根据零件轮廓尺寸,结合精度和工艺等方面的要求,在已知的这些特征点之间插入一些中间点的过程。换句话说,就是"数据点的密化过程"。因此,插补(Interpolation)可以定义为:根据给定的数学函数,在理想的轨迹或轮廓上的已知点之间,计算出中间点位置坐标值的方法。

插补模块是整个数控系统中一个核心功能模块,插补算法的选择将直接影响系统的精度、速度及加工能力范围等。由于直线和圆弧是组成机械零件的轮廓常用几何要素,因此,数控装置一般都具有直线和圆弧插补的功能。在较高档次的计算机数控系统装置中则具有抛物线、螺旋线插补和样条插补等功能。

数控系统中完成插补运算工作的装置或程序称为插补器,根据插补器的不同结构,可分为硬件插补器、软件插补器及软、硬件结合插补器三种类型。在硬线数控系统(NC)中,插补过程是由一个专门完成脉冲分配计算的装置——插补器完成。在计算机数控系统中,既可全部由软件实现,也可由软、硬件结合完成。显然,硬件插补器速度快,但电路复杂,并且调整和修改都相当困难,缺乏柔性;软件插补器虽然速度慢一点,但调整很方便,随着计算机处理速度的不断提高,为改善速度创造了有利条件。

插补是实时性很高的工作,每个中间点的计算时间直接影响系统的控制速度,中间点坐标的计算精度又影响到整个数控系统的精度。因此,插补计算法对整个数控系统的性能指标至关重要。插补算法除了要保证插补计算的精度之外,还要求算法简单。这对于硬线数控系统来说,可以简化控制电路,采用较简单的运算器;对于计算机数控系统,则能提高运算速度,使控制系统较快且均匀地输出进给脉冲。

随着相关学科特别是计算机技术的迅速发展,插补算法也在不断地进行自我完善。从产生的数学模型来分,插补方法有直线插补、二次曲线插补等;从插补计算输出的数值形式来分,有基准脉冲插补(又称脉冲增量插补)和数据采样插补。

本章将介绍在数控系统中常用的逐点比较法、数字积分法、数据采样法等多种插补方法。

2.2　脉冲增量插补算法

脉冲增量插补(基准脉冲插补)就是通过向各个运动轴分配脉冲,控制机床坐标轴作相互协调的运动,从而加工出一定形状零件轮廓的算法。显然,这类插补算法的输出是脉冲形式,并且每次仅产生一个单位的行程增量,故称为脉冲增量插补。而每个单位脉冲对应坐标轴的位移大小称为脉冲当量(δ 或 BLU)。这类插补算法比较简单,通常仅需几次加法和移位操作就可完成,比较容易用硬件实现,这也正是硬线数控系统较多采用这类算法的主要原因。也可用软件来模拟硬件实现这类插补运算。通常,属于这类插补算法的有逐点比较法、数字积分法以及一些相应的改进算法等。

一般来讲,脉冲增量插补算法较适合于中等精度(如 0.01mm)和中等速度(如 1～3m/min)的机床数控系统。由于脉冲增量插补误差不大于一个脉冲当量,并且其输出的脉冲频率主要受插补程序所用时间的限制,所以,数控系统精度与切削速度之间是相互影响的($v = 60\delta f$)。例如,假设实现某脉冲增量插补算法大约需要 $40\mu s$ 的处理时间,当系统脉冲当量为 0.001mm时,可求得单坐标轴的极限速度约为 1.5m/min。当要求控制两个或两个以上坐标轴时,轮廓进给速度还将进一步降低。反之,如果要将系统单轴极限速度提高到 15m/min,则要求将脉冲当量增大到 0.01mm。

2.2.1　逐点比较法

逐点比较法(Stairs Approximation Interpolation Algorithm)又称代数运算方法、区域判别法、醉步法。顾名思义,就是每走一步都要将加工点的瞬时坐标同规定的图形轨迹相比较,判断其偏差,然后决定下一步的走向,如果加工点走到图形外面去了,那么下一步就要向图形里面走;如果加工点在图形里面,那么下一步就要向图形外面走,以缩小偏差。这样就能得出一个非常接近规定图形的轨迹。

一般来说,逐点比较法插补过程中每进给一步都要经过四个节拍,如图 2.1 所示。

第一节拍——偏差判别。判别刀具当前位置相对于给定轮廓的偏差情况。主要依据偏差符号确定加工点是处于规定轮廓的外面还是里面。

第二节拍——坐标进给。根据偏差判别结果,控制相应坐标轴进给一步,使加工点向给定轮廓靠拢,从而减小其间偏差。

第三节拍——偏差计算。刀具进给一步后,计算新的加工点与规定轮

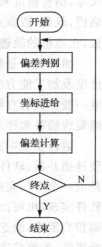

图 2.1　逐点比较法
的四个节拍流程图

廓之间新的偏差,作为下一步偏差判别的依据。

第四节拍——终点判别。判断刀具是否已到达被加工轮廓线段的终点,若已到达终点,则停止插补;若还未到达终点,再继续插补。四个节拍不断循环加工出所要求的轮廓线段。

逐点比较法既可实现直线插补,也可实现圆弧插补。

2.2.1.1 逐点比较法第 I 象限直线插补

1. 基本原理

第 I 象限直线 OE 如图 2.2 所示,起点 O 为坐标原点,终点 E 坐标为 $E(X_e, Y_e)$,还有一个动点为 $N(X_i, Y_i)$,现假设动点 N 正好处于直线 OE 上,则有下式成立

$$\frac{Y_i}{X_i} = \frac{Y_e}{X_e}$$

$$X_e Y_i - X_i Y_e = 0$$

假设动点处于 OE 的下方 N' 处,则直线 ON' 的斜率小于直线 OE 的斜率,从而有

$$\frac{Y_i}{X_i} < \frac{Y_e}{X_e}$$

$$X_e Y_i - X_i Y_e < 0$$

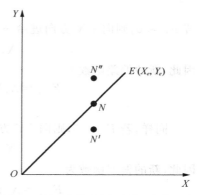

图 2.2 第 I 象限动点与直线之间的关系

假设动点处于 OE 的上方 N'' 处,则直线 ON'' 和斜率大于直线 OE 的斜率,从而有

$$\frac{Y_i}{X_i} > \frac{Y_e}{X_e}$$

$$X_e Y_i - X_i Y_e > 0$$

由以上关系式可以看出,$(X_e Y_i - X_i Y_e)$ 的符号反映了动点 N 与直线 OE 之间的偏离情况,为此取该函数为偏差函数 F

$$F = X_e Y_i - X_i Y_e$$

由 F 的符号可总结出动点 $N(X_i, Y_i)$ 与设定直线 OE 之间的相对位置关系,即

① 当 $F = 0$ 时,动点 $N(X_i, Y_i)$ 正好处在直线 OE 上;

② 当 $F > 0$ 时,动点 $N(X_i, Y_i)$ 处在直线 OE 上方区域;

③ 当 $F < 0$ 时,动点 $N(X_i, Y_i)$ 处在直线 OE 下方区域。

从图 2.2 中看出,对于起点在原点、终点为 $E(X_e, Y_e)$ 的第 I 象限直线 OE 来说,动点 $N(X_i, Y_i)$ 对应切削刀具的位置。显然,当刀具处于直线下方区域时($F < 0$),为了更靠近直线轮廓,则要求刀具向 $+Y$ 方向进给一步,即应该向 $+Y$ 方向发一个脉冲;当刀具处于直线上方区域时($F > 0$),为了更靠拢直线轮廓,则要求刀具向 $+X$ 方向进给一步,即应该向 $+X$ 方向发一个脉冲;当刀具正好处于直线上时($F = 0$),理论上既可向 $+X$ 方向进给一步,也可向 $+Y$ 方向进给一步,但一般情况下约定向 $+X$ 进给,从而将 $F > 0$ 和 $F = 0$ 两种情况归于一类($F \geqslant 0$)。根据上述原则,从原点 $O(0,0)$ 开始,依据四个节拍运动,逐步前进,直至终点 E。刀具走出一条尽量逼近直线轮廓的轨迹,如图 2.3 折线所示。当脉冲当量足够小时,折线可近似当作直线对待。因此,逼近程度与脉冲当

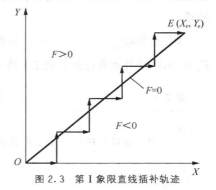

图 2.3 第 I 象限直线插补轨迹

量的大小直接相关。

由偏差判别函数公式可以看出，每次求 F 时，要作乘法和减法运算，在采用硬件或汇编语言软件实现时既不方便，又增加运算时间。因此，通常采用递推法来简化运算，即每进给一步后，新加工点的偏差采用前一点的偏差递推算出。

现假设第 i 次插补后，动点坐标为 $N(X_i,Y_i)$，偏差函数为

$$F_i = X_e Y_i - X_i Y_e$$

若 $F_i \geqslant 0$，则向 $+X$ 方向进给一步，新的动点坐标值为

$$X_{i+1} = X_i + 1 \qquad Y_{i+1} = Y_i$$

因此，新的偏差函数为

$$F_{i+1} = X_e Y_{i+1} - X_{i+1} Y_e = (X_e Y_i - X_i Y_e) - Y_e$$
$$F_{i+1} = F_i - Y_e \tag{2-1}$$

同样，若 $F_i < 0$，则向 $+Y$ 方向进给一步，新的动点坐标值为

$$X_{i+1} = X_i \qquad Y_{i+1} = Y_i + 1$$

因此，新的偏差函数为

$$F_{i+1} = X_e Y_{i+1} - X_{i+1} Y_e = (X_e Y_i - X_i Y_e) + X_e$$
$$F_{i+1} = F_i + X_e \tag{2-2}$$

从式(2-1)和式(2-2)可以看出，采用递推算法后，偏差函数 F 的计算只与直线的终点坐标值 X_e、Y_e 有关，而不涉及动点坐标 X_i、Y_i，新动点的偏差函数可由上一个动点的偏差函数值递推得到，且不需要进行乘法运算，使算法得到了简化。

开始加工时，一般采用人工方法将刀具移到加工起点，即所谓"对刀过程"，这时刀具正好处于直线上，当然也就没有偏差，所以递推开始时偏差函数的初始值 $F_0 = 0$。

综上所述，第 Ⅰ 象限内直线偏差函数与进给方向的对应关系如下。

① 当 $F \geqslant 0$ 时，向 $+X$ 方向进给，新的偏差函数为 $F_{i+1} = F_i - Y_e$；

② 当 $F < 0$ 时，向 $+Y$ 方向进给，新的偏差函数为 $F_{i+1} = F_i + X_e$；

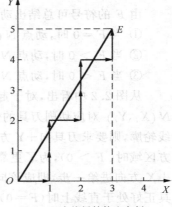

③ 终点判断通常可以用 X、Y 方向的总步数。总步数 $\sum_0$ $= |X| + |Y|$，采用减法计数器，当 $\sum_0 = 0$ 时，表示插补终止。

2. 插补实例

例 2.1 现欲加工第 Ⅰ 象限直线 OE，设终点坐标为 $E(X_e, Y_e) = E(3, 5)$，试用逐点比较法进行插补，并画出插补轨迹。

解：总步数 $\sum_0 = 3 + 5 = 8$，开始时刀具处于直线起点(原点)，$F_0 = 0$，则插补运算过程如表 2.1 所示，插补轨迹如图 2.4 所示。

图 2.4　直线插补轨迹实例

表 2.1　　　　　　　　　　　第 Ⅰ 象限直线插补运算过程

序号	工 作 节 拍			
	第一拍偏差判别	第二拍进给	第三拍偏差计算	第四拍终点判别
起点			$F_0 = 0$	$\sum_0 = 8$
1	$F_0 = 0$	$+\Delta X$	$F_1 = F_0 - Y_e = 0 - 5 = -5$	$\sum_1 = \sum_0 - 1 = 8 - 1 = 7$

续表

序号	工 作 节 拍			
	第一拍偏差判别	第二拍进给	第三拍偏差计算	第四拍终点判别
2	$F_1 = -5 < 0$	$+\Delta Y$	$F_2 = F_1 + X_e = -5 + 3 = -2$	$\sum_2 = \sum_1 - 1 = 7 - 1 = 6$
3	$F_2 = -2 < 0$	$+\Delta Y$	$F_3 = F_2 + X_e = -2 + 3 = +1$	$\sum_3 = \sum_2 - 1 = 6 - 1 = 5$
4	$F_3 = +1 > 0$	$+\Delta X$	$F_4 = F_3 - Y_e = 1 - 5 = -4$	$\sum_4 = \sum_3 - 1 = 5 - 1 = 4$
5	$F_4 = -4 < 0$	$+\Delta Y$	$F_5 = F_4 + X_e = -4 + 3 = -1$	$\sum_5 = \sum_4 - 1 = 4 - 1 = 3$
6	$F_5 = -1 < 0$	$+\Delta Y$	$F_6 = F_5 + X_e = -1 + 3 = +2$	$\sum_6 = \sum_5 - 1 = 3 - 1 = 2$
7	$F_6 = +2 > 0$	$+\Delta X$	$F_7 = F_6 - Y_e = 2 - 5 = -3$	$\sum_7 = \sum_6 - 1 = 2 - 1 = 1$
8	$F_7 = -3 < 0$	$+\Delta Y$	$F_8 = F_7 + X_e = -3 + 3 = 0$	$\sum_8 = \sum_7 - 1 = 1 - 1 = 0$ 终点

　　运用逐点比较法插补,在起点和终点处刀具均落在零件轮廓上,即在插补开始和结束时 $F = 0$;否则,说明插补过程中出现了错误。

　　3. 软件实现

　　逐点比较法的软件实现实际上就是利用软件来模拟插补的整个过程。软件插补具有较大的灵活性,但插补的精度和速度受所用计算机的字长及运算速度等的制约。

　　逐点比较法插补第 Ⅰ 象限直线的软件流程图如图 2.5 所示,从流程图反映出该软件的结构较简单。

2.2.1.2　逐点比较法第Ⅰ象限逆时针圆弧插补

1. 基本原理

　　在圆弧插补中,将加工点到圆心的距离和该圆的名义半径相比较来反映加工偏差。如图 2.6 所示,假设被加工的零件轮廓为第 Ⅰ 象限逆圆弧 $\overset{\frown}{SE}$,刀具在动点 $N(X_i, Y_i)$ 处,圆心为 $O(0,0)$,半径为 R,则通过比较该动点到圆心的距离与圆弧半径之间的大小就可反映出动点与圆弧之间的相对位置关系,即动点 $N(X_i, Y_i)$ 正好落在圆弧 $\overset{\frown}{SE}$ 上时,则式(2-3)成立

$$X_i^2 + Y_i^2 = X_e^2 + Y_e^2 = R^2 \qquad (2\text{-}3)$$

当动点 N 落在圆弧外侧(N' 处)时,则式(2-4)成立

$$X_i^2 + Y_i^2 > X_e^2 + Y_e^2 = R^2 \qquad (2\text{-}4)$$

当动点 N 落在圆弧内侧(N'' 处)时,则式(2-5)成立

$$X_i^2 + Y_i^2 < X_e^2 + Y_e^2 = R^2 \qquad (2\text{-}5)$$

为此,取圆弧插补的偏差函数表达式为

$$F = X_i^2 + Y_i^2 - R^2 \qquad (2\text{-}6)$$

从图 2.6 可见,当动点处于圆外时,为了减小加工误差,则应向圆内进给,即向 $-X$ 轴进一步;当动点落在

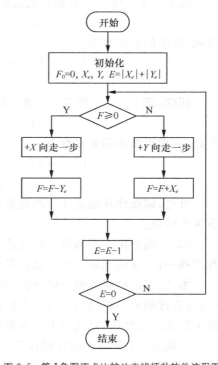

图 2.5　第Ⅰ象限逐点比较法直线插补软件流程图

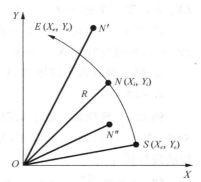

图 2.6　第Ⅰ象限逆圆与动点间关系

圆弧内部时,为了缩小加工误差,则应向圆外进给,即向$+Y$轴进一步;当动点正好落在圆弧上时,为了使加工进行下去,$+Y$和$-X$两个方向均可进给,但一般情况下约定向$-X$轴方向进给。

综上所述,可总结出逐点比较法第Ⅰ象限逆圆弧插补的规则如下。

① 当$F>0$时,即$F=X_i^2+Y_i^2-R^2>0$,动点在圆外,则向$-X$轴进给一步;

② 当$F=0$时,即$F=X_i^2+Y_i^2-R^2=0$,动点在圆上,则向$-X$轴进给一步;

③ 当$F<0$时,即$F=X_i^2+Y_i^2-R^2<0$,动点在圆内,则向$+Y$轴进给一步。

从式(2-6)可知,要求出偏差F,须进行平方运算,为了简化计算,同样采用递推法来推导动点的新的加工偏差。

现假设第i次插补后,动点坐标为$N(X_i,Y_i)$,对应偏差函数为

$$F_i=X_i^2+Y_i^2-R^2$$

若$F_i\geqslant0$,则向$-X$轴方向进给一步,获得新的动点坐标值为

$$X_{i+1}=X_i-1 \qquad Y_{i+1}=Y_i$$

因此,新的偏差函数为

$$F_{i+1}=X_{i+1}^2+Y_{i+1}^2-R^2=(X_i-1)^2+Y_i^2-R^2$$
$$F_{i+1}=F_i-2X_i+1 \qquad\qquad (2\text{-}7)$$

同理,若$F_i<0$,则向$+Y$轴方向进给一步,获得新的动点坐标值为

$$X_{i+1}=X_i \qquad Y_{i+1}=Y_i+1$$

因此,可求得新的偏差函数为

$$F_{i+1}=X_{i+1}^2+Y_{i+1}^2-R^2=X_i^2+(Y_i+1)^2-R^2$$
$$F_{i+1}=F_i+2Y_i+1 \qquad\qquad (2\text{-}8)$$

可见,圆弧插补偏差计算的递推公式也是比较简单的。从式(2-7)和式(2-8)可归纳出以下两个特点。

第一,递推形式的偏差计算公式中除加、减运算外,只有乘2运算,而乘2可等效成二进制数左移一位,显然比原来平方运算简单得多。

第二,进给后新的偏差函数值除与前一点的偏差值有关外,还与动点坐标$N(X_i,Y_i)$有关(这与直线插补不相同),而动点坐标值随着插补的进行是变化的,所以,在插补的同时还必须修正新的动点坐标,以便为下一步的偏差计算做好准备。

因此,第Ⅰ象限逆时针圆弧插补的规则和计算公式可总结如下。

① 当$F_i\geqslant0$时,向$-X$方向进给,新偏差值为$F_{i+1}=F_i-2X_i+1$,动点坐标为$X_{i+1}=X_i-1,Y_{i+1}=Y_i$;

② 当$F_i<0$时,向$+Y$方向进给,新偏差值为$F_{i+1}=F_i+2Y_i+1$,动点坐标为$X_{i+1}=X_i,Y_{i+1}=Y_i+1$。

③ 终点判别也可以用X、Y方向的总步数进行判别。

2. 插补实例

例2.2 现欲加工第Ⅰ象限逆圆$\overset{\frown}{SE}$,如图2.7所示,起点$S(X_s,Y_s)=S(4,3)$,终点$E(X_e,Y_e)=E(0,5)$,试用逐点比较法进行插补。

解:总步数$\sum_0=|X_e-X_s|+|Y_e-Y_s|=6$。

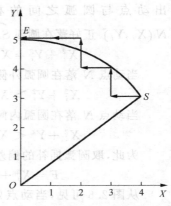

图2.7 第Ⅰ象限逆圆插补实例

开始时刀具处于圆弧起点 $S(4,3)$ 处，$F_0=0$，根据上面所述的插补方法可获得如表 2.2 所示的插补过程，对应的插补轨迹如图 2.7 所示。

表 2. 2　　　　　　　　　　　　　　　　　**第 I 象限逆圆插补运算过程**

序号	工作节拍				
	第1拍 偏差判别	第2拍 进给	第3拍		第4拍 终点判别
			偏差计算	坐标修正	
起点			$F_0=0$	$X_0=4, Y_0=3$	$\sum_0=6$
1	$F_0=0$	$-\Delta X$	$F_1=0-2\times4+1=-7$	$X_1=3, Y_1=3$	$\sum_1=\sum_0-1=5$
2	$F_1=-7<0$	$+\Delta Y$	$F_2=-7+2\times3+1=0$	$X_2=3, Y_2=4$	$\sum_2=\sum_1-1=4$
3	$F_2=0$	$-\Delta X$	$F_3=0-2\times3+1=-5$	$X_3=2, Y_3=4$	$\sum_3=\sum_2-1=3$
4	$F_3=-5<0$	$+\Delta Y$	$F_4=-5+2\times4+1=4$	$X_4=2, Y_4=5$	$\sum_4=\sum_3-1=2$
5	$F_4=4>0$	$-\Delta X$	$F_5=4-2\times2+1=1$	$X_5=1, Y_5=5$	$\sum_5=\sum_4-1=1$
6	$F_5=1>0$	$-\Delta X$	$F_6=1-2\times1+1=0$	$X_6=0, Y_6=5$	$\sum_6=\sum_5-1=0$

3. 软件实现

第 I 象限逆圆逐点比较法插补的软件流程图如图 2.8 所示，仍然由四个节拍组成。

2.2.1.3　插补象限和圆弧走向处理

前面讨论了用逐点比较法进行第 I 象限直线及圆弧插补的原理和计算公式。事实上，任何机床都必须具备处理不同象限、不同走向轮廓曲线的能力。因此，需寻找其间的共同规律，以利于优化程序设计，提高插补质量。

本书将第 I、II、III、IV 象限内直线分别记为 L_1、L_2、L_3、L_4；而对于圆弧用"S"表示顺圆，用"N"表示逆圆，结合象限的区别可获得 8 种圆弧形式，四个象限顺圆可表示为 SR_1、SR_2、SR_3、SR_4，四个象限的逆圆可表示为 NR_1、NR_2、NR_3、NR_4。

1. 四象限直线插补

假设有第 II 象限直线如图 2.9 所示，起点在原点 $O(0,0)$，终点为 $A(-X_e, Y_e)$，则仿照前面方法，很容易推得对应的插补算法及进给方向如下。

① 当 $F_i \geqslant 0$ 时，向 $-X$ 方向进给，$F_{i+1}=F_i-Y_e$；

② 当 $F_i < 0$ 时，向 $+Y$ 方向进给，$F_{i+1}=F_i+X_e$。

通过比较后发现，当被插补直线处于不同象限时，其计算公式及处理过程完全一样，仅仅是进给方向不同而已。进一步可总结出 L_1、L_2、L_3、L_4 的进给方向如图 2.10 和表 2.3 所示。

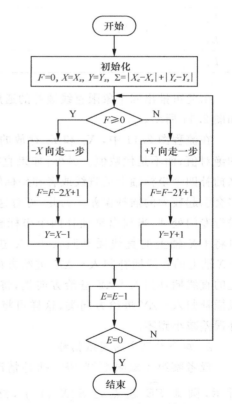

图 2.8　第 I 象限逆圆逐点比较法插补软件流程图

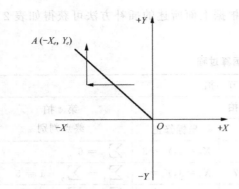

图 2.9 第 Ⅱ 象限直线插补

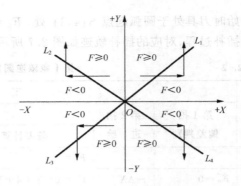

图 2.10 四个象限直线插补进给方向

表 2.3　　　　　　　　　四个象限直线插补进给方向和偏差计算

线型	偏差计算	进 给	偏差计算	进 给
	$F \geqslant 0$		$F < 0$	
L_1		$+\Delta X$		$+\Delta Y$
L_2	$F-Y_e \rightarrow F$	$-\Delta X$	$F+X_e \rightarrow F$	$+\Delta Y$
L_3		$-\Delta X$		$-\Delta Y$
L_4		$+\Delta X$		$-\Delta Y$

　　由此可推出四个象限直线插补的通用软件流程图，如图 2.11 所示。

　　在流程图 2.11 中，X_e 和 Y_e 存放的均为终点坐标的绝对值，而不是代数值。另外，如果直接利用图 2.11 来插补四个坐标轴上的直线或者和坐标轴平行的直线，将会引起较大的插补误差。为此，可对这四种特殊情况进行专门处理：当判出是插补四个坐标轴上的直线时，可将 $+X$ 轴上的直线插补归入 $+\Delta X$ 进给方向类，将 $-X$ 轴上的直线插补归入 $-\Delta X$ 进给方向类，将 $+Y$ 轴上的直线插补归入 $+\Delta Y$ 进给方向类，将 $-Y$ 轴上的直线插补归入 $-\Delta Y$ 进给方向类，这样可将这些直线的插补误差减小到零。

2. 四个象限中的圆弧插补

　　现考察第 Ⅰ 象限顺圆 SR_1 插补情况。如图 2.12 所示，圆弧 $\overgroup{SE}$ 起点为 $S(X_s,Y_s)$，终点为 $E(X_e, Y_e)$，当某一时刻动点 $N(X_i,Y_i)$ 处在圆弧外侧，即 $F_i \geqslant 0$，显然应该向圆内走才能减小误差，即向圆内进给一步 $(-\Delta Y)$；若动点 N 在圆弧内侧，则应向圆外进给一步 $(+\Delta X)$。据此可推得第 Ⅰ 象限顺圆插补的偏差函数如下。

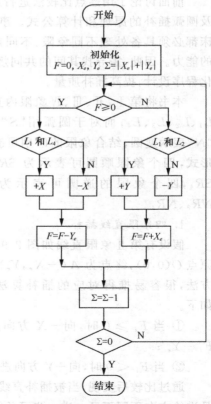

图 2.11 逐点比较法四象限直线插补软件流程图

当 $F_i \geqslant 0$ 时,向圆内进给一步($-\Delta Y$),则新动点的偏差函数为

$$F_{i+1} = X_{i+1}^2 + Y_{i+1}^2 - R^2 = X_i^2 + (Y_i - 1)^2 - R^2$$

$$F_{i+1} = F_i - 2Y_i + 1 \tag{2-9}$$

当 $F_i < 0$ 时,向圆外进给一步($+\Delta X$),则新动点的偏差函数为

$$F_{i+1} = X_{i+1}^2 + Y_{i+1}^2 - R^2 = (X_i + 1)^2 + Y_i^2 - R^2$$

$$F_{i+1} = F_i + 2X_i + 1 \tag{2-10}$$

比较式(2-9)、式(2-10)与式(2-7)、式(2-8)发现有两个不同点。第一,当 $F_i \geqslant 0$ 和 $F_i < 0$ 时所对应的坐标轴的进给方向不同;第二,插补计算时,动点坐标的修正方式也不同。

同理,可推导出其余 6 种圆弧的插补公式,现将 8 种圆弧的进给情况以及偏差计算方式汇总在图 2.13 和表 2.4 中。

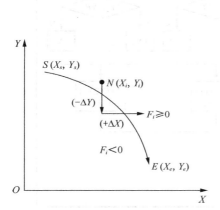

图 2.12　第 I 象限顺圆逐点比较法插补示意图

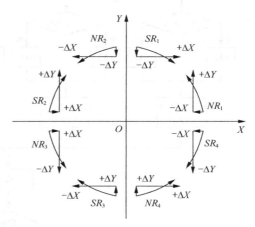

图 2.13　四个象限圆弧插补进给方向和偏差计算

表 2.4　　　　　　　　　　　　　　四个象限圆弧插补进给方向和偏差计算

线　型	偏差计算	进　给	偏差计算	进　给
	$F \geqslant 0$		$F < 0$	
SR_1		$-\Delta Y$		$+\Delta X$
SR_3	$F - 2Y + 1 \to F$	$+\Delta Y$	$F + 2X + 1 \to F$	$-\Delta X$
NR_2	$Y - 1 \to Y$	$-\Delta Y$	$X + 1 \to X$	$-\Delta X$
NR_4		$+\Delta Y$		$+\Delta X$
SR_2		$+\Delta X$		$+\Delta Y$
SR_4	$F - 2X + 1 \to F$	$-\Delta X$	$F + 2Y + 1 \to F$	$-\Delta Y$
NR_1	$X - 1 \to X$	$-\Delta X$	$Y + 1 \to Y$	$+\Delta Y$
NR_3		$+\Delta X$		$-\Delta Y$

从图 2.13 和表 2.4 中可以看出,插补计算要受到象限、顺逆和偏差大小三个因素的影响,插补计算分成两组,SR_1、SR_3、NR_2 和 NR_4 具有相同的偏差计算方法,SR_2、SR_4、NR_1 和 NR_3 具有相同的偏差计算公式,每一组中进给方向不同。表中偏差计算和动点坐标值修正均采用坐标值的绝对值。

按表 2.4 中 8 种情况进行编程,对应软件流程图如图 2.14 所示。

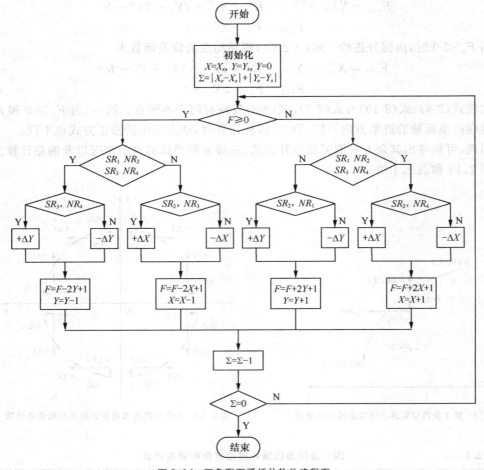

图 2.14　四象限圆弧插补软件流程图

3. 圆弧过象限

所谓圆弧过象限,即圆弧的起点和终点不在同一个象限内,如图 2.15 所示,为实现一个程序段的完整功能,须设置圆弧自动过象限功能。

当圆弧过象限时,具有如下特点。

① 过象限前后动点坐标值的符号会改变。

② 过象限前后圆弧走向不变,即逆时针圆弧过象限的转换顺序是 $NR_1 \rightarrow NR_2 \rightarrow NR_3 \rightarrow NR_4 \rightarrow NR_1 \rightarrow \cdots$,顺时针圆弧过象限的转换顺序是 $SR_1 \rightarrow SR_4 \rightarrow SR_3 \rightarrow SR_2 \rightarrow SR_1 \rightarrow \cdots$。

③ 圆弧过象限过程中当动点处于坐标轴上时必有一个坐标值为零,据此可以作为过象限的标志。

④ 终点判别时不能用绝对值,否则实际获得的零件轮廓将

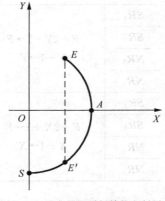

图 2.15　跨象限圆弧插补终点判别

不会是圆弧 $\overset{\frown}{SE}$,而是圆弧 $\overset{\frown}{SE'}$。为了避免这种现象,最好直接采用终点坐标的代数值进行判别,也就是在插补的同时,比较动点坐标和终点坐标的两个代数值,只有全部相等的情况下,才

能真实反映插补过程的完成。

为了完成圆弧过象限自动加工,通常采用下面两种方法来解决。

(1)绝对坐标值法

此时所有坐标均采用绝对值形式进行插补运算处理,但为了防止图 2.15 所示的 E' 点取代 E 点,有必要在进行跨象限圆弧插补前将圆弧 SE 进行分段处理,即事实上内部程序是完成 SA 和 AE 共两段圆弧的插补处理,对应分别调用 NR_4 和 NR_1 的插补程序,可直接使用前面介绍的方法来完成。其运算的复杂性在于分段处理的组合。

(2)代数坐标值法

在绝对坐标值法的基础上增设相应的动点坐标代数值单元(或变量),然后根据动点坐标代数值的符号可判断出它所在的象限,并调用相应的插补处理。当动点正好处于坐标轴上时,通常按下述规则将其归入各个不同象限中进行处理。

① 对于逆圆,$+X$ 轴归入 NR_1,$+Y$ 轴归入 NR_2,$-X$ 轴归入 NR_3,$-Y$ 轴归入 NR_4。

② 对于顺圆,$+X$ 轴归入 SR_4,$+Y$ 轴归入 SR_1,$-X$ 轴归入 SR_2,$-Y$ 轴归入 SR_3。

2.2.1.4　逐点比较法的合成进给速度

插补器向各个坐标分配进给脉冲,这些脉冲控制着坐标轴的移动。因此,对于某一坐标的移动而言,插补器发出的进给脉冲的频率就决定了刀具的进给速度。以 X 坐标为例,应有如下关系式

$$v_x = 60\delta f_x$$

式中,v_x 为 X 坐标加工进给速度(mm/min);f_x 为 X 坐标进给脉冲频率(脉冲/s);δ 为脉冲当量(mm/脉冲)。

各个坐标方向的进给速度的合成线速度称为合成进给速度或插补速度。对三坐标系统来说,合成进给速度 V 为

$$V = \sqrt{V_x + V_y + V_z}$$

式中,V_x,V_y,V_z 分别为 X,Y,Z 三个方向的进给速度。

合成进给速度直接决定了加工时的零件的表面粗糙度和精度。因此,希望合成进给速度恒等于指令进给速度或只在允许的范围内变化。但是实际上,合成进给速度 V 与插补计算方法、脉冲源频率及程序段的形式和尺寸都有关系。也就是说,不同的脉冲分配方式,指令进给速度 F 和合成进给速度 V 之间的换算关系各不相同。

逐点比较法的特点是脉冲源每产生一个脉冲,不是发向 X 轴(ΔX),就是发向 Y 轴(ΔY)。因此下式成立

$$f_{MF} = f_x + f_y \tag{2-11}$$

式中,f_{MF} 为脉冲源频率(Hz);f_x 为 X 轴进给脉冲频率(Hz);f_y 为 Y 轴进给脉冲频率(Hz)。

对应于 Y 轴的进给速度为

$$V_y = 60\delta f_y$$

由图 2.16 求得合成进给速度为

$$V = \sqrt{V_x^2 + V_y^2} = 60\delta \sqrt{f_x^2 + f_y^2}$$

当 $f_x = 0$ 或 $f_y = 0$ 时,即刀具沿平行于坐标轴的方向切削时,对应的切削速度为最大,相应的速度称为脉冲源速度,即

$$V_{MF} = 60\delta f_{MF} \tag{2-12}$$

合成速度与脉冲源速度之比为

$$\frac{V}{V_{MF}} = \frac{(V_x^2 + V_y^2)^{1/2}}{V_{MF}} = \frac{(V_x^2 + V_y^2)^{1/2}}{V_x + V_y} = \frac{1}{\sin\alpha + \cos\alpha}$$

现绘出 V/V_{MF} 随 α 而变化的关系曲线,如图 2.17 所示。当程编进给速度确定了脉冲源频率 f_{MF} 后,实际获得的合成进给速度 V 并不一直等于 V_{MF},而是随 α 角变化。当 $\alpha = 0°$ 或 90°时,$V/V_{MF} = 1$,即正好等于编程速度;$\alpha = 45°$ 时,$V/V_{MF} = 0.707$,即实际进给速度小于程编速度。在程编进给速度确定的脉冲源频率不变的情况下,逐点比较法直线插补的合成进给速度随着被插补直线与 X 轴的夹角 α 而变化,且其变化范围为 $V = (0.707 \sim 1.0) V_{MF}$,最大合成进给速度与最小合成进给速度之比为 $V_{max}/V_{min} = 1.414$,这对于一般机床加工来讲还是能够满足要求的。

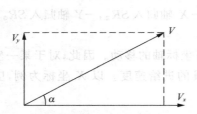

图 2.16 合成进给速度与 X、Y 轴进给速度的关系

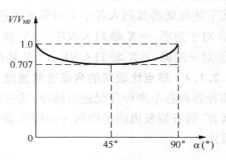

图 2.17 变化曲线

对于逐点比较法圆弧插补的合成进给速度分析的结论也一样,只是这时的 α 角是动点与圆心连线和 X 轴之间的夹角。通过合成进给速度分析,可以得出逐点比较法插补算法的进给速度是比较平稳的。

通过对逐点比较法的分析和研究可以发现,逐点比较法具有插补运算简单,过程清晰,输出脉冲均匀,输出脉冲速度变化小,调节方便,插补误差小于一个脉冲当量等特点,但逐点比较法不能实现两坐标以上的插补,因此,广泛应用在两坐标的数控机床中。早期在我国的数控线切割机床中得到较多的应用,取得了较好的经济效益和社会效益。

2.2.2 数字积分法

数字积分法也称 DDA(Digital Differential Analyzer)法。采用数字积分法进行插补,在最初的硬件数控系统中是用逻辑电路来实现的,现在可由软件实现。DDA 法因其易于实现多坐标插补联动,如二次曲线,甚至高次曲线等各种函数曲线,精度也能满足要求,而获得广泛的应用。

2.2.2.1 数字积分法基本原理

数字积分法的基本原理可用图 2.18 所示的函数积分来说明。位移是速度函数 $V = f(t)$ 对 t 的积分运算。求出此函数曲线与横轴 t 之间所围成的面积

$$S(t) = \int_0^t V \mathrm{d}t \cong \sum_{i=1}^k V_i \cdot \Delta t$$

Δt 代表累加的时间间隔,如果将时间 $t = k \cdot \Delta t$ 时刻

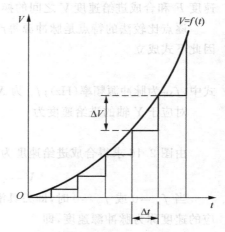

图 2.18 函数积分的几何描述

的位移用 S_k 表示,则

$$S_k = \sum_{i=1}^{k-1} V_i \cdot \Delta t + V_k \cdot \Delta t$$

或者

$$S_k = S_{k-1} + \Delta S_k$$

ΔS_k 定义为

$$\Delta S_k = V_k \cdot \Delta t$$

由此可知,实现积分运算需通过以下 3 步。

① 计算时间 k 时的速度 $V_k = V_{k-1} + \Delta V_k$;

② 计算时间 k 时的位移增量 ΔS_k ;

③ 计算时间 k 时的总位移 S_k 。

上述积分运算以恒定的时间间隔 Δt 重复进行,积分运算的频率 $f = 1/\Delta t$ 。

具体实现时,数字积分器通常由两个容量相同的 n 位寄存器 J_R、J_V 和两个加法器 $\sum_1$、$\sum_2$ 组成,如图 2.19(a)所示。其中 J_V(被积函数寄存器)存放被积函数值 V_k,J_R(余数寄存器)存放被积函数累加运算结果 S_k 的余数;$\sum_1$ 用来完成 S_k 的累加运算,$\sum_2$ 则完成被积函数值 V_k 的运算。

通常将余数寄存器和加法器 $\sum_1$ 合并,并命名它为累加器。同时,定义累加器容量为一个单位面积值,因此,当累加值超过一个单位面积时就产生溢出脉冲,溢出脉冲总数就等于所求的总面积。为了确保累加器一次不会溢出超过 1 个脉冲,被积函数寄存器中的值满足 $\Delta S_k < 1$。因此,可以通过小数点移位来实现,即 $\Delta S_k = \dfrac{1}{2^n} V_k$。实际应用中常用符号来表示积分器,积分器符号如图 2.19(b)所示。

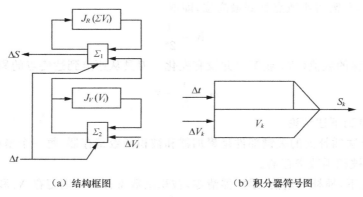

（a）结构框图   （b）积分器符号图

图 2.19 数字积分器结构与符号图

2.2.2.2 DDA 直线插补

1. 插补原理

设要对 XY 平面上第 Ⅰ 象限的直线进行插补,直线起点为坐标原点 O,终点为 $E(X_e, Y_e)$,如图 2.20 所示。假设 V_X 和 V_Y 分别表示动点在 X 和 Y 方向的移动速度,则在 X 和 Y 方向上移动距离的微小增量 ΔX 和 ΔY 应为

$$\Delta X = V_X \cdot \Delta t$$
$$\Delta Y = V_Y \cdot \Delta t$$

对直线来说，V_X 和 V_Y 是常数，则式（2-13）成立

$$\frac{V_X}{X_e} = \frac{V_Y}{Y_e} = K \qquad (2\text{-}13)$$

式中，K 为比例系数。

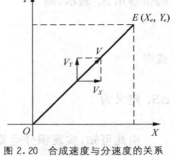

图 2.20 合成速度与分速度的关系

在 Δt 时间内，X 和 Y 位移增量的参数方程为

$$\begin{cases} \Delta X = V_X \cdot \Delta t = KX_e \cdot \Delta t \\ \Delta Y = V_Y \cdot \Delta t = KY_e \cdot \Delta t \end{cases} \qquad (2\text{-}14)$$

因此，刀具从原点 O 走向终点 E 的过程，可以看作是各坐标每经过一个单位时间间隔 Δt 分别以速度 KX_e 和 KY_e 同时累加的结果。设经过 m 次累加后，X 和 Y 分别都到达终点 $E(X_e, Y_e)$，即下式成立

$$\begin{cases} X = \sum_{i=1}^{m} KX_e \Delta t = mKX_e = X_e \\ Y = \sum_{i=1}^{m} KY_e \Delta t = mKY_e = Y_e \end{cases} \qquad (2\text{-}15)$$

则

$$mK = 1$$

或

$$m = \frac{1}{K} \qquad (2\text{-}16)$$

从式（2-16）可见，比例系数 K 和累加次数 m 的关系是互为倒数，两者是相互制约的。为保证坐标轴上每次分配进给脉冲不超过一个单位步距（即 1 个脉冲当量），所以有

$$\Delta X = KX_e < 1$$
$$\Delta Y = KY_e < 1$$

对于 n 位寄存器，只需将小数点移到最高位，即取

$$K = \frac{1}{2^n}$$

而且寄存器中所存的数值（X_e 或 Y_e）并没有变化。刀具从原点到达终点的累加次数 m 为

$$m = \frac{1}{K} = 2^n$$

综上所述，可以得到下述结论。

① 数字积分法插补器的关键部件是累加器和被积函数寄存器，每一个坐标方向就需要一个累加器和一个被积函数寄存器。

② 一般情况下，插补开始前，累加器清零，被积函数寄存器分别寄存 X_e 和 Y_e。

③ 插补开始后，每来一个累加脉冲 Δt，被积函数寄存器里的内容在相应的累加器中相加一次，相加后的溢出作为驱动相应坐标轴的进给脉冲 ΔX（或 ΔY），而余数仍寄存在累加器中。

④ 当脉冲源发出的累加脉冲数 m 恰好等于被积函数寄存器的容量 2^n 时，溢出的脉冲数等于以脉冲当量为最小单位的终点坐标，刀具运行到终点。

图 2.21 为直线插补的积分器符号图。

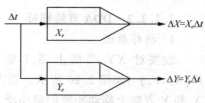

图 2.21 直线插补的积分器符号图

2. 插补实例

　　例 2.3　设要插补第 Ⅰ 象限直线 OE，如图 2.22 所示，单位为 BLU，起点坐标 $O(0,0)$，终点坐标为 $E(7,10)$，试采用 DDA 法对其进行插补。

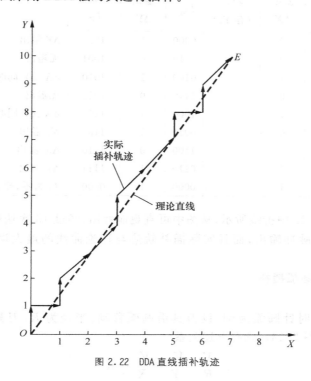

图 2.22　DDA 直线插补轨迹

　　解:若被积函数寄存器 J_{VX} 和 J_{VY}、余数寄存器 J_{RX} 和 J_{RY} 以及终点减法计数器 J_E 均为四位二进制寄存器，则迭代次数 $m = 2^4 = 16$ 次。插补前 J_E、J_{RX}、J_{RY} 均为零。

$$J_{VX} = 0111，存放 X_e = 7$$
$$J_{VY} = 1010，存放 Y_e = 10$$

　　其插补过程如表 2.5 所示，由于在直线插补过程中，J_{VX} 和 J_{VY} 中的数值始终为 X_e 和 Y_e，故表中仅列出其初值。

表 2.5　　　　　　　　　　　　　　　　　**DDA 直线插补计算**

累加次数 Δt	X 积分器			Y 积分器			终点计数器 J_E	备　　注
	J_{VX}（存 X_e）	J_{RX}	溢出 ΔX	J_{VY}（存 Y_e）	J_{RY}	溢出 ΔY		
0	0111	0000	0	1010	0000	0	0000	初始化
1		0111	0		1010	0	0001	第一次迭代
2		1110	0		0100	1	0010	J_{RY} 有进位，ΔY 溢出一个脉冲
3		0101	1		1110	0	0011	J_{RX} 有进位，ΔX 溢出一个脉冲
4		1100	0		1000	1	0100	ΔY 溢出
5		0011	1		0010	1	0101	ΔX、ΔY 同时溢出
6		1010	0		1100	0	0110	无溢出
7		0001	1		0110	1	0111	ΔX、ΔY 同时溢出

续表

累加次数 Δt	X 积分器			Y 积分器			终点计数器 J_E	备注
	J_{V_X} (存 X_e)	J_{R_X}	溢出 ΔX	J_{V_Y} (存 Y_e)	J_{R_Y}	溢出 ΔY		
8	1000	0		0000		1	1000	ΔY 溢出
9	1111	0		1010		0	1001	无溢出
10	0110	1		0100		1	1010	ΔX、ΔY 同时溢出
11	1101	0		1110		0	1011	无溢出
12	0100	1		1000		1	1100	ΔX、ΔY 同时溢出
13	1011	0		0010		1	1101	ΔY 溢出
14	0010	1		1100		0	1110	ΔX 溢出
15	1001	0		0110		1	1111	ΔY 溢出
16	0000	1		0000		1	0000	J_E 为零,插补结束

插补轨迹如图 2.22 中折线所示,从图中可直观地看出,经过 16 次迭代之后,X 和 Y 坐标分别有 7 个和 10 个脉冲输出,而且实际插补轨迹与理论曲线的最大误差不超过一个脉冲当量。

2.2.2.3 DDA 圆弧插补

1. 插补原理

现以第 I 象限逆时针圆弧为例,设刀具沿圆弧移动,半径为 R,刀具的切向速度为 V,$P(x,y)$ 为动点(见图 2.23),则有下述关系

$$\frac{V}{R} = \frac{V_x}{Y} = \frac{V_y}{X} = K$$

由于半径 R 为常数,切向速度 V 为匀速,因此,K 为常数。

在单位时间增量 Δt 内,x 和 y 方向位移增量的参数方程可表示为

$$\Delta X = V_x \cdot \Delta t = K y \Delta t \tag{2-17}$$

$$\Delta Y = V_y \cdot \Delta t = K x \Delta t \tag{2-18}$$

仿照直线插补方法,可用两个积分器来实现圆弧插补。如图 2.24 所示,图中系数 K 省略的原因与直线插补相同。从图中可以看出,DDA 圆弧插补与直线插补相比较还是存在很大的差别,主要体现在以下两方面。

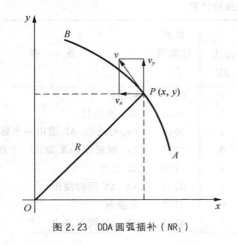

图 2.23 DDA 圆弧插补（NR_1）　　　　图 2.24 DDA 圆弧插补运算框图及符号图

① 坐标值 x 和 y 存入寄存器 J_{vx} 和 J_{vy} 的对应关系与直线不同,恰好位置互调,即 y 存入 J_{vx},而 x 存入 J_{vy} 中。

② J_{vx} 和 J_{vy} 寄存器中寄存的数值与直线插补时还有一个本质的区别:直线插补时 J_{vx}(或 J_{vy})寄存的是终点坐标 X_e(或 Y_e),是个常数;而在圆弧插补时寄存的是动点坐标,是个变量。因此在刀具移动过程中必须根据刀具位置的变化来更改被积函数寄存器 J_{vx} 和 J_{vy} 中的内容。在起点时,J_{vx} 和 J_{vy} 分别寄存起点坐标值 y_0 和 x_0;在插补过程中,J_{Ry} 每溢出一个 Δy 脉冲,J_{vx} 寄存器应该加"1";反之,当 J_{Rx} 溢出一个 ΔX 脉冲时,J_{vx} 应该减"1"。减"1"的原因是刀具在作逆圆运动时 x 坐标须向负方向进给,动点坐标不断减少。图 2.24 中用"+"及"-"表示修改动点坐标时这种加"1"或减"1"的关系。DDA 圆弧插补终点判别须对 X、Y 两个坐标轴同时进行。这时可利用两个终点计数器 $J_{\Sigma X}=|X_e-X_0|$ 和 $J_{\Sigma Y}=|Y_e-Y_0|$ 来实现,当 X 或 Y 坐标轴每输出一个脉冲,则将相应终点计数器减 1,当减到 0 时,则说明该坐标轴已到达终点,并停止该坐标的累加运算。只有当两个终点计数器均减到 0 时,才结束整个圆弧插补过程。

2. 象限处理

和逐点比较法插补一样,DDA 插补不同象限的直线和圆弧,或者不同走向的圆弧时,处理方法也有所不同,当采用硬件实现时,需要根据其间规律设计专门的电路完成。当采用软件实现时,如果所有参与运算的寄存器全部采用绝对数据,则所有 DDA 插补过程中累加方式是相同的,所不同的只是进给脉冲的分配方向以及圆弧插补时对动点坐标的修正方法。表 2.6 列出了 DDA 插补时各种脉冲分配及坐标修正情况。

表 2.6　　　　　　　　　　不同象限 DDA 插补的脉冲分配和坐标修正

内　容		L_1	L_2	L_3	L_4	NR_1	NR_2	NR_3	NR_4	SR_1	SR_2	SR_3	SR_4
动点	J_{vx}					+1	-1	+1	-1	-1	+1	-1	+1
修正	J_{vy}					-1	+1	-1	+1	+1	-1	+1	-1
进给	ΔX	+	-	-	+	-	-	-	+	+	+	+	-
方向	ΔY	+	+	-	-	+	-	-	-	-	+	+	-

同样,采用 DDA 法插补跨象限的圆弧轮廓时,也需根据圆弧走向将坐标轴上的动点归入到相应象限中,其处理过程与逐点比较法完全类似。

3. 插补实例

例 2.4　设有第Ⅰ象限逆时针圆弧 $\overparen{AB}$,单位为 BLU,起点为 $A(5,0)$,终点为 $B(0,5)$,且寄存器位数 $n=4$,试用 DDA 法进行插补。

解: 插补开始时,$J_{vx}=0000$,$J_{vy}=0101$,终点判别寄存器 $J_{x终}=0101$,$J_{y终}=0101$。其插补过程如表 2.7 所示,插补轨迹如图 2.25 中折线所示。

表 2.7　　　　　　　　　　DDA 圆弧插补计算举例

Δt	X 积分器				Y 积分器				$J_{y终}$	备　　注
	$J_{vx}=Y_i$	$\sum y_I$ 存余数 J_{Rx}	Δx	$J_{x终}$	$J_{vy}=X_i$	$\sum x_I$ 存余数 J_{Ry}	Δy			
0	0000	0000	0	0101	0101	0000	0	0101		初始状态
1	0000	0000	0	0101	0101	0101	0	0101		第一次迭代

续表

Δt	X 积分器			$J_{x终}$	Y 积分器			$J_{y终}$	备　注
	$J_{V_x}=Y_i$	$\sum y_I$ 存余数 J_{Rx}	Δx		$J_{V_y}=X_i$	$\sum x_I$ 存余数 J_{Ry}	Δy		
2	0000	0000	0	0101	0101	1010	0	0101	
3	0000	0000	0	0101	0101	1111	0	0101	
4	0000	0000	0	0101	0101	0100	1	0100	Y 积分器产生溢出脉冲,修正 X 积分器的被积函数寄存器
	0001								
5	0001	0001	0	0101	0101	1001	0	0100	
6	0001	0010	0	0101	0101	1110	0	0100	
7	0001	0011	0	0101	0101	0011	1	0011	Y 积分器再次溢出
	0010								
8	0010	0101	0	0101	0101	1000	0	0011	
9	0010	0111	0	0101	0101	1101	0	0011	
10	0010	1001	0	0101	0101	0010	1	0010	Y 积分器溢出
	0011								
11	0011	1100	0	0101	0101	0111	0	0010	
12	0011	1111	0	0101	0101	1100	0	0010	
13	0011	0010	1	0100	0101	0001	1	0001	X、Y 积分器同时溢出
	0100				0100				
14	0100	0110	0	0100	0100	0101	0	0001	
15	0100	1010	0	0100	0100	1001	0	0001	
16	0100	1110	0	0100	0100	1101	0	0001	
17	0100	0010	1	0011	0100	0001	1	0000	Y 坐标到达终点,Y 积分器停止迭代
	0101				0011				
18	0101	0111	0	0011	0011				
19	0101	1100	0	0011	0011				
20	0101	0001	1	0010	0011				X 积分器溢出
					0010				
21	0101	0110	0	0010	0010				
22	0101	1011	0	0010	0010				
23	0101	0000	1	0001	0010				X 积分器溢出
					0001				
24	0101	0101	0	0001	0001				
25	0101	1010	0	0001	0001				
26	0101	1111	0	0001	0001				
27	0101	0100	1	0000	0001				X 坐标到达终点,圆弧插补结束
					0000				

2.2.2.4　改进 DDA 插补质量的措施

1. DDA 插补的合成进给速度

通过前面分析已经了解到,对于 DDA 直线插补来讲,脉冲源 MF 每发出一个脉冲就进行一次累加运算,这样 X 方向的平均进给速率是 $X_e/2^n$,Y 方向的平均进给速率是 $Y_e/2^n$,故 X 和 Y 方向的脉冲频率分别为

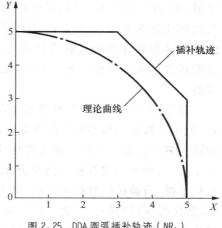

图 2.25　DDA 圆弧插补轨迹（NR_1）

$$f_x = (X_e/2^n) f_{MF}$$

$$f_y = (Y_e/2^n) f_{MF}$$

假设脉冲当量为 δ,则可求得 X 和 Y 方向的进给速度分别为

$$V_x = 60 \cdot f_x \cdot \delta = 60(X_e/2^n) f_{MF} \cdot \delta = (X_e/2^n) V_{MF}$$

$$V_y = 60 \cdot f_y \cdot \delta = 60(Y_e/2^n) f_{MF} \cdot \delta = (Y_e/2^n) V_{MF}$$

则合成进给速度为

$$V = (V_X^2 + V_Y^2)^{1/2} = \frac{(X_e^2 + Y_e^2)^{1/2}}{2^N} V_{MF} = \frac{L}{2^N} V_{MF} \tag{2-19}$$

式中,$L = (X_e^2 + Y_e^2)^{1/2}$ 为插补直线长度。

同理,对于圆弧插补时,式(2-19)中 L 对应于被插补圆弧的半径 R,即为

$$V = \frac{R}{2^N} V_{MF} \tag{2-20}$$

通过式(2-19)、式(2-20)可以看出,当数控加工程序中 F 代码一旦给定进给速度后,V_{MF} 就确定了。这样,合成进给速度 V 就与被插补直线的长度 L 或圆弧半径 R 成正比。而 L 和 R 的变化范围是 $0 \sim 2^N$,故 $V = (0 \sim 1)V_{MF}$。也就是说,当 L 或 R 很小时,V 也很小,脉冲溢出速度很慢;反之,脉冲溢出速度加快。可见,脉冲溢出速度随插补直线长度或圆弧半径的大小按比例变化。

事实上,前面的推导也可以直观地这样理解,由于不论加工行程的长短,都必须完成 $m = 2^n$ 次累加运算。也就是,行程长,进给快;行程短,进给慢。这样,就难以实现程编速度的准确稳定控制,还会影响加工零件的表面质量,特别是行程短的程序段生产效率低。为了克服这一缺点,使溢出脉冲均匀化,必须采取措施加以改善。

下面将讨论 DDA 法从原理走向实用化必须解决的速度和精度控制问题。

2. 进给速度均匀化措施

(1)左移规格化

为了使溢出脉冲均匀且溢出速度提高,方法之一是采用左移规格化。

当被积函数的值比较小时(如被积函数寄存器有 i 个前零时),若直接迭代,那么至少需要 2 次迭代,才能输出一个溢出脉冲,致使输出脉冲的速度下降。所谓"左移规格化"是指在实际的数字积分器中,首先将被积函数寄存器中被积函数的前零移去,使之成为规格化数,然后进行累加的操作。直线插补与圆弧插补在左移规格化处理上稍有不同,因此,需分别加以介绍。

直线插补时,规定 n 位被积函数寄存器的数字最高位为 1 时的数为规格化数;反之,则称之为非规格化数。显然,规格化数累加两次必然有一次溢出,而非规格化数必须作两次以上或更多次累加后才有一次溢出。

直线插补时的左移规格化方法是:将被积函数寄存器(J_{V_x}、J_{V_y})中存放的非规格化数

字量（X_e、Y_e）同时左移（最低位移入零），并记下左移次数，直到 J_{V_x} 和 J_{V_y} 中的任一个数成为规格化数为止。也就是说，直线插补的左移规格化处理就是确保坐标值最大（指绝对值）的被积函数寄存器的最高有效位为 1。另外，同时左移意味着把 X、Y 两坐标轴方向的脉冲分配速度扩大同样的倍数，而两者数值之比并没有改变，故斜率也不变，保持了原有直线的特性。

　　对于同一个零件加工程序段，左移规格化的前后，各坐标轴分配脉冲数应该等于 X_e 和 Y_e，但由于被积函数左移 i 位使其数值扩大 2^i 倍，故为了保持溢出的总脉冲数不变，就要相应地减少累加次数。当被积函数寄存器左移一位，数值就扩大一倍，这时比例常数 K 必须修改为 $1/2^{n-1}$，而累加次数相应修改为 $M = 2^{n-1}$，依此类推，当左移 i 位后，$K = 1/2^{n-i}$，$M = 2^{n-i}$。也就是说，当被积函数扩大一倍，则累加次数就减少一半。在具体实现时，当 J_{V_x} 和 J_{V_y} 左移（最低位补零）的同时，只要将终点加法计数器 J_Σ 右移（最高位移入 1）即可。图 2.26 表示左移规格化及修改终点判别计数长度的示例。

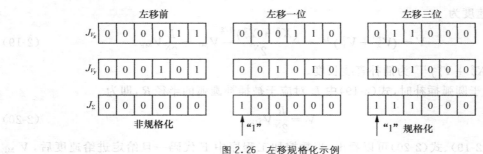

图 2.26　左移规格化示例

直线插补左移规格化后，最小直线长度为 $L_{\min} = 2^{N-1}$，此时对应规格化前后数值分别为

$$X_e = 000\cdots001 , \quad Y_e = 000\cdots000 （规格化前）$$
$$X'_e = 100\cdots000 , \quad Y'_e = 000\cdots000 （规格化后）$$
$$L_{\min} = \sqrt{X'^2_e + Y'^2_e} = 2^{N-1}$$

直线插补左移规格化后，最大直线长度为 $L_{\max} = \sqrt{2}\,(2^{N-1} - 1)$，此时对应规格化数为

$$X_e = Y_e = X'_e = Y'_e = 111\cdots111 （已是规格化数）$$
$$L_{\max} = \sqrt{X'^2_e + Y'^2_e} = \sqrt{2} \times (2^N - 1) \approx \sqrt{2} \times 2^N$$

因此，合成进给速度 V 对应的最大值和最小值之比为

$$\left.\frac{v}{v_{MF}}\right|_{\min} = \frac{2^{N-1}}{2^N} = 0.5 , \quad \left.\frac{V}{V_{MF}}\right|_{\max} = \frac{\sqrt{2} \times 2^N}{2^N} = 1.414$$

其变化范围为 $V = (0.5 \sim 1.414)V_{MF}$，即 $V_{\max}/V_{\min} = 2.828$。

　　可见，经规格化处理后进给速度的均匀性大为改善，并且与 L 和 R 无关，但 2.828 的速度变化范围仍然较大，为了进一步降低速度变化，必须结合数控加工程序的编程手段来解决，可采用按进给速率数（FRN）的方法来进行编程。

　　在圆弧插补规格化中，将 n 位被积函数寄存器的数字次高位为 1 的数称为规格化数（即保留一个前零）。圆弧左移规格化方法是：同时左移被积函数寄存器中存放的二进制数，直到使坐标值最大的 n 位被积函数寄存器的数字次高位为 1。由于在插补过程中，J_{V_x} 和 J_{V_y} 中存放的动点坐标 Y_i 和 X_i 随插补进行需不断作"＋1"或"－1"修正。如果仍然将寄存器数字最高位为 1 的数当作规格化数,则可能在作 +1 修正时会发生溢出。为此,圆弧插补时定义寄存器的数字次高位为 1 的数为规格化数,就可避免由动点坐标修正引起的溢出现象。另外,由于规格化数的定义提前了一位,因此,要求寄存器的容量必须大于被加工圆弧半径的 2 倍。

圆弧插补经左移规格化处理后,J_{v_x} 和 J_{v_y} 中存放的数值相应地也扩大了。如果规格化时左移了 i 位,相当于坐标值均扩大 2^i 倍,即 J_{v_x} 和 J_{v_y} 中存放的数据分别变为 $2^i Y$ 和 $2^i X$。假设 Y 轴有溢出脉冲时,则 J_{v_x} 中存入的坐标值被修正为

$$2^i Y \rightarrow 2^i (Y \pm 1) = 2^i Y \pm 2^i$$

可见,若圆弧插补前左移规格化处理过程中左移了 i 位,J_{v_x} 中动点坐标修正应该是($\pm 2^i$),而不是 ± 1,即相当于在 J_{v_x} 的第 i 位 ± 1;同理,当 X 轴有溢出脉冲时,J_{v_y} 中存放的数据应作 $\pm 2^i$ 修正,即在第 i 位进行 ± 1 修正。

综上所述,左移规格化目的是提高溢出脉冲的速度,并且使溢出脉冲变得比较均匀。

(2)按 FRN 代码编程

所谓按 FRN(Feed Rate Number)代码编程,就是在进行数控加工程序编制时,考虑了被加工直线的长度或圆弧的半径等因素,以进一步稳定 DDA 的插补速度。进给速率数 FRN 定义为

$$FRN = \frac{V_0}{L}(直线),或 FRN = \frac{V_0}{R}(圆弧) \tag{2-21}$$

式中,L 为被加工(插补)直线长度(mm);R 为被加工(插补)圆弧半径(mm);V_0 为要求的加工切削速度(mm/min)。按式(2-21)求得的 FRN 值来选择程编 F 代码值,即

$$F = FRN \tag{2-22}$$

直线和圆弧插补的实际合成进给速度满足式(2-23)和式(2-24)

$$V = \frac{L}{2^N} V_{MF} = \frac{L}{2^N} 60\delta f_{MF}(直线) \tag{2-23}$$

$$V = \frac{R}{2^N} V_{MF} = \frac{R}{2^N} 60\delta f_{MF}(圆弧) \tag{2-24}$$

式中,V_{MF} 为脉冲源频率对应的合成速度(mm/min);f_{MF} 为脉冲源频率(Hz);δ 为脉冲当量(mm/脉冲)。并且,希望在加工中实现 $\dfrac{V}{L}\left(或 \dfrac{V}{R} = FRN\right)$,因此,可以推得式(2-25)

$$f_{MF} = \frac{2^N}{60\delta} FRN \tag{2-25}$$

现将式(2-25)代入式(2-23)和式(2-24)中,可得

$$V = L \cdot FRN = L \frac{V_0}{L} = V_0(直线) \tag{2-26}$$

$$V = R \cdot FRN = R \frac{V_0}{R} = V_0(圆弧) \tag{2-27}$$

采用 FRN 代码编程来控制 f_{MF},使得 V 与 L 或 R 无关,达到了稳定进给速度的目的。也就是说,当不同的零件轮廓段要求相同切削速度 V_0 时,可按式(2-21)式(2-22)选择不同的 FRN 代码来予以实现,而这种计算通过软件是极容易完成的。

3. 提高插补精度的措施——余数寄存器预置数

DDA 直线插补的轨迹误差小于一个脉冲当量,但 DDA 圆弧插补的径向误差有可能大于或

等于一个脉冲当量。因为数字积分器溢出脉冲的频率与被积函数寄存器的存数成正比,当动点在坐标轴附近时,必会出现一个积分器的被积函数值接近于零,而另一个积分器的被积函数值却接近最大值(圆弧半径)这一现象。因此被积函数值大的连续溢出脉冲,而被积函数值小的几乎没有脉冲溢出,导致两个积分器的溢出脉冲速率相差很大,使插补轨迹偏离理论曲线。

为了减小插补误差,在实际的积分器中,常常应用一种简便而行之有效的方法——余数寄存器预置数。在 DDA 插补之前,余数寄存器 J_{Rx} 和 J_{Ry} 预置的不是零而是某一数值。常用的是预置最大容量值(称为置满数或全加载)和预置 0.5(称为半加载)两种。

"半加载"是在 DDA 迭代前,余数寄存器 J_{Rx} 和 J_{Ry} 的初值不是置零,而是置 1000…000(即 0.5)。也就是说,把余数寄存器 J_{Rx} 和 J_{Ry} 的最高有效位置"1",其余各位均置"0",这样,只要再叠加 0.5,余数寄存器就可以产生第一个溢出脉冲,使积分器提前溢出。这在被积函数较小,迟迟不能产生溢出的情况下有很大的实际意义,因为它改善了溢出脉冲的时间分布,减小了插补误差。"半加载"可以使直线插补的误差减小到半个脉冲当量以内,一个显而易见的例子是:若直线 OA 的起点为坐标原点,终点坐标是 $A(15,1)$,没有"半加载"时,X 积分器除第一次迭代没有溢出外,其余 15 次迭代均有溢出;而 Y 积分器只有在第 16 次迭代时才有溢出脉冲(见图 2.27(a))。若进行了"半加载",则 X 积分器除第 9 次迭代没有溢出外,其余 15 次均有溢出;而 Y 积分器提前到第 8 次迭代有溢出,这就改善了溢出脉冲的时间分布,提高了插补精度(见图 2.27(a))。

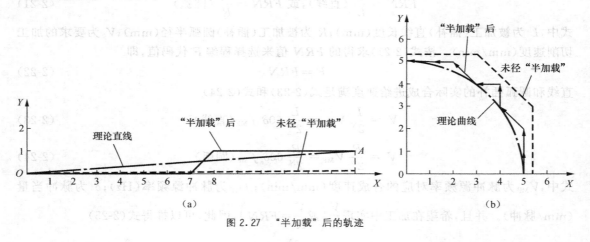

图 2.27 "半加载"后的轨迹

"半加载"也使圆弧插补的精度得到明显改善,若对图 2.27(b)的例子进行"半加载",其插补轨迹如图中的折线所示,插补过程见表 2.8。仔细比较表 2.7 和表 2.8 可以发现,"半加载"使 X 积分器的溢出脉冲提前了,从而提高了插补精度。

表 2.8   "半加载"后的 DDA 圆弧插补运算举例

	X 积分器				Y 积分器				备注
Δt	J_{Vx} (Y_i)	J_{Rx} $(\sum Y_i)$	ΔX	$J_{x终}$	J_{Vy} (X_i)	J_{Ry} $(\sum X_i)$	ΔY	$J_{y终}$	
0	0000	1000	0	0101	0101	1000	0	0101	初始状态,X、Y 积分器均为"半加载"
1	0000	1000	0	0101	0101	1101	0	0101	

续表

Δt	J_{Vx} (Y_i)	J_{Rx} ($\sum Y_i$)	ΔX	$J_{x终}$	J_{Vy} (X_i)	J_{Ry} ($\sum X_i$)	ΔY	$J_{y终}$	备注
2	0000	1000	0	0101	0101	0010	1	0100	Y积分器溢出,修正X积分器的被积函数寄存器
	0001								
3	0001	1001	0	0101	0101	0111	0	0100	
4	0001	1010	0	0101	0101	1100	0	0100	
5	0001	1011	0	0101	0101	0001	1	0011	Y积分器溢出,修正X积分器的被积函数寄存器
	0010								
6	0010	1101	0	0101	0101	0110	0	0011	
7	0010	1111	0	0101	0101	1011	0	0011	
8	0010	0001	1	0100	0101	0000	1	0010	X积分器溢出,Y积分器溢出;修正X和Y积分器的被积函数寄存器
	0011				0100				
9	0011	0100	0	0100	0100	0100	0	0010	
10	0011	0111	0	0100	0100	1000	0	0010	
11	0011	1010	0	0100	0100	1100	0	0010	
12	0011	1101	0	0100	0100	0000	1	0001	Y积分器溢出,修正X积分器的被积函数寄存器
	0100								
13	0100	0001	1	0011	0100	0100	0	0001	X积分器溢出,修正Y积分器的被积函数寄存器
					0011				
14	0100	0101	0	0011	0011	0111	0	0001	
15	0100	1001	0	0011	0011	1010	0	0001	
16	0100	1101	0	0011	0011	1101	0	0001	
17	0100	0001	1	0010	0011	0000	1	0000	X积分器溢出,Y坐标到达终点,Y积分器停止迭代
	0101				0010				
18	0101	0110	0	0010	0010	0000	0	0000	
19	0101	1011	0	0010	0010	0000	0	0000	
20	0101	0000	1	0001	0010				X积分器溢出
	0001				0001				
21	0101	0101	0	0001	0001				
22	0101	1010	0	0001	0001				
23	0101	1111	0	0001	0001				
24	0101	0100	1	0000	0000				X坐标到达终点,圆弧插补结束

　　所谓"全加载",是在 DDA 迭代前将余数寄存器 J_{R_x} 和 J_{R_y} 的初值置成该寄存器的最大容量值(当为 n 位时,即置入 $2^n - 1$),这会使得被积函数值很小的坐标积分器提早产生溢出,插补精度得到明显改善。图 2.28 是使用"全加载"的方法得到的插补轨迹,由于被积函数寄存器和余数寄存器均为三位,置入最大数为 7(111),其运算过程见表 2.9。

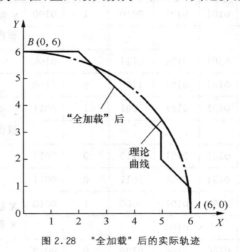

图 2.28　"全加载"后的实际轨迹

表 2.9　　　　　　　"全加载"后的 DDA 圆弧插补运算举例

累加次数 Δt	X 积分器				Y 积分器				备　注
	J_{V_x} (Y_i)	J_{R_x} ($\sum Y_i$)	ΔX	$J_{x终}$	J_{V_y} (X_i)	J_{R_y} ($\sum X_i$)	ΔY	$J_{y终}$	
0	000	111	0	110	110	111	0	110	初态,X、Y 积分器均全加载,即预置 111
1	000	111	0	110	110	101	1	101	Y 积分器溢出
	001								
2	001	000	1	101	110	011	1	100	X、Y 积分器同时溢出
	010					101			
3	010	010	0	101	101	000	1	011	Y 积分器溢出
	011								
4	011	101	0	101	101	101	0	011	
5	011	000	1	100	101	010	1	010	X、Y 积分器同时溢出
	100					100			
6	100	100	0	100	100	101	0	010	
7	100	000	1	011	100	010	1	001	X、Y 积分器同时溢出
	101								
8	101	101	0	011	011	101	0	001	
9	101	010	1	010	011	000	1	000	X、Y 积分器同时溢出,Y 坐标已到达终点
	110					010			

续表

累加次数 Δt	X 积分器			$J_{x终}$	Y 积分器			$J_{y终}$	备 注
	J_{V_x} (Y_i)	J_{R_x} $(\sum Y_i)$	ΔX		J_{V_y} (X_i)	J_{R_y} $(\sum X_i)$	ΔY		
10	110	000	1	001	010	010	0	000	X 积分器溢出
				001					
11	110	110	0	001	001	011	0	000	
12	110	100	1	000	001	100	0	000	X 积分器溢出，X 坐标也到达终点，插补完成
					000				

2.2.2.5 其他函数的 DDA 插补运算

用 DDA 法可以方便地实现其他函数的插补。以 DDA 积分器作为基本单元，利用它灵活地组合就能获得多种函数的插补器。

（1）抛物线插补

抛物线方程为
$$Y^2 = 2PX$$

其微分形式为
$$\frac{dY}{dX} = \frac{P}{Y}$$

参数表达式为
$$dY = P \cdot dt$$
$$dX = Y \cdot dt$$

增量表达式为
$$\Delta Y = P \cdot \Delta t$$
$$\Delta X = Y \cdot \Delta t$$

其积分原理框图如图 2.29(a)所示。X 积分器和 Y 积分器中的被积函数分别为 Y 和 P，因此每溢出一个 ΔY，应修正 X 积分器中的被积函数。

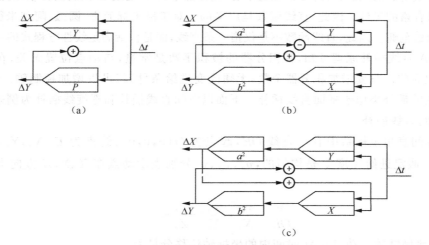

（a）　　　　　　　　　（b）

（c）

图 2.29　用积分器实现二次曲线插补

（2）椭圆插补

椭圆方程为
$$\frac{X^2}{a^2} + \frac{Y^2}{b^2} = C$$

其参数表达式为

$$dX = -a^2 \cdot Y \cdot dt$$
$$dY = b^2 \cdot X \cdot dt$$

增量表达式为

$$\Delta X = -a^2 \cdot Y \cdot \Delta t$$
$$\Delta Y = b^2 \cdot X \cdot \Delta t$$

其积分原理框图如图 2.29(b)所示。X 积分器和 Y 积分器中的被积函数分别为 Y 和 X，与圆弧插补时相似。在溢出了 ΔX 后，应使 Y 积分器中的被积函数减 1；同理，溢出了 ΔY 后，应使 X 积分器中的被积函数加 1。另外还增设了两个积分器，其被积函数均为常量，以实现乘法运算。

（3）双曲线插补

双曲线方程为

$$\frac{X^2}{a^2} - \frac{Y^2}{b^2} = C$$

其参数表达方程为

$$dX = a^2 \cdot Y \cdot dt$$
$$dY = b^2 \cdot X \cdot dt$$

增量表达式为

$$\Delta X = a^2 \cdot Y \cdot \Delta t$$
$$\Delta Y = b^2 \cdot X \cdot \Delta t$$

其积分原理框图如图 2.29(c)所示，构成原理可参见椭圆插补，不同的是，进给了 ΔX 后，给 Y 积分器的被积函数加 1。据此原理也可以实现高次曲线的插补，只要对曲线方程求各阶导数，得到其参量表达式，即可得到积分器的被积函数。

2.2.2.6 多坐标插补

DDA 插补算法的突出优点是易于扩展，实现多坐标直线插补联动，它不仅能实现三维空间的直线插补，而且可以适用于四维空间和五维空间的直线函数。这样使得 CNC 装置的控制功能增加到第 4 轴和第 5 轴，满足某些零件加工的要求。例如，有时需要 X、Y、Z 和绕 X 轴的回转轴联动才能合成所需的轨迹；有时 4 根轴还不够，还需加上绕 Y 轴或 Z 轴的回转轴，通过 5 轴联动才能加工出合格的工件。因此，直线函数是广义的。对于极坐标而言，圆弧、阿基米德螺线等都属于直线函数范畴。因此，直线函数不是仅指一条直线，而是包括满足线性方程式的一切函数。

由 DDA 直线插补原理可知，各积分器的被积函数是常量，与动点位置无关，在累加过程中是相互独立的。只要增加积分器个数，无须改变进给条件，就可以增加控制轴。因此，多坐标线性函数的插补类似于平面直线插补。下面以空间直线插补和螺旋线插补为例来说明。

（1）空间直线插补

设在空间直角坐标系中有一直线 OE，起点为 $O(0,0,0)$，终点为 $E(X_e,Y_e,Z_e)$，如图 2.30 所示。假定进给速度 v 是均匀的，v_x、v_y、v_z 分别表示动点在 X、Y、Z 方向上的移动速度，则有

$$\frac{v}{OE} = \frac{v_x}{X_e} = \frac{v_y}{Y_e} = \frac{v_z}{Z_e} = K$$

式中，K 为比例常数。动点在 Δt 时间内的坐标轴位移分量为

$$\Delta X = v_x \cdot \Delta t = K \cdot X_e \cdot \Delta t$$
$$\Delta Y = v_y \cdot \Delta t = K \cdot Y_e \cdot \Delta t$$
$$\Delta Z = v_z \cdot \Delta t = K \cdot Z_e \cdot \Delta t$$

仿照平面内的直线插补，可知各坐标轴经过 2^n 次累加后分别到达终点，当 Δt 足够小时，有

$$X = \sum_{i=1}^{n} KX_e \Delta t = KX_e \sum_{i=1}^{n} \Delta t = K \cdot m \cdot X_e = X_e$$

$$Y = \sum_{i=1}^{n} KY_e \Delta t = KY_e \sum_{i=1}^{n} \Delta t = K \cdot m \cdot Y_e = Y_e$$

$$Z = \sum_{i=1}^{n} KZ_e \Delta t = KZ_e \sum_{i=1}^{n} \Delta t = K \cdot m \cdot Z_e = Z_e$$

与平面内直线插补一样,每来一个Δt,最多允许产生一个进给单位的位移增量,故 K 的选取也为$\dfrac{1}{2^n}$。

在平面直线插补器的基础上再增加一个 Z 积分器就可得到空间直线插补器的原理框图,如图 2.31 所示。各积分器彼此之间无牵连,易于实现。

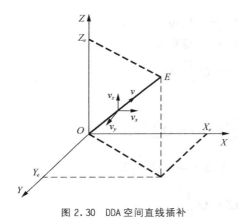

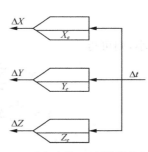

图 2.30　DDA 空间直线插补　　　　图 2.31　空间直线 DDA 插补器原理框图

（2）螺旋线插补

设有一螺旋线 AE（见图 2.32）,其导程为 P,螺旋升角 $\lambda = \arctan \dfrac{P}{2\pi R}$,动点 $N(X_i, Y_i, Z_i)$ 的运动速度为 v,则沿三个坐标轴的速度分量为

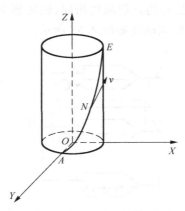

图 2.32　螺旋线插补

$$v_x = v\cos\lambda\sin\theta_i = \frac{v}{\sqrt{R^2 + \left(\dfrac{P}{2\pi}\right)^2}} Y_i = QY_i$$

$$v_y = -v\cos\lambda\cos\theta_i = \frac{-v}{\sqrt{R^2 + \left(\dfrac{P}{2\pi}\right)^2}} X_i = -QX_i$$

$$v_z = v\sin\lambda = \frac{v}{\sqrt{R^2 + \left(\dfrac{P}{2\pi}\right)^2}} \cdot \frac{P}{2\pi} = Q \cdot \frac{P}{2\pi}$$

其中，$\theta_i = \arctan\dfrac{Y_i}{X_i}$，$Q = \dfrac{v}{\sqrt{R^2 + \left(\dfrac{P}{2\pi}\right)^2}}$。

每来一个 Δt，各坐标位移增量为

$$\Delta X = v_x \Delta t = QY_i \Delta t$$

$$\Delta Y = -v_y \Delta t = -QX_i \Delta t$$

$$\Delta Z = v_z \Delta t = Q\frac{P}{2\pi}\Delta t$$

若 Δt 足够小，则可得

$$X = \sum_{i=1}^{n}\Delta X = Q\sum_{i=1}^{n}Y_i\Delta\ t = Q\sum_{i=1}^{n}Y_i$$

$$Y = \sum_{i=1}^{n}\Delta Y = -Q\sum_{i=1}^{n}X_i\Delta\ t = -Q\sum_{i=1}^{n}X_i$$

$$Z = \sum_{i=1}^{n}\Delta Z = Q\frac{P}{2\pi}$$

从而得 X、Y、Z 三个积分器的被积函数为

$$J_{v_x} \leftarrow Y_i$$

$$J_{v_y} \leftarrow X_i$$

$$J_{v_z} \leftarrow \frac{P}{2\pi}$$

X 和 Y 的被积函数与圆弧插补的被积函数相同，说明螺旋线在 XOY 平面内符合圆弧插补运动规律。DDA 螺旋线插补原理框图如图 2.33 所示。

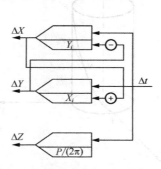

图 2.33　DDA 螺旋线插补原理框图

2.2.2.7　软件实现 DDA 插补

随着计算机硬件和软件技术的发展,数控机床开始用软件插补代替硬件插补器。软件 DDA 插补在常数 K 的选择上可以遵循硬件 DDA 插补的选择方法,即 $K = \dfrac{1}{m} = \dfrac{1}{2^n}$,也可以利用软件在常量命名上特有的灵活性,从而使得 K 的选择不受硬件的限制。

(1)软件 DDA 直线插补 K 的选择

假设任意直线 OE, $X_e > Y_e$,即 X 轴累加溢出脉冲总数多于 Y 轴。累加最有效的情况是:保证每次累加 X 轴都有脉冲溢出,Y 轴则不一定。这时,可以选累加次数 $m = X_e$,则 $K = \dfrac{1}{X_e}$,因此

$$X = \frac{1}{m}\sum_{i=1}^{m}X_e = \frac{1}{X_e}\sum_{i=1}^{m}X_e$$

$$Y = \frac{1}{m}\sum_{i=1}^{m}Y_e = \frac{1}{X_e}\sum_{i=1}^{m}Y_e$$

m 称为脉冲溢出基值,对应的坐标轴称为主导轴。m 既作为积分累加脉冲溢出的条件,即 Y 轴的累加结果大于或等于 $m(X_e)$ 时才产生溢出,发出一个脉冲;也作为终点判断的条件,图 2.34 为第 Ⅰ 象限直线软件插补流程图。采用这种方法的优点如下。

① 减少了一个坐标轴(主导轴)的累加运算。

② 保证了每次累加必有脉冲输出(主导轴有脉冲溢出)。

③ 提高了脉冲发生率。

④ 减少了插补程序的长度和插补运算时间。

这种方法还可以推广到 p 个坐标轴同时插补。设有 X_1, X_2, $\cdots$, X_p 个坐标轴同时插补,则令 $m = \max\{X_1, X_2, \cdots, X_p\}$,$m$ 对应的轴 X_m 称为主导轴,每次累加,主导轴必有脉冲溢出,而其余轴

$$X_j = \frac{1}{m}\sum_{i=1}^{m}X_{je}$$

(2)软件 DDA 圆弧插补 K 的选择

软件 DDA 圆弧插补时通常取 $K = \dfrac{1}{R}$,即 $m = R$ 作为溢出基值。在圆弧插补时,m 不能作为终点判断的条件。终点判断的方法还是沿用硬件 DDA 插补采用的方法。第 Ⅰ 象限逆时针圆弧的软件插补流程图如图 2.35 所示。

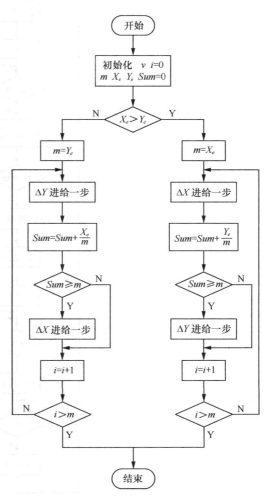

图 2.34　第 Ⅰ 象限直线 DDA 软件插补流程图

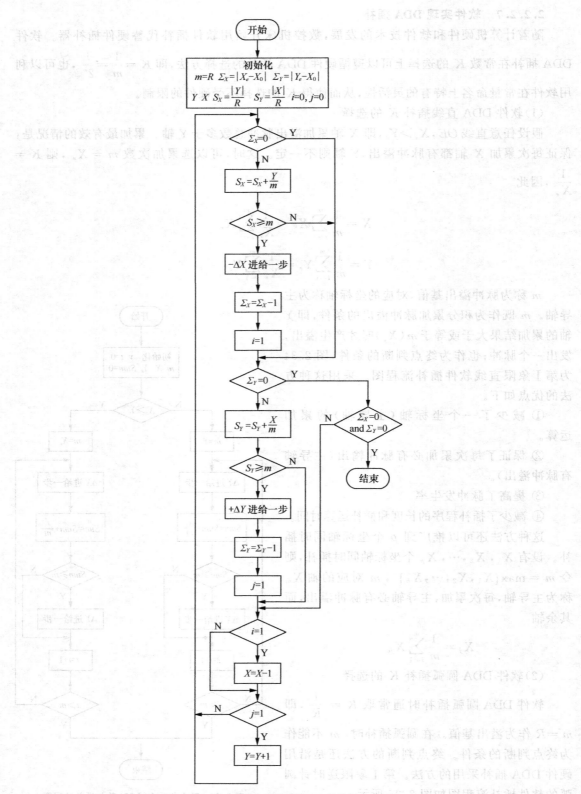

图 2.35 第 Ⅰ 象限逆圆弧 DDA 软件插补流程图

2.3 数据采样插补法

计算机数控系统的出现和发展大大缓解了插补运算时间和计算复杂性两者之间存在的矛盾,加上高性能直流伺服系统和交流伺服系统的快速发展,为现代高速计算机数控系统的发展创造了充分的条件。这些计算机数控系统中采用的插补方法,不再是早期的硬件数控系统中所使用的脉冲增量法,而是结合了计算机采样思想的数据采样法。计算机定时对坐标的实际位置进行采样,采样数据与指令位置进行比较,得出位置误差,再根据位置误差对伺服系统进行控制,达到消除误差、使实际位置跟随指令位置的目的。

数据采样法(Sampled Data Method)实质上就是根据数控程序中的进给速度,将轮廓曲线分割为一定时间周期的进给段(轮廓步长)。轮廓曲线被一系列首尾相连的微小直线段来逼近。"时间分割法"是数据采样插补中最典型的方法,其核心思想就是按一定的时间周期来分割工件轮廓曲线。一般来讲,分割后得到的这些小线段相对于系统精度来讲仍是比较大的。为此,必须进一步进行数据点的密化工作。通常称微小直线段的分割过程是粗插补,而在每一微小直线段的基础上的进一步数据点的密化过程是精插补。通过两者的紧密配合即可实现高性能轮廓插补。

一般情况下,数据采样插补法中的粗插补是由软件实现,并且由于其算法中涉及一些三角函数及其他一些运算较复杂的函数,大多采用高级语言完成。而精插补算法大多采用前面介绍的脉冲增量法,它既可由软件实现也可由硬件实现,由于其算术运算较简单,所以软件实现时大多采用汇编语言完成。

2.3.1 插补周期与位置控制周期

插补周期 T_s 是相邻两个微小直线段之间的插补时间间隔。每一插补周期,执行一次插补运算。位置控制周期 T_c 是数控系统中伺服位置环的采样控制周期。对于给定的某个数控系统而言,插补周期和位置控制周期是两个固定不变的时间参数。

通常 $T_s \geqslant T_c$,并且为了便于系统内部控制软件的处理,当 T_s 与 T_c 不相等时,则一般要求 T_s 是 T_c 的整数倍。所以,每次插补运算的结果位置环可多次使用。现假设程编进给速度为 F ,插补周期为 T_s ,则可求得插补分割后的微小直线段长度为 ΔL(暂不考虑单位)

$$\Delta L = F \cdot T_s \tag{2-28}$$

由式(2-28)可见,插补周期对系统稳定性没有影响,但对被加工轮廓的轨迹精度有影响。位置控制周期对系统稳定性和轮廓误差均有影响。因此,选择 T_s 时主要从插补精度方面考虑,选择 T_c 则从伺服系统的稳定性和动态跟踪误差两方面考虑。

插补周期 T_s 越长,插补计算误差也将越大。因此,单从减小插补误差角度考虑,插补周期 T_s 应尽量选得小一些。另一方面,由于 CNC 系统在进行轮廓插补控制的同时,其 CNC 装置中 CPU 还必须处理一些其他任务,如位置误差计算、显示、监控、I/O 处理等,因此, T_s 不单是指 CPU 完成插补运算所需的时间,而且还必须留出一部分时间用于执行其他相关的 CNC 任务。鉴于此, T_s 也不能太小。插补周期 T_s 必须大于插补运算时间和完成其他相关任务所需时间之和。一般 CNC 系统数据采样法插补周期不得大于 20ms。使用较多的 T_s 大都在 10ms 左右。例如,美国 AB 公司的 7360 CNC 系统中 $T_s = 10.24$ms;德国 SIEMENS 公司的 System-7 CNC 系统中 $T_s = 8$ms。随着 CPU 处理速度的提高,为了获得更高的插补精度,插补周期也将越来越小。

　　CNC 系统位置控制周期的选择有两种形式:一种是 $T_c=T_s$,如 7360 系统中 $T_c=T_s=$ 10.24ms。另一种是 T_s 为 T_c 的整数倍,如 System-7 CNC 系统中 $T_s=8$ms,$T_c=4$ms,即插补周期是位置控制周期的 2 倍,这时插补程序每 8ms 调用一次计算出周期内各坐标轴应进给的增量值。对于 4ms 的位置控制周期来讲,将插补出的坐标增量分两次送给伺服系统执行。这样,在不改变计算机速度的前提下,提高了位置环的采样频率,使进给速度较均匀,提高了系统的动态性能。一般的位置控制周期 T_c 大多在 4~20ms 范围内选择。

2.3.2　插补周期与精度、速度之间的关系

　　在数据采样法直线插补过程中,由于给定轮廓本身就是直线,插补分割后的小直线段与给定直线重合,这时不存在插补误差问题。在圆弧插补过程中,一般可采用切线、内接弦线和内外均差弦线来逼近圆弧。这些微小直线段不可能与圆弧相重合,因此存在轮廓插补误差。下面以弦线逼近方式为例进行逼近误差分析。

　　内接弦线逼近圆弧的情况如图 2.36 所示,其最大径向误差 e_r 为

$$e_r=R\left[1-\cos(\theta/2)\right] \tag{2-29}$$

式中,R 为插补圆弧的半径(mm);θ 为步距角,即每个插补周期所走弦线对应的圆心角,且

$$\theta\approx\Delta L/R=FT_s/R \tag{2-30}$$

　　在给定了允许的最大径向误差 e_r 后,也可求出最大的步距角为

$$\theta_{\max}=2\mathrm{arccos}\left(1-\frac{e_r}{R}\right) \tag{2-31}$$

由于 θ 很小,现将 $\cos(\theta/2)$ 按泰勒级数展开,有

$$\cos\frac{\theta}{2}=1-\frac{(\theta/2)^2}{2!}+\frac{(\theta/2)^4}{4!}-\cdots$$

现取其中的前两项,代入式(2-29)中,得

$$e_r\approx R-R\left[1-\frac{(\theta/2)^2}{2!}\right]=\frac{\theta^2}{8}R=\frac{(FT_s)^2}{8}\frac{1}{R}$$

　　在圆弧插补过程中,插补误差 e_r 与插补圆弧的半径 R、插补周期 T_s 以及程编进给速度 F 有关。若 T_s 越长,或 F 越大,或 R 越小,则插补误差就越大。为使 e_r 尽可能小,且进给速度 F 尽可能大,插补周期 T_s 应尽可能小。对某台数控机床而言,允许的插补误差是一定的,一般应小于该数控机床的一个脉冲当量。对于某段圆弧轮廓来讲,在可能的情况下,如果将 T_s 选得尽量小,则可获得尽可能高的进给速度 F,提高了加工效率。同样,在其他条件相同的情况下,大曲率半径的轮廓曲线可获得较高的允许切削速度。一旦位置控制周期确定后,一定的圆弧半径应有与之对应的最大进给速度限定,以保证逼近误差 e_r 不超过允许值。

2.3.3　数据采样法直线插补

2.3.3.1　基本原理

　　设刀具在 XOY 平面内以速度 F 沿直线 OE 运动(图 2.37),直线起点在坐标原点,终点为 $E(X_e,Y_e)$,在每个插补周期 T_s 内的进给步长为

$$\Delta L=FT_s$$

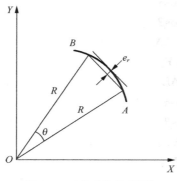

图 2.36 内接弦线逼近圆弧

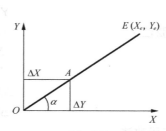

图 2.37 数据采样直线插补

则各进给坐标轴的位置增量值为(图 2.37)

$$\Delta X = \frac{\Delta L}{L} X_e = k X_e$$

$$\Delta Y = \frac{\Delta L}{L} Y_e = k Y_e$$

式中,L 为直线段长度,$k = \dfrac{\Delta L}{L}$。

插补第 i 点的动点坐标为

$$X_i = X_{i-1} + \Delta X_i = X_{i-1} + k X_e$$
$$Y_i = Y_{i-1} + \Delta Y_i = Y_{i-1} + k Y_e$$

2.3.3.2 常用算法

数据采样插补计算在 CNC 装置中通常分两步完成。第一步是插补准备,一般在每个程序段中只需运行一次,主要完成一些如 $k = \dfrac{\Delta L}{L}$ 的常值计算;第二步是插补计算,每个插补周期中计算一次,每次算出一个插补点的理论坐标 X_i 和 Y_i。直线插补常用算法如下。

(1)进给速率数法

插补准备
$$k = \frac{\Delta L}{L} = \frac{v_0}{L} \cdot T_s = FRN \cdot T_s$$

插补计算
$$\Delta X_i = k X_e$$
$$\Delta Y_i = k Y_e$$
$$X_i = X_{i-1} + \Delta X_i$$
$$Y_i = Y_{i-1} + \Delta Y_i$$

(2)方向余弦法

方向余弦法有两种:方向余弦法 1 和方向余弦法 2。它们的插补准备工作相同,都是计算直线在各坐标轴方向上的方向余弦,插补计算过程则不同。

插补准备
$$\cos\alpha = \frac{X_e}{L}$$

$$\cos\beta = \frac{Y_e}{L}$$

插补计算

方向余弦法 1
$$\Delta X_i = \Delta L \cdot \cos\alpha$$
$$\Delta Y_i = \Delta L \cdot \cos\beta$$
$$X_i = X_{i-1} + \Delta X_i$$
$$Y_i = Y_{i-1} + \Delta Y_i$$

方向余弦法 2
$$L_i = L_{i-1} + \Delta L$$
$$X_i = L_i \cdot \cos\alpha$$
$$Y_i = L_i \cdot \cos\beta$$
$$\Delta X_i = X_i - X_{i-1}$$
$$\Delta Y_i = Y_i - Y_{i-1}$$

（3）直接函数法

该方法直接采用直线的函数表达式进行计算。插补时，两个坐标轴中取位置增量大的为长轴，位置增量小的为短轴。先计算长轴，然后利用直线函数方程计算短轴。

插补准备
$$\Delta X_i = \frac{\Delta L}{L} \cdot X_e \ \text{或} \ \Delta Y_i = \frac{\Delta L}{L} \cdot Y_e \ \text{（长轴进给量）}$$

$$\Delta Y_i = \Delta X_i \cdot \frac{Y_e}{X_e} \ \text{或} \ \Delta X_i = \Delta Y_i \cdot \frac{X_e}{Y_e} \ \text{（短轴进给量）}$$

插补计算
$$X_i = X_{i-1} + \Delta X_i$$
$$Y_i = Y_{i-1} + \Delta Y_i$$

2.3.4 数据采样法圆弧插补

圆弧插补的基本思想是在满足精度要求的前提下，用弦线代替圆弧进给，即用直线逼近圆弧。

以第 I 象限中的逆时针走向圆弧为例，圆弧插补的要求就是在已知刀具移动速度 F 的条件下，在圆弧段上按插补周期 T_s 分割出若干个插补点，每两个插补点之间的弧长 ΔL 应满足 $\Delta L = FT_s$。

由于圆弧是二次曲线，计算复杂程度较直线高得多。圆弧插补计算法的主要要求是使圆弧插补计算快捷准确。

2.3.4.1 数字增量式 DDA 插补计算法

（1）基本原理

由脉冲增量方式的 DDA 插补算法可知，用切线逼近圆弧的插补公式为

$$\begin{cases} \Delta X = kY\Delta t \\ \Delta Y = kX\Delta t \end{cases} \tag{2-32}$$

式中，Δt 为数字积分的微小时间间隔；ΔX、ΔY 为脉冲增量输出；X、Y 为插补动点坐标；$k = \frac{v}{R}$，相当于采用进给速率数 FRN 来编程，其中 v 为刀具沿圆弧运动的速度，R 为圆弧半径。

在式（2-32）的基础上，取 $\Delta t = T_s$，作为数据采样粗插补的插补周期，可将式（2-32）变换为数字增量式 DDA 圆弧插补算法的计算公式：

$$\Delta X = \frac{vT_s}{R} \cdot Y = \frac{\Delta L}{R} \cdot Y$$

$$\Delta Y = \frac{vT_s}{R} \cdot X = \frac{\Delta L}{R} \cdot X$$

这里，$\Delta L = vT_s$ 是每个插补周期内刀具在圆弧上移动的弧长。

（2）算法实现方式

数字增量式 DDA 圆弧插补算法示于图 2.38 中，圆弧 $\overset{\frown}{AE}$ 的圆心在坐标原点，起点 A (X_a, Y_a)，终点 $E(X_e, Y_e)$，半径为 R。设插补周期为 T，刀具沿圆弧移动速度为 F，则可按如下方式实现数字增量式 DDA 圆弧插补。

插补准备
$$\lambda = \frac{\Delta L}{R} = \frac{FT_s}{R}$$

插补计算
$$\Delta X_i = -\lambda \cdot Y_{i-1}$$
$$\Delta Y_i = \lambda \cdot X_{i-1}$$
$$X_i = X_{i-1} + \Delta X_i$$
$$Y_i = Y_{i-1} + \Delta Y_i$$

根据式(2-32)的算法形成的数字增量式 DDA 圆弧插补轨迹 $ABCDEF$ 如图 2.39 所示。计算原始数据为：圆弧半径 $R = 50\mu m$，圆心相对于圆弧起点的偏移量 $I = -50\mu m$，$J = 0$，进给速度 $v = 100mm/min$，$T_s = 10.24ms$，计算得到步长系数 $\lambda = 0.34133$。

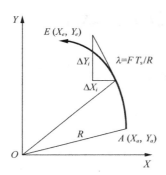

图 2.38　数字增量式 DDA 圆弧插补算法

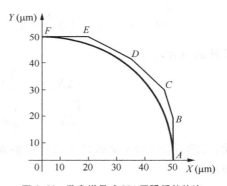

图 2.39　数字增量式 DDA 圆弧插补轨迹

该算法是用切线来逼近圆弧，因而存在累积误差（与脉冲增量式 DDA 算法相同），使得图中轨迹曲线的误差较大。为了消除累积误差，提高插补精度，必须加以改进。这里介绍扩展的 DDA 算法，通过巧妙而简单的方法，将 DDA 插补的切线逼近法转化为弦线逼近法，从而大大提高了圆弧插补精度。

2.3.4.2　扩展的数字增量式 DDA 圆弧插补算法——二阶近似法

（1）二阶近似 DDA 插补算法

二阶近似 DDA 圆弧插补算法如图 2.40 所示，若要求的恒定轨迹速度为 F，插补周期为 T_s，则每次插补的角步距为

$$\delta = \frac{FT_s}{R}$$

故每一步插补运算得到的插补点角度值为

$$\varphi_i = \varphi_{i-1} + \delta$$

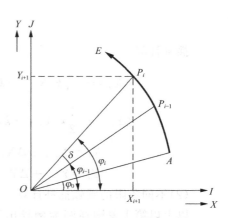

图 2.40　二阶近似 DDA 圆弧插补算法

由三角函数定理可得

$$X_i = R\cos(\varphi_{i-1} + \delta) = X_{i-1}\cos\delta - Y_{i-1}\sin\delta \tag{2-33}$$

$$Y_i = R\sin(\varphi_{i-1} + \delta) = Y_{i-1}\cos\delta + X_{i-1}\sin\delta \tag{2-34}$$

将 $\sin\delta$ 和 $\cos\delta$ 用泰勒级数表示,则有

$$\sin\delta = \delta - \frac{\delta^3}{3!} + \frac{\delta^5}{5!} - \cdots$$

$$\cos\delta = 1 - \frac{\delta^2}{2!} + \frac{\delta^4}{4!} - \cdots$$

若对 $\sin\delta$ 和 $\cos\delta$ 进行二阶近似,则

$$\sin\delta \approx \delta = k$$

$$\cos\delta \approx 1 - \frac{\delta^2}{2!} = 1 - \frac{1}{2}k^2$$

代入式(2-33)和式(2-34),得插补点坐标的二阶近似表达式为

$$\begin{cases} X_i = X_{i-1}\left(1 - \frac{1}{2}\delta^2\right) - Y_{i-1}\delta = X_{i-1} - \frac{1}{2}k^2 X_{i-1} - kY_{i-1} \\ Y_i = Y_{i-1}\left(1 - \frac{1}{2}\delta^2\right) + X_{i-1}\delta = Y_{i-1} - \frac{1}{2}k^2 Y_{i-1} + kX_{i-1} \end{cases} \tag{2-35}$$

第 i 次插补的位置增量值为

$$\begin{cases} \Delta X_i = -\frac{1}{2}k^2 X_{i-1} - kY_{i-1} \\ \Delta Y_i = -\frac{1}{2}k^2 Y_{i-1} + kX_{i-1} \end{cases} \tag{2-36}$$

因此,二阶近似 DDA 圆弧插补的计算步骤如下。

插补准备

$$k = \frac{FT_s}{R}$$

$$k_1 = k^2$$

插补计算

$$\Delta X_i = -\frac{1}{2}k_1 X_{i-1} - kY_{i-1}$$

$$\Delta Y_i = -\frac{1}{2}k_1 Y_{i-1} + kX_{i-1}$$

$$X_i = X_{i-1} + \Delta X_i$$

$$Y_i = Y_{i-1} + \Delta Y_i$$

(2)不同象限的圆弧插补计算

以上以第 I 象限逆圆为例导出了二阶近似法 DDA 圆弧插补公式。由图 2.40 可以看出,对于逆圆,φ_i 是向增大的方向推进,因此,若采用代数值运算,上述公式适用于 4 个象限中的逆圆 NR_1、NR_2、NR_3 和 NR_4。对于顺圆(图 2.41),随着插补动点的移动,φ_i 向减小的方向变化,所以有

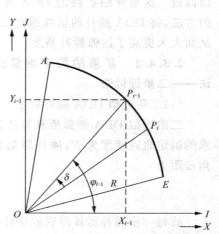

图 2.41 二阶近似 DDA 顺圆插补

$$\begin{cases} X_i = R\cos(\varphi_{i-1} - \delta) = X_{i-1}\cos\delta + Y_{i-1}\sin\delta \\ Y_i = R\sin(\varphi_{i-1} - \delta) = Y_{i-1}\cos\delta - X_{i-1}\sin\delta \end{cases} \tag{2-37}$$

将式(2-33)、式(2-34)与式(2-37)比较,得顺圆插补点坐标的二阶近似表达式为

$$\begin{cases} X_i = X_{i-1}\left(1 - \dfrac{1}{2}\delta^2\right) + Y_{i-1}\delta = X_{i-1} - \dfrac{1}{2}k^2 X_{i-1} + kY_{i-1} \\ Y_i = Y_{i-1}\left(1 - \dfrac{1}{2}\delta^2\right) - X_{i-1}\delta = Y_{i-1} - \dfrac{1}{2}k^2 Y_{i-1} - kX_{i-1} \end{cases} \tag{2-38}$$

$$\begin{cases} \Delta X_i = -\dfrac{1}{2}k_1 X_{i-1} + kY_{i-1} \\ \Delta Y_i = -\dfrac{1}{2}k_1 Y_{i-1} - kX_{i-1} \end{cases} \tag{2-39}$$

比较式(2-35)与式(2-38)、式(2-36)与式(2-39)可以看出,只要改变 k 的符号,顺圆的插补公式与逆圆的相同。

例 2.5　设插补周期 $T_s = 8\text{ms}$,程编进给速度 $F = 375\text{mm/min}$,求插补下列圆弧时,某稳定进给时刻 $(X_{i-1},\ Y_{i-1})$ 的下一次粗插补输出 ΔX_i、ΔY_i 及插补动点坐标 $(X_i,\ Y_i)$。

① 顺时针圆弧 $\overset{\frown}{AE}$,圆心 $O(0,\ 0)$,起点 $A(5,\ 0)$,终点 $E(0,\ -5)$,上一插补点 $P_{i-1}(4,\ -3)$;

② 逆时针圆弧 $\overset{\frown}{AE}$,圆心 $O(0,\ 0)$,起点 $A(0,\ 5)$,终点 $E(-5,\ 0)$,上一插补点 $P_{i-1}(-3,\ 4)$。

解: 不管圆弧走向如何,其插补准备工作是一样的。

插补准备

$$k = \frac{FT_s}{R} = \frac{8 \times 375}{60 \times 1000 \times 5} = 0.01$$

$$k_1 = k^2 = 0.0001$$

插补计算公式中,要根据顺、逆圆决定 k 的符号。

对于顺圆,有

$$\Delta X_i = -\frac{1}{2}k_1 X_{i-1} + kY_{i-1}$$

$$= -\frac{1}{2} \times 0.0001 \times 4 + 0.01 \times (-3) = -0.0302$$

$$\Delta Y_i = -\frac{1}{2}k_1 Y_{i-1} - kX_{i-1}$$

$$= -\frac{1}{2} \times 0.0001 \times (-3) - 0.01 \times 4 = -0.03985$$

$$X_i = X_{i-1} + \Delta X_i = 4 - 0.0302 = 3.9698$$

$$Y_i = Y_{i-1} + \Delta Y_i = -3 - 0.03985 = -3.03985$$

对于逆圆,有

$$\Delta X_i = -\frac{1}{2}k_1 X_{i-1} - kY_{i-1}$$

$$= -\frac{1}{2} \times 0.0001 \times (-3) - 0.01 \times 4 = -0.03985$$

$$\Delta Y_i = -\frac{1}{2}k_1 Y_{i-1} + kX_{i-1}$$

$$= -\frac{1}{2} \times 0.0001 \times 4 + 0.01 \times (-3) = -0.0302$$

$$X_i = X_{i-1} + \Delta X_i = -3 - 0.03985 = -3.03985$$

$$Y_i = Y_{i-1} + \Delta Y_i = 4 - 0.0302 = 3.9698$$

这种 DDA 插补算法吸取了脉冲增量式 DDA 插补算法的优点,即插补不受象限限制,只与圆弧走向有关。对于某种走向的圆弧,只要将动点坐标代入计算公式即可求得位置增量值,在过象限后,只有动点坐标的符号变化,不影响计算公式,因此,可以自动实现过象限。

(3)二阶近似 DDA 插补算法精度分析

对 $\sin\delta$ 和 $\cos\delta$ 的二阶近似带来的误差为

$$\sin\delta \approx \delta \text{ ,其误差 } \varepsilon_1 < -\frac{1}{3!}\delta^3$$

$$\cos\delta \approx 1 - \frac{1}{2}\delta^2 \text{ ,其误差 } \varepsilon_2 < \frac{1}{4!}\delta^4$$

将该误差代入式(2-33)和式(2-34)得

$$X_i = X_{i-1}\left(1 - \frac{1}{2}\delta^2 + \varepsilon_2\right) - Y_{i-1}(\delta - \varepsilon_1)$$

$$= \left(X_{i-1} - Y_{i-1}\delta - \frac{1}{2}\delta^2 X_{i-1}\right) + (\varepsilon_2 X_{i-1} + \varepsilon_1 Y_{i-1})$$

$$Y_i = Y_{i-1}\left(1 - \frac{1}{2}\delta^2 + \varepsilon_2\right) + X_{i-1}(\delta - \varepsilon_1)$$

$$= \left(Y_{i-1} + X_{i-1}\delta - \frac{1}{2}\delta^2 Y_{i-1}\right) + (\varepsilon_2 Y_{i-1} - \varepsilon_1 X_{i-1})$$

则 X_i 和 Y_i 的误差分别为

$$\varepsilon_X = (\varepsilon_2 X_{i-1} + \varepsilon_1 Y_{i-1})$$

$$\varepsilon_Y = (\varepsilon_2 Y_{i-1} - \varepsilon_1 X_{i-1})$$

而插补动点 $P_i(X_i, \quad Y_i)$ 在圆弧半径方向的误差为

$$\varepsilon_{Ri} = \sqrt{\varepsilon_X^2 + \varepsilon_Y^2} = \sqrt{(\varepsilon_2 X_{i-1} + \varepsilon_1 Y_{i-1})^2 + (\varepsilon_2 Y_{i-1} - \varepsilon_1 X_{i-1})^2}$$

$$= R_{i-1}\sqrt{\varepsilon_2^2 + \varepsilon_1^2}$$

误差 ε_{Ri} 为半径方向上第 i 步插补相对于第 $i-1$ 步插补的误差。

由于 $\delta \leqslant 1$,所以有

$$\varepsilon_2 \ll \quad \varepsilon_1$$

因此

$$\varepsilon_{Ri} \approx R_{i-1}\sqrt{\varepsilon_1^2} = R_{i-1}\varepsilon_1$$

$$< \frac{1}{3!}\delta^3 R_{i-1} = \frac{1}{3!}\left(\frac{FT_s}{R}\right)^3 R_{i-1}$$

$$= \frac{1}{6}\left(\frac{\Delta L}{R}\right)^3 R_{i-1}$$

2.3.4.3　直接函数法

(1)基本原理

直接函数法插补运用圆的方程来计算,为了减少误差,需将坐标轴分为长轴和短轴。定义位移增量值大的轴为长轴。先计算长轴,然后直接用圆的函数方程计算短轴。

　　图 2.42 中,设刀具沿圆弧以速度 F 作顺时针运动,插补点 $A(X_{i-1},\ Y_{i-1})$,$B(X_i,\ Y_i)$。弦 AB 是圆弧 $\overset{\frown}{AB}$ 对应的弦,其弦长为 ΔL,即插补周期 T_s 内的进给步长 $\Delta L = FT_s$。当刀具由 A 点移动到 B 点时,在 X 方向上有一个增量 $+\Delta X_i$,在 Y 方向上有一个增量 $-\Delta Y_i$。由于 A、B 都是圆弧上的点,故它们应满足圆的方程,即

$$X_i^2 + Y_i^2 = (X_{i-1} + \Delta X_i)^2 + (Y_{i-1} - \Delta Y_i)^2 = R^2 \tag{2-40}$$

　　在图 2.42 中,$Y_i > X_i$,故 X 为长轴,应先求 ΔX_i。由图 2.42 中几何关系得

$$\Delta X_i = \Delta L \cos\alpha'$$

$$\alpha' = \angle YOM = \alpha + \frac{1}{2}\delta$$

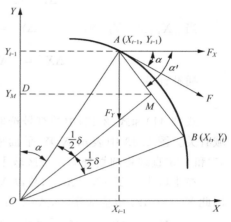

图 2.42　直接函数法圆弧插补原理

式中,δ 为弧 $\overset{\frown}{AB}$ 所对应的圆心角,即步距角,M 为弦 AB 的中点,所以有

$$\cos\alpha' = \cos\left(\alpha + \frac{1}{2}\delta\right)$$

$$= \frac{Y_M}{R} = \frac{Y_{i-1} - \frac{1}{2}\Delta Y_i}{R}$$

　　上式中的 ΔY_i 仍为未知,需采用近似计算,由于圆弧插补中,前后两次坐标位置增量值 ΔY_{i-1} 和 ΔY_i 相差很小,可以用 ΔY_{i-1} 近似代替 ΔY_i,得

$$\cos\alpha' = \frac{Y_M}{R} \approx \frac{Y_{i-1} - \frac{1}{2}\Delta Y_{i-1}}{R}$$

$$\Delta X_i = \Delta L \cos\alpha' \approx \frac{\Delta L}{R}\left(Y_{i-1} - \frac{1}{2}\Delta Y_{i-1}\right)$$

　　若 ΔX_i 和 ΔY_i 满足式(2-40),即可保证插补点落在圆上,因此可得

$$\Delta Y_i = Y_{i-1} \pm \sqrt{R^2 - (X_{i-1} + \Delta X_i)^2}$$

　　由于步距角 δ 一般很小,ΔX_i 和 ΔY_i 的初值可近似为

$$\Delta X_0 = \Delta L \cos\alpha'_0 = \Delta L \cos\left(\alpha_0 + \frac{1}{2}\delta\right) \approx \Delta L \cos\alpha_0 = \Delta L \cdot \frac{Y_0}{R}$$

$$\Delta Y_0 = \Delta L \sin\alpha'_0 = \Delta L \sin\left(\alpha_0 + \frac{1}{2}\delta\right) \approx \Delta L \sin\alpha_0 = \Delta L \cdot \frac{X_0}{R}$$

式中,X_0 和 Y_0 为圆弧起点坐标。

　　上述计算过程中 ΔY_i 的近似处理,并不影响圆弧精度,由式(2-40)已保证了插补点必然在圆上。这种近似只造成了进给速度的微小偏差,实际进给速度的变化小于指令进给速度的 1%。这种变化在加工中是允许的,可以认为对合成进给速度的均匀性影响很小。

　　若 $|X_i| > |Y_i|$,则应取 Y 轴为长轴,其推导过程同前面一样,只是应先算 $\Delta Y_i = \Delta L \sin\alpha'$,得

$$\Delta Y_i = \frac{\Delta L}{R}\left(X_{i-1} + \frac{1}{2}\Delta X_{i-1}\right)$$

$$\Delta X_i = -X_{i-1} \pm \sqrt{R^2 - (Y_{i-1} - \Delta Y_i)^2}$$

(2)算法的实现

直接函数法的计算步骤如下。

插补准备

当 $|X_i| \leqslant |Y_i|$ 时 $\qquad \Delta X_i = \dfrac{\Delta L}{R}\left(Y_{i-1} - \dfrac{1}{2}\Delta Y_{i-1}\right)$ （长轴进给量）

$$\Delta Y_i = Y_{i-1} \pm \sqrt{R^2 - (X_{i-1} + \Delta X_i)^2} \qquad (2\text{-}41)$$

当 $|X_i| > |Y_i|$ 时 $\qquad \Delta Y_i = \dfrac{\Delta L}{R}\left(X_{i-1} + \dfrac{1}{2}\Delta X_{i-1}\right)$ （长轴进给量）

$$\Delta X_i = -X_{i-1} \pm \sqrt{R^2 - (Y_{i-1} - \Delta Y_i)^2} \qquad (2\text{-}42)$$

插补计算 $\qquad X_i = X_{i-1} + \Delta X_i$

$$Y_i = Y_{i-1} + \Delta Y_i$$

式(2-41)和式(2-42)中的符号选取与圆弧所在象限和区域有关。图 2.43 中表示 XOY 平面中圆弧的区域划分,用 $45°$ 和 $135°$ 直线将圆划分为 4 个区域 Ⅰ、Ⅱ、Ⅲ、Ⅳ。

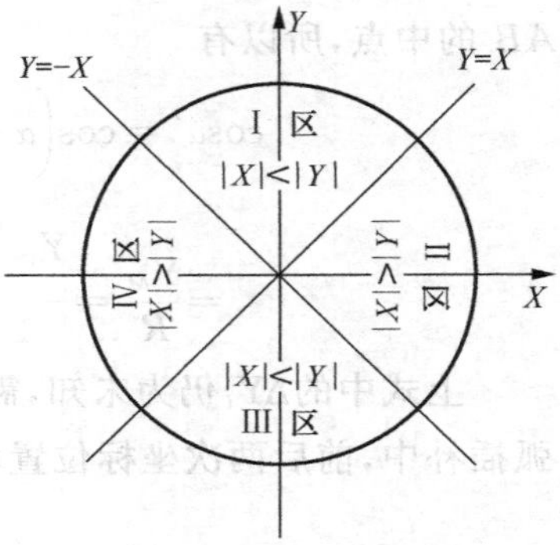

在 Ⅰ 区中, $|Y_i| > |X_i|$,故以 X 轴为长轴,且 $Y_i > 0$,因此 $Y_{i-1} - \Delta Y_i$ 也应大于零,式(2-41)可写成

$$Y_{i-1} - \Delta Y_i = \sqrt{R^2 - (X_{i-1} + \Delta X_i)^2} > 0$$

即 $\qquad \Delta Y_i = Y_{i-1} - \sqrt{R^2 - (X_{i-1} + \Delta X_i)^2}$

在 Ⅲ 区中,也以 X 轴为长轴,且 $Y_i < 0$,故

$$Y_{i-1} - \Delta Y_i < 0$$

即 $\qquad Y_{i-1} - \Delta Y_i = -\sqrt{R^2 - (X_{i-1} + \Delta X_i)^2}$

所以 $\qquad \Delta Y_i = Y_{i-1} + \sqrt{R^2 - (X_{i-1} + \Delta X_i)^2}$

在 Ⅱ 区中, $|X_i| > |Y_i|$,故以 Y 轴为长轴,且 $X_i > 0$,有

$$X_{i-1} + \Delta X_i = \sqrt{R^2 - (Y_{i-1} - \Delta Y_i)^2} > 0$$

即 $\qquad \Delta X_i = -X_{i-1} + \sqrt{R^2 - (Y_{i-1} - \Delta Y_i)^2}$

同理,在 Ⅳ 区中,由于 $X_i < 0$,有

$$X_{i-1} + \Delta X_i = -\sqrt{R^2 - (Y_{i-1} - \Delta Y_i)^2} < 0$$

即 $\qquad \Delta X_i = -X_{i-1} - \sqrt{R^2 - (Y_{i-1} - \Delta Y_i)^2}$

图 2.43 圆弧插补区域划分

直接函数法圆弧插补四个象限的插补公式可归纳为表 2.10,可以实现 XOY 平面内的顺、逆圆的插补。由于公式中的 X_i 和 Y_i 均为代数值,所以能正确地实现自动过象限功能。

表 2.10   **直接函数法圆弧插补公式**

区域号	长轴进给量	短轴进给量
Ⅰ	$\Delta X_i = \dfrac{\Delta L}{R}\left(Y_{i-1} - \dfrac{1}{2}\Delta Y_{i-1}\right)$	$\Delta Y_i = Y_{i-1} - \sqrt{R^2 - (X_{i-1} + \Delta X_i)^2}$
Ⅱ	$\Delta Y_i = \dfrac{\Delta L}{R}\left(X_{i-1} + \dfrac{1}{2}\Delta X_{i-1}\right)$	$\Delta X_i = -X_{i-1} + \sqrt{R^2 - (Y_{i-1} - \Delta Y_i)^2}$

续表

区域号	长轴进给量	短轴进给量
Ⅲ	$\Delta X_i = \dfrac{\Delta L}{R}\left(Y_{i-1} - \dfrac{1}{2}\Delta Y_{i-1}\right)$	$\Delta Y_i = Y_{i-1} + \sqrt{R^2 - (X_{i-1} + \Delta X_i)^2}$
Ⅳ	$\Delta Y_i = \dfrac{\Delta L}{R}\left(X_{i-1} + \dfrac{1}{2}\Delta X_{i-1}\right)$	$\Delta X_i = -X_{i-1} - \sqrt{R^2 - (Y_{i-1} - \Delta Y_i)^2}$

直接函数法圆弧插补计算流程如图 2.44 所示。图中采用了 Ⅰ 区和 Ⅱ 区的两套计算公式，Ⅲ 区和 Ⅳ 区则通过符号标志 S 转换（$S=-1$）。终点判别条件为

$$(X_i - X_e)^2 + (Y_i - Y_e)^2 \leqslant (\Delta L)^2$$

式中，X_e、Y_e 为圆弧终点坐标。

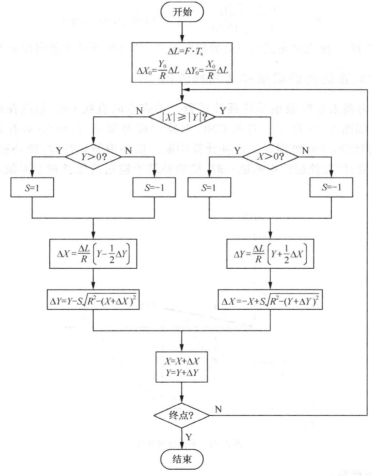

图 2.44　直接函数法圆弧插补计算流程

（3）圆弧插补误差分析

由于圆弧插补是以弦进给代替弧进给，以直线逼近圆弧，所以产生的径向误差对于同一半径的圆弧来说，取决于进给速度的大小。进给速度越高，每次插补进给的弦长越长，弦与弧之

间的径向距离就越大。因此,对进给速度 F 要加以一定的限制。

以图 2.36 所示的圆弧为例,其半径为 R,设 A、B 为圆弧上的相邻两插补点,弦 AB 为每次的插补进给量 ΔL,e_r 为径向误差,则有

$$\left(\frac{1}{2}\Delta L\right)^2 = R^2 - (R-e_r)^2$$

即

$$\Delta L = 2\sqrt{2Re_r - e_r^2} \leqslant \sqrt{8Re_r}$$

若允许最大径向误差 $e_{max} \leqslant 1\mu m$,代入上式,则

$$\Delta L \leqslant \sqrt{8R\frac{1}{1000}} \ (mm)$$

设插补周期 $T_s = 8ms$,进给速度 F 的单位为 mm/min,则

$$\Delta L = \frac{FT_s}{60 \times 1000} = \frac{8F}{60 \times 1000} = \frac{2}{15} \times \frac{F}{1000} \ (mm)$$

$$F \leqslant \frac{15000}{2}\sqrt{\frac{8R}{1000}} = \sqrt{450000R} \ (mm/min) \tag{2-43}$$

因此,只要选择 F 使之满足式(2-43)的限制条件,就可保证最大径向误差不超过 $1\mu m$。

2.3.5 空间直线的数据采样法插补流程

以空间直线为例来说明数据采样插补过程。设有空间直线 OE,起点在坐标原点,终点 $E(X_e,Y_e,Z_e)$,如图 2.45 所示。若某 CNC 系统的插补周期 $T_s = 8ms$,有采样周期 $T_c = 4ms$。规定伺服控制的中断级别高于插补计算中断。插补中断运行时,插补程序计算出各坐标轴的位置增量值;伺服控制的中断运行时,把插补结果输送给硬件伺服系统,控制各坐标轴移动。

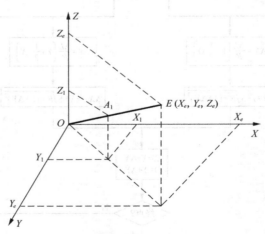

图 2.45 空间直线插补

2.3.5.1 粗插补

根据程编进给速度 $F(mm/min)$ 和直线的终点坐标算出 8ms 插补周期中各坐标的位置增量值,从而确定刀具位置。

1. 插补准备

对于直线来说,插补程序中的插补准备只需计算一次,主要计算内容如下。

(1)每个插补周期内的进给步长

$$\Delta L = F T_s = F \times \frac{8}{60 \times 1000} = \frac{F}{7500} (\text{mm})$$

$$L = \sqrt{X_e^2 + Y_e^2 + Z_e^2}$$

(2)计算位置增量值(段值)

位置增量通常是在插补计算中进行,但是,对于直线来说,位置增量是恒定的,因此,通常也放在插补准备中完成。

$$\Delta X = \frac{\Delta L}{L} X_e, \quad \Delta Y = \frac{\Delta L}{L} Y_e, \quad \Delta Z = \frac{\Delta L}{L} Z_e$$

结果存放在位置增量(段值)寄存器 X_s、Y_s 和 Z_s 中。

(3)初始化工作

设 X_r、Y_r、Z_r 为程序段中尚未插补输出的量(简称剩余量),它们的初值分别应为

$$X_r = X_e$$
$$Y_r = Y_e$$
$$Z_r = Z_e$$

插补准备算法流程如图 2.46 所示。

2. 插补计算

插补计算主要是求出位置增量(段值),并将其发送给伺服机构。

(1)计算位置剩余量

每进行一次插补计算,输出一组段值,同时计算新剩余量:

$$X_r = X_r - \Delta X$$
$$Y_r = Y_r - \Delta Y$$
$$Z_r = Z_r - \Delta Z$$

(2)输出段值

插补计算中将存放在位置增量(段值)寄存器 X_s、Y_s 和 Z_s 中的值供伺服控制软件取用。在输出段值后,置开放标志"READY"为 1,允许伺服控制软件取数。

(3)终点判别

若

$$|X_r| \leqslant |\Delta X|$$
$$|Y_r| \leqslant |\Delta Y|$$
$$|Z_r| \leqslant |\Delta Z|$$

说明已是本程序段的最后一次插补计算,需置终点标志"LASTSG"为 1,这时输出的段值为剩余量 X_r、Y_r、Z_r。插补计算流程图如图 2.47 所示。

2.3.5.2 精插补

精插补可以由伺服控制软件完成,也可以由硬件完成。

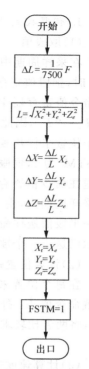

图 2.46 插补准备流程

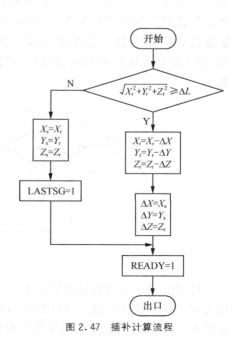

图 2.47 插补计算流程

1. 伺服控制软件

（1）取段值

在采样周期中，伺服控制软件在开放标志"READY"=1时，把段值寄存器（X_s、Y_s 和 Z_s）中的段值取出来，送到命令值寄存器中。由于插补周期是采样周期的2倍，即 $T_s = 2T_c$，因此，每个插补周期内产生的段值应提供给两个位置采样周期使用。若在第 i 个采样周期内，检测"FSTM"为1，伺服控制软件就把段值寄存器中存数的一半送往命令值寄存器，并置"FSTM"标志为0；在第 $i+1$ 个采样周期内，由于"FSTM"为0，伺服控制软件把剩余的一半段值送往命令值寄存器，并置"READY"标志为0，表示已送出一个插补周期内的段值，完成了一次粗插补。

（2）计算位置跟随误差

在每个位置采样周期中，伺服控制软件除计算一次位置命令值 D_c 外，还从硬件读取一次实际位置反馈值 D_F，将两者比较求得跟随误差 ΔD，即

$$\Delta D = D_c - D_F$$

（3）计算速度指令值

将跟随误差乘以增益系数 K_D，得到速度指令值，向硬件发出速度信号。

图2.48为伺服控制软件流程图。

2. 伺服硬件结构

伺服系统硬件主要由位置控制、速度控制和位置检测三个单元组成。图2.49是典型的直流伺服硬件结构图。位置测量装置为旋转变压器或感应同步器，速度测量装置为测速电机。位置检测器产生数字式正余弦信号，用于旋转变压器的激磁，同时计算旋转变压器的反馈脉冲。

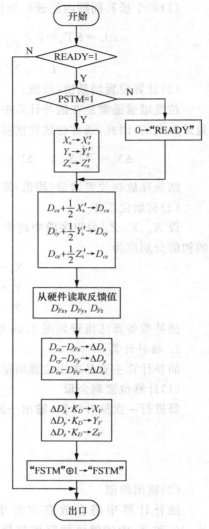

图2.48　伺服控制软件流程图

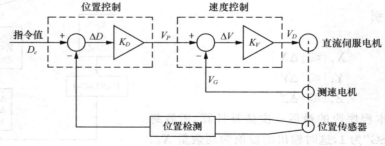

图2.49　伺服系统结构图之一

位置控制单元将插补运算结果——位置命令值 D_c 转换为速度指令值 V_P，这一部分工作已由伺服控制软件完成。速度控制单元将该速度指令值 V_P 与测速电机测量得到的速度反馈信号 V_G 相比较，产生驱动直流伺服电机的电枢电压 V_D，使相应坐标轴在4ms位置采样周期

内以这个速度指令均衡地移动,从而保证刀具轨迹在允许的误差范围内。

精插补亦可由硬件完成。在硬件接口中设置一个脉冲增量式 DDA 插补器,将粗插补结果作为一个由 ΔX、ΔY 为终点坐标的小直线段进行脉冲增量插补,插补结果以脉冲形式提供给位置控制单元作为位置指令脉冲,在误差寄存器中与位置反馈脉冲信号比较,求得跟随误差,该误差值经过位置环增益和零漂处理后,由误差的脉宽调制器 PWM 将其转换为与该误差成比例的脉冲宽度,以便进行 D/A 转换。D/A 变换器为脉冲宽度解调器,解调后的信号作为速度控制指令,由速度控制单元将其与反馈的速度信号进行比较,产生驱动电机的电枢电压。图 2.50 中虚线框内功能由大规模集成电路(LSI)完成,这是为了提高系统的可靠性。由位置/速度检测元件脉冲编码器产生的反馈信号经处理后,一方面作为位置反馈信号,另一方面经频率/电压(F/V)转换后作为速度反馈信号,提供给速度控制单元。

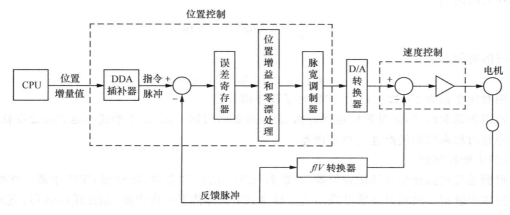

图 2.50　伺服系统结构图之二

2.4　进给速度和加减速度控制

轮廓控制系统中,既要对运动轨迹严格控制,也要对进给运动速度严格控制。进给速度将直接影响被加工零件的精度和表面粗糙度、刀具和机床的寿命以及生产效率。

在编制零件程序时,针对零件的材料、精度、表面粗糙度等要求,选择适当的进给速度,并编入 F 指令代码中。在实际加工过程中,因发生各种事先不能决定或没有意料到的情况需改变进给速度时,操作者可以手动调节进给速度。CNC 装置应能根据程编进给速度 F 或手调速度控制机床坐标轴运动。另外,当速度高于一定值时,在起动和停止阶段,为了避免冲击、失步、超程和振荡,CNC 装置还应能对运动速度进行加减速控制。

2.4.1　进给速度控制

CNC 装置根据上述的程编速度和手调速度控制的要求和所使用的插补方法,通过软件控制输出脉冲的频率,达到控制进给速度的目的。对于脉冲增量插补算法和数据采样插补算法,其速度控制方法也有不同。

2.4.1.1　脉冲增量插补算法的进给速度控制

脉冲增量插补的输出形式是脉冲,其频率与进给速度成正比。因此,可通过控制插补运算的频率来控制进给速度。下面介绍几种常用方法。

(1)程序延时法

根据程编进给速度,可以求出要求的进给脉冲频率,从而得到两次插补运算之间的时间间隔 t,它必须大于 CPU 执行插补程序的时间 $t_程$,t 与 $t_程$ 之差即为应调节的时间 $t_延$,可以编写一个延时子程序,改变延时子程序的循环次数,即可改变进给速度。

例 2.6 设某 CNC 系统的脉冲当量 $\delta=0.01$mm,插补程序运行时间 $t_程=0.1$ms。若程编进给速度 $F=300$mm/min,延时子程序运动时间 $t_延=0.1$ms,求延时子程序循环次数(时间常数)。

解:由 $v=60\delta f$ 可得

$$f=\frac{v}{60\delta}=\frac{300}{60\times 0.01}=500(\text{Hz})$$

则插补时间间隔为

$$t=\frac{1}{f}=0.002(\text{s})=2\text{ms}$$

应延时的时间为

$$t_延=t-t_程=2-0.1=1.9(\text{ms})$$

则时间常数为 19,即运行 19 次延时子程序即可。

若因为情况改变,插补程序运动时间变化,而延时时间一定,则进给速度也会随之变化,此时程序延时法来控制进给速度存在误差。

(2)中断控制法

根据编程进给速度计算出定时器/计数器(CTC)的定时常数,以控制 CPU 中断。在中断服务程序中进行一次插补运算并发出进给脉冲,CPU 等待下一次中断,如此循环运行,直至插补完毕。

中断时间间隔可以通过改变指令进给速度 F 值,由 CPU 算出新的定时时间常数来确定。在程序中给定时器预置常数并进行计时。例如,MCS-51 单片机中有两个 16 位可编程定时器 T_0、T_1,若使用其中一个定时器作为中断定时器,就可以实现速度控制。所以进给速度控制的关键是如何确定预置数。

首先根据给定的进给速度 F(mm/min)和系统的脉冲当量 δ(mm/脉冲)求出与 F 对应的进给脉冲频率 f

$$f=\frac{F}{60\delta}\text{(Hz)}$$

f 所对应的时间间隔

$$t=\frac{1}{f}=\frac{60\delta}{F}\text{(s)}$$

就是定时器的定时时间。如果选取 T_0 作为速度控制定时器,并采用工作方式 1,就可对定时器预置 16 位数 TL_0、TH_0 并计数。

预置数 X 可由计算机主振频率 f_c 求得,根据定时时间

$$t=(2^{16}-X)T_c$$

可得

$$X=2^{16}-\frac{t}{T_c}$$

式中，$T_c = \dfrac{12}{f_c}$ 为机器周期。

例 2.7 若编程进给速度 $F = 60\text{mm/min}$，系统的脉冲当量 $\delta = 0.001\text{mm}$，计算机 10M 晶振的主振频率 f_c 为 11.06MHz，求定时器的预置数。

解：由
$$t = \frac{60\delta}{F} = \frac{60 \times 0.001}{60} = 1 \text{ (ms)}$$

$$T_c = \frac{12}{f_c} = \frac{12}{11.06} = 1.08 \times 10^{-6} \text{ (s)}$$

得
$$X = 2^{16} - \frac{t}{T_c} = 2^{16} - \frac{10^{-3}}{1.08 \times 10^{-6}} = 64610 = \text{FC62H}$$

所以置
$$TH_0 = \text{FCH} \, , \, TL_0 = 62\text{H}$$

改变 TH_0 和 TL_0 中的预置数即可达到改变进给速度的目的。若面板上的倍率开关设置了新的进给率百分数，则需对插补时间间隔进行百分率调整。

2.4.1.2 数据采样插补算法的进给速度控制

根据程编进给速度计算一个插补周期内合成速度方向上的进给速度

$$f_s = \frac{FK}{60 \times 1000} \tag{2-44}$$

式中，f_s 为系统在稳定进给状态下的插补进给量，称为稳定速度（mm/s）；F 为程编进给速度（mm/min）；K 为速度系数，包括快速倍率、切削进给倍率等。然后再计算出进给量 $\Delta L = f_s \cdot T_s$。

为了调速方便，设置了速度系数 K 反映进给速度倍率的修调范围，调节范围 $K = 0 \sim 200\%$。当中断服务程序扫描到面板上倍率开关状态改变时，给 K 设置相应参数，对手动速度调节作出正确响应。

2.4.2 加减速度控制

为了保证加工质量，在速度突变时必须对送到进给电机的脉冲频率和电压进行加减速控制。当速度突然升高（机床起动）时，应保证在伺服进给电机上的进给脉冲频率或电压逐渐增大；当速度突降（机床停止）时，应保证加在伺服进给电机上的进给脉冲频率或电压逐渐减小。CNC 装置的加减速控制多用软件实现，可以在插补前进行，也可以在插补后进行。

2.4.2.1 前加减速控制

在插补前进行的加减速控制称为前加减速控制，仅对程编速度 F 指令进行控制。随着计算精度的提高，其优点是不会影响实际插补输出的位置精度，缺点是需预测减速点，需要的数据量大且计算量也较大。

1. 稳定速度和瞬时速度

稳定速度即系统处于稳定进给状态时，一个插补周期内的进给速度 f_s，可用式（2-44）表示。如果计算出的稳定速度超过系统允许的最大速度（由参数设定），则在限速检查中发现后，取最大速度为稳定速度。

瞬时速度（f_i）指系统在每个插补周期内的进给速度。当系统处于稳定进给状态时，瞬时速度 $f_i = f_s$；当系统处于加速（或减速）状态时，$f_i < f_s$（或 $f_i > f_s$）。

2. 线性加减速处理

当机床起/停或在切削加工过程中改变进给速度时，CNC 系统自动进行线性加减速处理。

加减速的速率必须作为机床的参数预先设置好,其中包括机床允许的最大进给速度 F_{max} 和由 0 加速到 F_{max} 或由 F_{max} 减速到 0 所需要的时间 t_1(ms)。例如,取 $t_1=100$ms,设定了上述参数后,快速进给的加速度 α 为

$$\alpha = \frac{1000}{60} \times \frac{F_{max}}{t_1} \qquad (2\text{-}45)$$

而切削进给时,式(2-45)中应代入进给速度 F 以及加速到 F 所用的时间 t。

（1）加速处理

每插补一次,都应进行稳定速度、瞬时速度的计算和加减速处理。当计算出的当前稳定速度 f_s 大于上一个插补周期内的瞬时速度 f_i 时,需进行加速处理,当前瞬时速度为

$$f_{i+1} = f_i + \alpha T_s$$

式中,T_s 为插补周期。

新的瞬时速度 f_{i+1} 作为插补进给量参与插补运算,计算出各坐标的位置增量值,使坐标轴运动直至到达给定稳定速度为止。

（2）减速处理

每进行一次插补计算,系统都要进行终点判别,计算出刀具离开终点的瞬时距离 s_i,并判别是否已到达减速区域 s,若 $s_i \leqslant s$,表示已到达减速点,则开始减速,当稳定速度 f_s 和设定的加减速度 α 确定后,可由下式决定减速区域

$$s = \frac{f_s^2}{2\alpha} + \Delta s$$

式中,Δs 为提前量,可作为参数预先设置好。若不需要提前一段距离开始减速,则可取 $\Delta s = 0$,每减速一次后,新的瞬时速度

$$f_{i+1} = f_i - \alpha T_s$$

新的瞬时速度 f_{i+1} 作为插补进给量参与插补运算,控制各坐标轴移动,直至减速到新的稳定速度或到达终点,速度减为 0。

3. 终点判别处理

每进行一次插补计算,系统都要计算 s_i,然后进行终点判别。若即将到达终点,就设置相应标志;若本程序段要减速,则在到达减速区域时设减速标志并开始减速处理,终点判别计算分为直线插补和圆弧插补两个方面。

（1）直线插补

如图 2.51 所示,设刀具沿直线 OE 运动,E 为直线程序段终点,N 为某一瞬时点。在插补计算中,已算出 X 轴和 Y 轴的插补进给量 ΔX 和 ΔY,所以 N 点的瞬时坐标可由上一插补点的坐标 X_{i-1} 和 Y_{i-1} 求得

$$X_i = X_{i-1} + \Delta X$$
$$Y_i = Y_{i-1} + \Delta Y$$

瞬时点离终点 E 的距离 s_i 为

$$s_i = NE = \sqrt{(X_e - X_i)^2 + (Y_e - Y_i)^2}$$

若采用的插补算法为直接函数法,则直线与长轴的夹角 α 为已知。以图 2.51 为例,X 轴为长轴,则

$$s_i = \frac{|X_e - X_i|}{\cos\alpha}$$

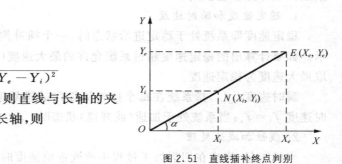

图 2.51 直线插补终点判别

（2）圆弧插补

如图 2.52 所示，设刀具沿圆弧 AE 作顺时针运动，N 为某一瞬时插补点，其坐标值 X_i 和 Y_i 已在插补计算中求出。N 离终点 E 的距离 s_i 为

$$s_i = \sqrt{(X_e - X_i)^2 + (Y_e - Y_i)^2}$$

终点判别处理的原理框图如图 2.53 所示。

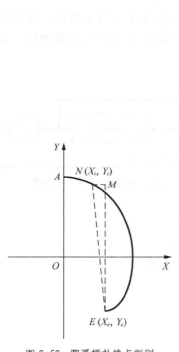

图 2.52 圆弧插补终点判别

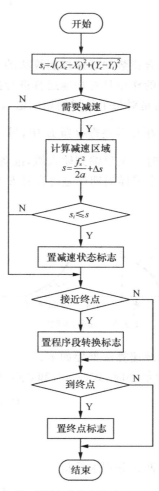

图 2.53 圆弧插补终点判别原理框图

2.4.2.2 后加减速控制

在插补之后进行的加减速控制称为后加减速控制，分别对各运动轴进行加减速控制，故不必预测减速点，而是在插补输出为零时才开始减速，经过一定的延时靠近终点。由于各个坐标是单独控制的，因此，对坐标合成位置有影响。

后加减速控制方法主要有指数加减速控制算法和直线加减速控制算法。

1. 指数加减速控制算法

在切削进给或手动进给时，跟踪响应要求较高，一般采用指数加减速控制，将速度突变处理成速度随时间按指数规律上升或下降，如图 2.54 所示。指数加减速控制时速度与时间的关系如下。

加速时 $\qquad v(t) = v_c(1 - e^{-\frac{t}{T}})$

匀速时 $\qquad v(t) = v_c$

减速时 $\qquad v(t) = v_c e^{-\frac{t}{T}}$

式中，T 为时间常数，v_c 为稳定速度。上述过程可以用下面的累加公式来实现

$$E_i = \sum_{k=0}^{i-1} (v_c - v_k) \Delta t \tag{2-46}$$

$$v_i = \frac{E_i}{T} \tag{2-47}$$

下面结合指数加减速控制算法的原理图（见图2.55）来说明公式的含义。Δt 为采样周期，它在算法中的作用是对加速运算进行控制，即每个采样周期进行一次加减速运算。误差寄存器 E 的作用是对每个采样周期的输入速度 v_c 与输出速度 v 之差 $E = v_c - v$ 进行累加，累加结果一方面保存在误差寄存器 E 中，另一方面与 $\frac{1}{T}$ 相乘，乘积作为当前采样周期加减速控制的输出 v。同时 v 又反馈到输入端，准备在下一个采样周期中重复以上过程。公式中的 E_i 和 v_i 分别为第 i 个采样周期误差寄存器 E 中的值和速度输出值，累加初值分别为 $E_0 = 0$ 和 $v_0 = 0$。

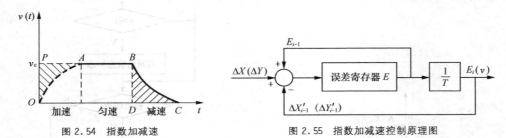

图 2.54 指数加减速 　　　　　　图 2.55 指数加减速控制原理图

指数加减速算法推导如下。

当 Δt 足够小时，式（2-46）和式（2-47）可写成

$$E(t) = \int_0^1 (v_c - v(t)) dt$$

$$v(t) = \frac{1}{T} E(t)$$

对以上两式分别求导得

$$\frac{dE(t)}{dt} = v_c - v(t) \tag{2-48}$$

$$\frac{dv(t)}{dt} = \frac{1}{T} \frac{dE(t)}{dt} \tag{2-49}$$

将两式合并得

$$T \cdot \frac{dv(t)}{dt} = v_c - v(t)$$

或 $\qquad\qquad\qquad\qquad \dfrac{dv(t)}{v_c - v(t)} = \dfrac{dt}{T}$

上式两端积分后得

$$\ln(v_c - v(t)) \Big|_{v(0)}^{v(t)} = -\frac{t}{T}$$

即
$$\frac{v_c - v(t)}{v_c - v(0)} = e^{-\frac{t}{T}} \tag{2-50}$$

由式(2-50)可得以下结论。

加速时
$$v(0) = 0, \quad v(t) = v_c(1 - e^{-\frac{t}{T}})$$

匀速时
$$t \to \infty, \quad v(t) = v_c$$

减速时，$v(0) = v_c$ 且输入为 0，由式(2-48)

$$\frac{\mathrm{d}E(t)}{\mathrm{d}t} = v_c - v(t) = -v(t)$$

代入式(2-49)得

$$\frac{\mathrm{d}v(t)}{\mathrm{d}t} = -\frac{v(t)}{T}$$

即
$$\frac{\mathrm{d}v(t)}{v(t)} = -\frac{\mathrm{d}t}{T}$$

两端积分后得

$$v(t) = e^{-\frac{t}{T}}$$

上述推导过程证明了用式(2-46)和式(2-47)可以实现指数加减速控制。下面进一步导出其实用的指数加减速算法公式。

参照式(2-46)和式(2-47)，设

$$\Delta X_i' (\Delta Y_i') = v_i \cdot \Delta t$$
$$\Delta X (\Delta Y) = v_c \cdot \Delta t$$

其中，ΔX 或 ΔY 为每个采样周期加减速的输入位置增量，即每个插补周期内计算出的坐标位置增量值。$\Delta X_i'$ 或 $\Delta Y_i'$ 则为第 i 个插补周期加减速输出的位置增量值。后加减速是在插补后进行的，对 X 轴和 Y 轴分别控制。

将以上两式代入式(2-46)和式(2-47)得

$$E_i = \sum_{k=0}^{i-1}(\Delta X - \Delta X_k') = E_{i-1} + (\Delta X - \Delta X_{i-1}')$$

$$\Delta X_{i-1}' = E_i \frac{1}{T} \quad (\text{取} \Delta t = 1)$$

或

$$E_i = \sum_{k=0}^{i-1}(\Delta Y - \Delta Y_k') = E_{i-1} + (\Delta Y - \Delta Y_{i-1}')$$

$$\Delta Y_{i-1}' = E_i \frac{1}{T} \quad (\text{取} \Delta t = 1)$$

以上两组公式分别为 X 轴和 Y 轴加减速控制算法的实用累加公式。

2. 直线加减速控制算法

快速进给时速度变化范围大，要求平稳性好，一般要用直线加减速控制，使速度突然升高时，沿一定斜率的直线上升，速度突然降低时，沿一定斜率的直线下降，见图 2.56 中的速度变化曲线 $OABC$。

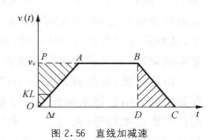

图 2.56　直线加减速

直线加减速控制经过 5 个过程。

（1）加速过程

若输入速度与上一个采样周期的输出速度 v_{i-1} 之差大于一个速度常数 KL，即 $v_c - v_{i-1} > KL$，则必须进行加速控制，使本次采样周期的输出速度增加一个 KL 值，即

$$v_i = v_{i-1} + KL$$

式中，KL 为速度阶跃因子。显然，在加速过程中，输出速度 v_i 沿斜率为 $K' = \dfrac{KL}{\Delta t}$ 的直线上升，Δt 为采样周期。

（2）加速过渡过程

当输入速度 v_c 与上次采样周期的输出速度 v_{i-1} 之差满足

$$0 < v_c - v_{i-1} < KL$$

说明速度已上升至接近匀速。这时可改变本次采样周期的输出速度 v_i，使之与输入速度相等，即

$$v_i = v_c$$

经过这个过程后，系统进入稳定速度状态。

（3）匀速过程

在这个过程中，输出速度保持不变，即

$$v_i = v_{i-1}$$

（4）减速过渡过程

当输入速度 v_c 与上一个采样周期的输出速度 v_{i-1} 之差满足

$$0 < v_{i-1} - v_c < KL$$

说明应开始减速处理。改变本次采样周期的输出速度 v_i，使之减小到与输入速度 v_c 相等，即

$$v_i = v_c$$

（5）减速过程

若输入速度 v_c 小于上一个采样周期的输出速度 v_{i-1}，但其差值大于 KL 值时，即

$$v_{i-1} - v_c > KL$$

则进行减速控制，使本次采样周期的输出速度 v_i 减小一个 KL 值，即

$$v_i = v_{i-1} - KL$$

显然，在减速过程中，输出速度沿斜率为 $K' = \dfrac{KL}{\Delta t}$ 的直线下降。

后加减速控制的关键是加速过程和减速过程的对称性，即在加速过程中输入到加减速控制器的总进给量必须等于该加减速控制器减速过程中实际输出的进给量之和，以保证系统不产生失步和超程。因此，对于指数加减速和直线加减速，必须使图 2.54 和图 2.56 中区域 OPA 的面积等于区域 DBC 的面积。为此，用位置误差累加寄存器 E 来记录由于加速延迟而失去的进给量之和，当发现剩下的总进给量小于 E 寄存器中的值时，即开始减速，在减速过程中，又将误差寄存器 E 中保存的值按一定规律（指数或直线）逐渐放出。以保证在加减速过程全部结束时，机床到达指定的位置。

由此可见，后加减速控制不需预测减速点，而是通过误差寄存器中的进给量值来保证加减过程的对称性，使加减速过程中的两块阴影面积相等（见图 2.54 和图 2.56）。也有一种特殊情况，就是在未加速到指定速度时即开始减速，如图 2.57 所示。

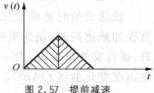

图 2.57　提前减速

思考题和习题

2-1　什么是插补？

2-2　插补方法有哪些？

2-3　逐点比较法的基本原理是什么？

2-4　逐点比较法如何处理直线和圆弧与象限的关系？

2-5　数字积分法的基本原理是什么？

2-6　如何构建直线的积分器？

2-7　如何构建圆弧的积分器？

2-8　数据采样插补的基本概念是什么？

2-9　数据采样法在完成圆弧插补中有哪些方法？

2-10　数据采样法的基本步骤有哪些？

2-11　脉冲增量式插补如何控制进给速度？

2-12　DDA 插补如何控制进给速度？

2-13　常用的加减速方法有哪些？

2-14　用逐点比较法加工第 I 象限直线，起点 $O(0,0)$，终点 $O(6,3)$。写出插补过程并绘出插补轨迹。

2-15　试用逐点比较法插补圆弧 $\overset{\frown}{CD}$，起点 $C(-4,3)$，终点 $D(4,3)$。写出插补过程并绘出插补轨迹。

2-16　逐点比较法的合成进给速度如何计算？

2-17　用 DDA 法加工第 I 象限直线，起点 $O(0,0)$，终点 $E(7,1)$，累加器与寄存器的位数为 4 位。写出插补过程并绘出插补轨迹。

2-18　试用 DDA 法插补圆弧 $\overset{\frown}{CD}$，起点 $C(7,0)$，终点 $D(0,7)$，累加器与寄存器的位数为 4 位。写出插补过程并绘出插补轨迹。

第3章 数控机床的程序编制
Manual Programming of CNC Machine Tools

【目标】

了解数控机床加工工艺和编程的基本概念。掌握常用的数控代码。掌握典型数控系统的编程格式和代码。以车削和铣削零件为实例,掌握数控程序的手工编制方法和步骤。

【学习任务】

通过本章的学习,你需要掌握以下的知识。

- 程序编制的内容和步骤
- 数控程序格式及常用功能字
- 典型数控工艺
- 程序编制中的数学处理
- 车削零件的程序编制
- 铣削零件的程序编制

3.1 数控编程的基本知识

3.1.1 数控程序编制的内容和步骤

数控机床是按照事先编制好的加工程序自动地对工件进行加工的高效自动化设备。在数控机床上加工零件时,要把加工零件的全部工艺过程、工艺参数和位移数据,以信息的形式记录在控制介质上,用控制介质上的信息来控制机床,实现零件的加工。通常定义程序编制为从零件图纸到获得数控机床所需控制介质的全部过程。

程序编制是数控加工的一项重要工作,理想的加工程序不仅应保证加工出符合图纸要求的合格工件,而且更需合理且充分发挥数控机床的功能,确保数控机床安全、可靠且高效地工作。编制出合理的零件加工程序除了需要熟悉数控系统的指令系统和机床性能以外,还要具有专业的机械加工工艺知识。

数控机床程序编制的主要内容和步骤包括分析零件图纸、工艺处理、数学处理、编写程序清单、制备控制介质及程序校验,如图3.1所示。

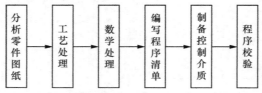

图 3.1 数控机床程序编制的内容和步骤

（1）分析零件图纸

数控程序编制的第一步是分析零件图纸。根据零件的材料、形状、尺寸、精度、毛坯形状和热处理要求等确定加工方案，选择合适的数控机床，从而确定零件的哪些工序适宜采用所选择的数控机床加工。

（2）工艺处理

工艺处理是对工序内容的详细设计，数控程序编制的核心之一是零件加工工艺的设计。工艺处理是否正确合适，对加工过程影响极大。

工艺处理的主要内容涉及编程坐标系的设定、对刀点的选择、加工路线的确定和切削用量的选择等。编程坐标系是加工过程中刀具进给运动的参考坐标系，程序中的所有坐标值都是在编程坐标系中确定的。对刀点用来定义零件的数控程序开始运行前刀具所处的位置。对刀点的选择应综合考虑操作和检验的方便性。加工路线指加工过程中刀具的运行路线。设计加工路线时，在满足零件加工精度和表面粗糙度要求的同时，应尽量缩短加工路线，以减少空行程，提高生产效率；此外，还应该有利于简化编程过程中的数值计算，减少程序段数目和编程工作量。切削用量的选择包括切削速度、进给量和背吃刀量，通常需要参考有关的切削加工手册同时结合实际经验来确定。

（3）数学处理

程序编制中数学处理的任务是根据零件图的几何尺寸、工件坐标系以及加工路线计算零件轮廓和刀具运动轨迹的各坐标值。对于采用步进电动机的开环数控系统，需按规定的脉冲当量将坐标值换算成脉冲数，把它作为数控装置的输入数据。对于其他伺服系统，则需按最小运动单位对坐标值做处理。数学处理的复杂程度取决于零件轮廓的复杂程度和数控系统的功能。

对于点位控制的数控机床，往往无须数值计算。如果零件图纸的坐标数据与数控系统要求输入的数据不同，也只需经过简单的换算，就能满足要求。

对于轮廓控制的数控机床，如果零件形状比较简单（如由直线和圆弧组成的平面零件），而数控系统的插补功能又与零件形状相符，并能实现刀具半径补偿运算时，数学处理则比较简单。对于复杂的零件表面，数学处理比较复杂，一般需要计算机辅助完成。数学处理是否合理准确，直接影响零件的加工精度。

（4）编写零件加工程序清单

在完成工艺处理和数值计算工作后，可以编写零件加工程序单，编程人员根据所使用数控系统的指令、程序段格式，逐段编写零件加工程序。同时，还要附上必要的加工示意图和刀具安装图，以便机床操作者对刀和了解工序内容。加工程序的正确编写需要编程人员对数控机床的性能、程序指令代码以及数控机床加工零件的过程有全面了解。

（5）制备控制介质及程序校验

程序编好后，需制作控制介质。根据所用机床的不同，控制介质的形式也不同。通过控制介质确保所有的数据都传递并存储到数控机床中。

编写好的程序，制备完成的控制介质需要经过校验和试切才能用于正式加工。通常采用的校验方式有以下4种。

① 空运行走刀检测。将数控程序输入数控系统中，机床空运行或以笔代替刀具，以坐标纸代替工件，检查刀具的运动轨迹是否正确。

② 在有图形显示屏的数控机床上，模拟刀具与工件的切削过程。

③ 利用数控自动编程软件的加工仿真功能,在计算机中仿真加工过程,检验走刀路线。

④ 采用铝件、塑料或石蜡等易切材料进行试切。通过试切不仅可以检验确认程序的正确与否,还可检验加工精度和表面质量是否符合要求。当发现加工程序不符合要求时,应该返回到适当的环节修改工序设计、修改程序或采取补偿措施。

3.1.2　程序编制的方法

程序编制的方法有两种:手工编程和自动编程。

1. 手工编程

采用人工完成程序编制的全部内容的编程方法称为手工程序编制方法。

对于点位加工或几何形状较为简单的零件,其数值计算较简单,程序段数目不多,可用手工编程实现。对于零件轮廓形状复杂,特别是空间曲面零件,或者虽然组成零件轮廓的几何元素不复杂,但程序量很大,这时采用手工编程既烦琐又费时,而且容易出错。据统计,采用手工编程,一个零件的编程时间与数控机床加工时间之比平均约为 30∶1。

2. 自动编程

自动编程是计算机代替手工完成数控机床的程序编制工作。如自动地进行数值计算、编写零件加工程序单,自动地打印输出加工程序单和制备控制介质等。

自动编程可以分为基于 APT 语言的自动编程和基于三维图形模型的自动编程。

APT(Automatically Programmed Tools)是一种接近于英语的符号语言,主要用于描述零件的几何形状、尺寸几何元素之间的关系以及加工时的运动顺序、工艺参数等。语句包括几何定义语句、运动语句、程序控制语句、后置处理语句和辅助语句等。编程人员使用 APT 语言来描述零件形成"零件源程序"。当零件源程序输入计算机后,由存于计算机的"数控编程系统"软件自动完成机床刀具运动轨迹的计算、加工程序的编制和控制介质的制备等工作。所编程序还可通过屏幕进行检查,有错误时可在计算机上进行编辑、修改,直至程序正确为止。

基于三维图形模型的自动编程利用数字化设计软件的造型功能在计算机中构建零件的三维几何模型,再利用数字化制造软件的数控编程功能,完成数控加工程序的编制。其基本过程包括以下 3 部分。

(1)几何造型

利用数字化设计软件的造型功能及编辑功能,准确地建立被加工零件的几何和结构模型,为刀具轨迹的计算提供依据。

(2)刀具路径生成

通过与计算机的交互,由数控编程软件从零件的几何模型中提取编程所需的信息,经分析判断和数学处理,计算出节点数据,并将节点数据转换为刀具位置数据,并存入刀位文件中。同时,可以进行加工过程的动态仿真。

(3)后置处理

不同数控系统的指令代码和程序格式不同,因此,后置处理用于形成符合数控系统要求的数控加工程序。

3.2　数控编程中的工艺处理

数控加工工艺设计的基本原则和普通机床的工艺设计基本相同,如先粗后精原则、先面后孔原则、先主后次原则、先基准后一般原则以及切削用量的选择方法等。由于数控加工过程是在程序控制下自动进行的,因而其又有一些独有的特点。

工艺处理涉及问题较多,主要需考虑以下几个方面。

① 数控加工的工序内容比普通机床的工序内容复杂。数控机床一般用于加工精度高、复杂程度比较高的零件或在一次装夹中完成普通机床上几道工序才能完成的工艺内容。

② 工序内容细节需要考虑的更多。数控加工过程是自动进行的,加工过程中出现的问题不可能自由地进行调整。因此,许多在人工操作的普通机床上无须考虑的问题,在数控加工工艺设计时都不能忽略。例如,工序内工步的安排、对刀点和换刀点的选择、切入切出过程的设计等。编程人员不仅需要具备扎实的工艺基础知识和丰富的工艺设计经验,而且必须具有严谨踏实的工作作风。

③ 工艺文件的内容不同。数控加工工艺文件包括工序卡、刀具明细表、机床调整单和加工程序单。其中,数控机床调整单的内容与普通机床调整单差别较大,加工程序单是普通机床加工时没有的。数控机床调整单中主要增加了输入刀具补偿值和工件坐标系零点设定两部分内容。数控加工程序单中除了加工程序代号外,还应附加所用设备号、对刀点、工件安装位置及选用刀具等方面的说明。

3.2.1 数控加工的工艺设计

数控加工的工艺路线设计与通用机床加工的工艺路线设计的主要区别,在于它不是毛坯到成品的整个工艺过程,仅仅是几道数控加工工序的工艺过程的概况。因此,在数控工艺路线设计中,主要应注意工序划分和顺序安排问题以及数控加工工序与普通工序的衔接问题。

1. 工序的划分

数控加工工序的划分有下列方法。

(1)根据装夹定位划分工序

按零件结构特点,将加工部位分成若干部分,每次安排(即每道工序)可以加工其中一部分或几部分。每一部分可用典型刀具加工。比如,可将一个零件分成加工外形、内形和平面部分。加工外形时,以内形中的孔夹紧;加工内形时,则以外形夹紧。

(2)按所用刀具划分工序

为了减少换刀次数,以减少空行程时间,可以按刀具集中工序。在一次装夹中,用一把刀加工完该刀可加工的所有部位,然后再换第二把刀加工。自动换刀的数控机床大多采用这种方法。手动换刀的数控机床更应注意这个问题。

(3)以粗精加工划分工序

对于易发生加工变形的零件,粗加工后需要对可能发生的变形进行矫形。故一般来说,凡要进行粗、精加工的都要将工序分开。

2. 顺序的安排

数控加工工序的顺序安排对加工精度、加工效率、刀具数目有很大影响。顺序安排一般应按下列原则进行。

① 上道工序的加工不能影响下道工序的定位与夹紧,中间穿插有通用机床加工工序的也要综合考虑。

② 先进行内形加工工序,后进行外形加工工序。

③ 以相同定位、夹紧方式或同一把刀具加工的工序,最好顺序进行,以减少重复定位次数和换刀次数。

④ 在同一次安装中进行的多道工序,应先安排对工件刚性破坏较小的工序。

3. 数控加工工序与普通工序的衔接

数控工序前后一般都穿插有其他普通工序,衔接不好就容易产生矛盾。最好的办法是建立相互状态要求。例如,要不要留加工余量,留多少;定位面与孔的精度要求及形位公差;对校形工序的技术要求;对毛坯的热处理要求等。

3.2.2 数控加工的设计

数控加工设计的主要任务是进一步确定本工序的具体加工内容、切削用量、工艺装备、定位夹紧方式及刀具运动轨迹等,为编制加工程序做好充分准备。

1. 确定加工路线

加工路线是指数控机床加工过程中,刀具相对零件的运动轨迹和方向。加工路线的确定通常从以下几方面考虑。

(1)确定的加工路线应能保证零件的加工精度和表面粗糙度要求

当铣削平面零件外轮廓时,一般是采用立铣刀侧刃切削。刀具切入工件时,应避免沿零件外轮廓的法向切入,而应沿外轮廓曲线延长线的切向切入,以避免在切入处产生刀具的刻痕,保证零件曲线平滑过渡,如图 3.2(a)所示。同理,在切离工件时,也应避免在工件的轮廓处直接退刀,要沿零件轮廓延长线的切向逐渐切离工件。

铣削封闭的内轮廓表面时,可以通过增加外延辅助相切圆弧段保证切向切入,如图 3.2 (b)所示。若内轮廓曲线不允许外延或对于精度要求不高,为简化数值计算,刀具也能沿轮廓曲线的法向切入和切出,此时刀具的切入和切出点应尽量选在内轮廓曲线两几何元素的交点处。

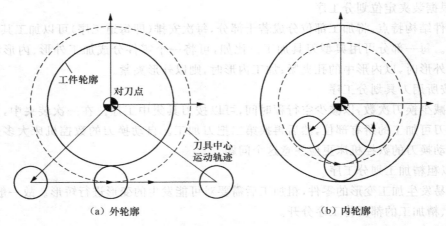

（a）外轮廓　　　　　　　　　　　　　　　（b）内轮廓

图 3.2 外轮廓和内轮廓铣削加工时刀具的切入和切出

铣削曲面时,常采用球头刀行切法进行加工。行切法是指刀具与零件轮廓的切点轨迹是一行一行的,而行间的距离是按零件加工精度的要求确定的。

对于边界敞开的曲面的加工,没有其他表面限制,球头刀应由边界外开始加工,通常可以采用两种加工路线。例如,发动机大叶片表面是直纹面,采用图 3.3(a)的加工路线,符合直纹面的形成原理,可以确保母线的直线度,每次沿直线加工,刀位点计算简单,程序段少。图 3.3 (b)的加工路线符合这类零件数据给出情况,便于加工后的检验,叶形的准确度较高,但程序段多。

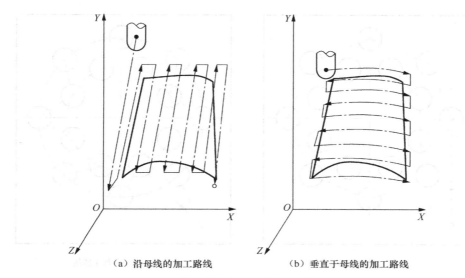

（a）沿母线的加工路线　　　　　（b）垂直于母线的加工路线

图 3.3　直纹面的行切加工路线

对于型腔的铣削,常用的加工路线如图 3.4 所示。图 3.4(a)和图 3.4(b)分别为行切和环切加工路线,图 3.4(c)是先完成行切,最后用环切路线对型腔轮廓实施光整加工。三种加工路线中,图 3.4(a)的加工表面质量最差,在型腔周边会留有大量的残留;图 3.4(b)和图 3.4(c)的加工能保证精度,但加工路线长,编程计算工作量大。

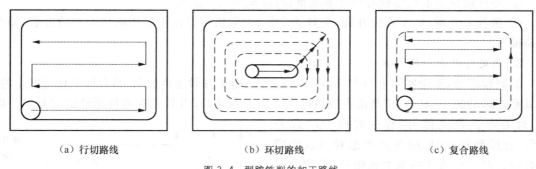

（a）行切路线　　　　　　（b）环切路线　　　　　　（c）复合路线

图 3.4　型腔铣削的加工路线

在轮廓铣削过程中,要避免出现进给停顿。因为加工会引起工件、刀具和机床系统的相对变形,进给停顿导致铣削力突然变小,刀具在停顿处的轮廓表面上会留下刀痕。

为提高零件尺寸精度和表面粗糙度,当加工余量较大时,可采用多次走刀的方法,最后精加工留较少余量,一般留 0.2～0.5mm 作为精加工余量。精铣时应尽量用顺铣,这样可以降低被加工零件的表面粗糙度。

（2）提高生产效率

在确定加工路线时,应尽量缩短加工路线,减少刀具空行程时间,在点位加工时尤其需要注意。对于图 3.5 所示的沿圆周均布的孔,按一般规律是先加工均布在同一圆周上的 8

个孔后,再加工另一圆周上的孔(图 3.5(a))。但这并不是最短的加工路线。应按图3.5(b)所示的加工路线进行加工。这类机床应按空程最短来安排走刀路线,以节省加工时间。

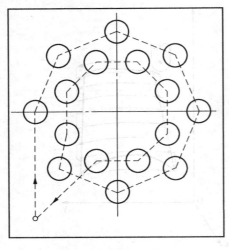

（a）一种加工路线　　　　　　　　　　（b）另一种加工路线

图 3.5　最短加工路线的选择

2. 确定零件的安装方法和选择夹具

① 尽量选用组合夹具、通用夹具装夹工件,避免采用专用夹具。

② 尽量减少装夹次数且装夹要迅速方便,多采用气动、液压夹具,以减少数控机床停机时间。

③ 零件定位基准应尽量与设计基准重合,以减少定位误差。

④ 夹具要开敞,加工部位开阔,夹具的定位、夹紧机构元件不能影响加工中的进给(如产生碰撞等)

3. 确定对刀点和换刀点

编制程序时,不论实际上是刀具做进给运动,还是工件做进给运动,都看作工件是静止的,刀具是在运动的。"对刀点"是指在数控机床上加工零件时,刀具相对零件运动的起始点。因此,对刀点通常也称为"程序起点"或"起刀点"。在编制程序时,应首先考虑对刀点位置的选择。对刀点选择的基本原则是:①使程序编制简单;②在机床上找正容易;③加工过程中检查方便;④引起的加工误差小。

对于采用增量坐标编程系统的数控机床,对刀点可选在零件上的孔中心、夹具上的专用对刀孔或两垂直平面(定位基面)的交线(即工件零点)上。所选的对刀点必须与零件定位基准有一定的坐标尺寸关系,这样才能确定机床坐标系与工件坐标系的关系(图 3.6)。

对于采用绝对坐标编程系统的数控机床,

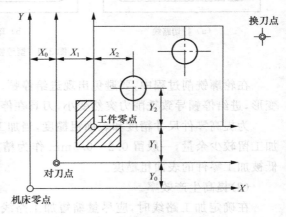

图 3.6　对刀点和换刀点

对刀点可选在机床坐标系的机床零点上或距离机床零点有确定坐标尺寸关系的点上。因为数控装置可用指令控制自动返回参考点(即机床零点),不需人工对刀。但在安装零件时,工件坐标系与机床坐标系必须要有确定的尺寸关系(图 3.6)。目前较先进的数控系统通常两种坐标编程系统都可采用,对于这种系统则可以根据操作人员的经验和习惯来选择对刀点。

对刀就是使刀具的刀位点与对刀点重合。刀位点是代表刀具位置的基准点,不同的刀具,其刀位点的定义不同。车刀、钻头和镗刀的刀位点是刀尖,端铣刀和立铣刀的刀位点是刀具轴线和刀具底面的交点,球头铣刀的刀位点定义在球头的球心。

对数控车床和数控加工中心等多工序复合的机床,在编程时还要设置一个"换刀点"。换刀点是定义多刀机床在加工过程中换刀时的位置。通常换刀点设在远离工件的外部,可以避免换刀时碰伤工件。一般换刀点选择在第一个程序的起始点或机床零点上。

对具有机床零点的数控机床,当采用绝对编程坐标系编程时,其数控程序的第一个程序段就是设定对刀点坐标值,以规定对刀点在机床坐标系中的位置;当采用增量编程坐标系编程时,第一个程序段则是设定对刀点到工件坐标系坐标原点(工件零点)的距离,以确定对刀点与工件坐标系间的相对位置关系。

4. 选择刀具和确定切削用量

数控加工对刀具的选择比较严格,所选择的刀具应满足安装调整方便、刚性好、精度高、耐用度好的要求。

编程时,常需事先规定刀具的结构尺寸和调整尺寸。特别是自动换刀数控机床,在刀具安装到机床上以前,应根据编程时确定的参数,在机床外的预调装置(对刀仪)中调整到所需尺寸或测出精确的尺寸。加工前,将刀具有关尺寸手动输入数控装置。如图 3.7 中的刀具尺寸 Z_T 就需要事先确定和调整。

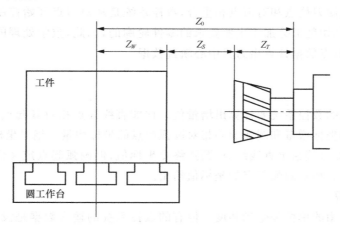

图 3.7 刀具尺寸的确定和调整

切削用量的选择应根据机床说明书、切削原理中的有关理论,并结合实践经验来确定。

切削深度(吃刀量)应根据机床、刀具、夹具和工件的刚度来确定。在刚度允许的情况下,尽量使吃刀量等于工件加工余量,以减少进给次数,提高加工效率。有时为改善表面粗糙度和加工精度,可留少量的精加工余量(0.2~0.5mm),以便再精加工一次。

进给量应根据对零件加工精度和表面粗糙度的要求来选取。要求较高时,进给量应选得较小些。最大进给量受机床特性限制,并与脉冲当量有关。

主轴转速 $\left(n = \dfrac{1000v}{\pi D}\right)$ 根据允许的切削速度和工件(或刀具)直径来选取。

3.3 程序编制中的数学处理

在数控程序编制中,合理的工艺分析结合正确的数学计算才可以获得可行的数控程序。因此,工艺分析是核心,而数学处理是关键。

3.3.1 数学处理的概念

在数控编程中,数学处理主要是根据零件图上的尺寸按规定的坐标系计算零件轮廓和刀具中心的运动轨迹的各坐标值。概括起来,数学处理通常包括以下几个方面。

1. 基点和节点的计算

一个零件的轮廓线可能由许多不同的几何元素所组成,如直线、圆弧、二次曲线等。各几何元素间的连接点称为基点,如两直线的交点、直线与圆弧的交点或切点、圆弧与二次曲线的交点或切点等。显然,相邻基点之间只能是一个几何元素。

将组成零件轮廓的曲线按数控插补功能的要求,在满足允许程序编制误差的条件下进行分割,各分割点称为节点。如用直线逼近零件轮廓时,相邻两直线的交点为节点;在用圆弧逼近零件轮廓时,相邻两圆弧的交点或切点为节点。立体型面零件应根据程序编制允差将曲面分割成不同的加工截面,由各加工截面上的轮廓曲线再计算基点和节点。因此,基点和节点数据是数控系统输入信息的原始数据。

2. 刀具中心轨迹的计算

由于对刀时是使刀位点和对刀点相重合,数控系统是从对刀点开始控制刀具中心走出直线或圆弧,并由刀具切削部分加工出所要求的零件轮廓的,因此,数学处理的第二步是根据零件轮廓上的基点、节点数据计算出刀具中心轨迹数据。

3. 辅助计算

(1)增量计算

采用增量坐标的数控系统要计算出增量值。比如直线终点相对其起点的坐标增量;圆弧终点相对其起点的坐标增量和圆弧圆心相对圆弧起点的坐标增量。绝对坐标的数控系统一般不用计算增量值,即直接给出直线终点、圆弧终点坐标值,但圆弧起点定义仍用其相对圆心坐标值给出或圆弧圆心相对圆弧起点的坐标值给出。

(2)脉冲数计算

数值计算时采用的单位是毫米和度。但有的数控系统的输入数据是没有小数点的,都是以"脉冲"为单位的,因此,需要将数学计算的数据除以"脉冲当量",换算成脉冲数。

(3)辅助程序段的数值计算

对刀点到切入点的切入程序,切削结束返回到对刀点的返回程序,这些属于为了完成加工工艺必须的辅助程序段。数学处理中同样需要算出辅助程序段对应的数据。

飞机、舰船、航天器等上的许多零件轮廓并不是用数学方程式描述,而是用一组离散的坐标点描述。编程时,首先需要决定这些离散点(Discrete Point)之间轨迹变化的规律。现在经常使用样条(Spline)插值函数达到这一目的。但是,用样条拟合的轮廓曲线仍然是任意曲线,而一般控制系统只有直线、圆弧插补功能。因此还须将样条曲线进一步处理成直线信息或圆弧信息,以便作为机床控制装置的输入。我国发展的圆弧样条和英国发展的双圆弧曲线计算方法,可以避开 Spline 处理,直接利用图纸上给出的离散点坐标值来拟合轮廓曲线。

关于曲面的数学处理,尤其是用离散点描述的曲面处理就更为复杂。

当采用自动编程语言系统时,上述数学处理工作由计算机进行,因此编程人员只需用数控语言书写零件源程序,而不必直接进行数值计算。这些计算由自动编程系统的软件实现。

3.3.2　线性逼近的计算方法

线性逼近又叫线性插补,是经常使用的逼近曲线方法,它也是各种插补方法的基础。用直线可以逼近圆弧、非圆曲线等许多复杂曲线。这里以直线逼近内轮廓圆弧为例讨论线性插补计算方法。

内轮廓圆弧的线性插补方法有如图 3.8 所示的三种。图 3.8(a)用弦线逼近圆弧,其插补误差是弦线至弧形轮廓间的最大距离;图 3.8(b)用轮廓的切线逼近圆弦;图 3.8(c)用割线逼近圆弧。

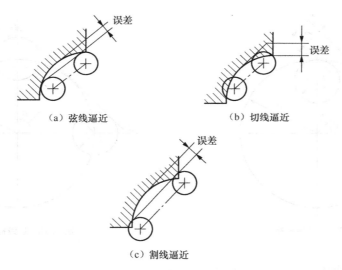

图 3.8　内轮廓圆弧线性逼近法

(1)弦线插补计算

图 3.9 中,r 为刀具半径,R 为工件圆弧轮廓半径,T 为刀具半径为零时的插补误差,t 为刀具半径为 r 时的插补误差,θ 为弦线所对应的圆心角的一半。因此,

$$T = R(1 - \cos\theta) \tag{3-1}$$

$$t = T - r(1 - \cos\theta) \tag{3-2}$$

解两式得

$$\cos\theta = 1 - \frac{t}{\Delta r}$$

$$\theta = \cos^{-1}\left(1 - \frac{t}{\Delta r}\right) \tag{3-3}$$

式中,$\Delta r = R - r$。

由式(3-1)～式(3-3)可看出,当 r 和 R 为一定时,θ 角越大,插补误差也越大。

（2）切线插补计算

图 3.10 所示为切线插补计算简图，图中参数同上。当考虑刀具半径为零和刀具半径为 r 时，可得式（3-4）和式（3-5）

$$T = R/\cos\theta - R \tag{3-4}$$

$$t = T - (r/\cos\theta - r) \tag{3-5}$$

解两式得

$$\cos\theta = \left(1 + \frac{t}{\Delta r}\right)^{-1}$$

$$\theta = \cos^{-1}\left(1 + \frac{t}{\Delta r}\right)^{-1} \tag{3-6}$$

式中，$\Delta r = R - r$。

与弦线插补一样，在 R 和 r 一定时，θ 越大，t 也越大。在插补直线段一定的情况下，切线插补误差比弦线大。

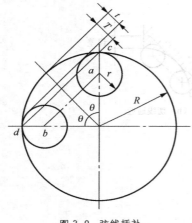

图 3.9 弦线插补

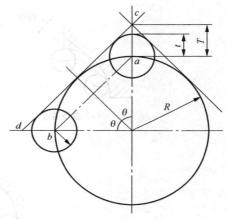

图 3.10 切线插补

（3）割线插补计算

图 3.11 所示为割线插补计算简图，图中符号意义同上。当刀具半径等于零和 r 时，有

$$t = R - (R + T)\cos\theta$$

$$T - t = r/\cos\theta - r$$

解两式得

$$\cos\theta = \frac{R - r - t}{R - r + t} = \frac{1 - t/\Delta r}{1 + t/\Delta r}$$

$$\theta = \cos^{-1}\frac{1 - t/\Delta r}{1 + t/\Delta r} \tag{3-7}$$

式中，$\Delta r = R - r$。

由式（3-7）可看出，在 R 和 r 一定时，随着 θ 角的增大，割线插补误差也增加。但增加的程度比上面的两种方法都小，即割线插补误差最小。

线性插补的三种方法，要综合考虑按照轮廓精度要求

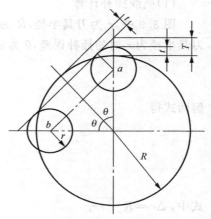

图 3.11 割线插补

所允许的插补误差的大小以及允许的程序长短加以选择。三种插补方法所得的插补点密度和插补段长度是不一样的。但总的来说,都是 θ 角越小,刀具轨迹上的点数越多,插补段长度和插补误差也越小;但程序段数目增加,从而使程序变长。

外圆弧轮廓同样可用弦线、切线和割线加以逼近,如图 3.12 所示。采用与内轮廓线性逼近类似的方法计算 θ,其结果如下。

弦线插补

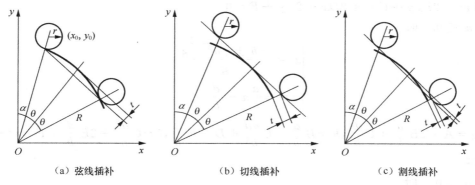

（a）弦线插补 （b）切线插补 （c）割线插补

图 3.12 外圆弧轮廓的线性逼近

$$\theta = \cos^{-1}\left(1 - \frac{t}{R}\right) \tag{3-8}$$

切线插补

$$\theta = \cos^{-1}\frac{R}{t+R} \tag{3-9}$$

割线插补

$$\theta = \cos^{-1}\frac{1-t/R}{1+t/R} \tag{3-10}$$

对于弦线插补,在计算出 θ 角之后,可以按式(3-11)计算刀具中心轨迹上插补点的坐标。

$$\begin{cases} x_i = x_c + (R + r\sec\theta)\sin(\alpha + 2k\theta) \\ y_i = y_c + (R + r\sec\theta)\cos(\alpha + 2k\theta) \end{cases} \tag{3-11}$$

式中:α 为初始角度;

i 为插补点数,共有 n 个点,$i = 0, 1, \cdots, n-1$;

k 为插补段数,共有 m 段,即 $k = 1, 2, \cdots, m$;x_c、y_c 为圆心坐标。

切线和割线逼近时的坐标计算公式略有不同,此处从略。

3.3.3 已知平面零件轮廓方程式的数学处理

3.3.3.1 基点计算

1. 直线、圆弧类零件的基点计算

由直线、圆弧组成的平面轮廓的数值计算比较简单,主要是基点的计算。按选定的坐标系计算出相邻几何元素的交点和切点。根据目前生产中的零件,将直线按定义方式归纳若干种,并变成标准形式,这样可使基点计算标准化。由直线和圆弧组成的零件轮廓,可归纳为直线与直线相交、直线与圆弧相交、直线与圆弧相切、圆弧与圆弧相交和圆弧与圆弧相切五种情况,推导出通用基点计算公式,可使基点计算更加方便。

2. 用方程描述的轮廓曲线的基点计算

平面轮廓曲线除直线和圆弧外,还有椭圆、双曲线、抛物线、一般二次曲线、阿基米德螺线等以方程式给出的曲线。这类曲线的计算过程比较复杂,其基点计算可分为下面几种情况。

(1)直线与二次曲线的切点或交点计算

直线方程常用法线式表示,该计算可用解析法,其原始方程为

$$\begin{cases} ax + by = d\,(a^2 + b^2 = 1) \\ Ax^2 + 2Bxy + Cy^2 + 2Dx + 2Ey + F = 0 \end{cases}$$

当 $a \leqslant 0.5$ 时

$$\begin{cases} x = \dfrac{-h \pm \sqrt{h^2 - gi}}{g} \\ y = -\dfrac{a}{b}x + \dfrac{d}{b} \end{cases} \tag{3-12}$$

式中,$g = A - 2B\dfrac{a}{b} + C\dfrac{d^2}{b^2}$,$h = B\dfrac{d}{b} - C\dfrac{ad}{b^2} + D - E\dfrac{a}{b}$,$i = C\dfrac{d^2}{b^2} + 2E\dfrac{d}{b} + F$。$h^2 - gi <$ 0 时无解。

当 $a > 0.5$ 时

$$\begin{cases} x = -\dfrac{b}{a}y + \dfrac{d}{a} \\ y = \dfrac{-h \pm \sqrt{h^2 - gi}}{g} \end{cases}$$

式中,$g = A\dfrac{b^2}{a^2} - 2B\dfrac{b}{a} + C$,$h = A\dfrac{bd}{a^2} + B\dfrac{d}{a} - D\dfrac{b}{a} + E$,$i = A\dfrac{d^2}{a^2} - 2D\dfrac{d}{a} + F$。

考虑到计算机的计算误差,直线与二次曲线相切时可能出现 $h^2 - gi < 0$ 的情况,因此应给一定的误差值。一般认为 $|h^2 - gi| < 10^{-1} \sim 10^{-2}$ 时可以认为直线与二次曲线相切。

(2)二次曲线与二次曲线的切点或交点计算

这种情况最好用迭代法求解。常用切线-法线法(图3.13),其原始方程为式(3-13)。

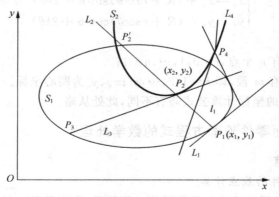

图3.13 二次曲线切线-法线法求交点

$$\begin{cases} S_1: & A_1x^2 + 2B_1xy + 2D_1x + 2E_1y + F_1 = 0 \\ S_2: & A_2x^2 + 2B_2xy + 2D_2x + 2E_2y + F_2 = 0 \end{cases} \tag{3-13}$$

在 S_1 上取一点 P_1,过 P_1 作 S_1 的切线 L_1

$$a_1x + b_1y = d_1 \tag{3-14}$$

式中，$a_1 = A_1x_1 + B_1y_1 + D_1$，$b_1 = B_1x_1 + C_1y_1 + E_1$，$d_1 = -(D_1x_1 + E_1y_1 + F_1)$。

求 L_1 与 S_2 的交点。若无交点时，过 P_1 点作 S_1 的法线 L_2

$$b_1x - a_1y = b_1x_1 - a_1y_1 \tag{3-15}$$

求 L_2 与 S_2 的交点，可得 P_2、P'_2 两点，选取距 P_1 较近的一点 P_2。P_1P_2 的距离为 l_1

$$l_1 = \sqrt{(x_1 - x_2)^2 + (y_1 - y_2)^2} \tag{3-16}$$

检查 l_1，当 $l_1 \leqslant \varepsilon$ 时，P_2 点为所求，迭代结束。当 $l_1 > \varepsilon$ 时，过 P_2 点作 S_2 的切线（或法线），再重复上述作法。直到 $l_1 \leqslant \varepsilon$ 时为止。ε 值一般取为 $10^{-6} \sim 10^{-8}$，该值对机械加工的精度要求已经足够了，这时迭代次数一般小于 10 次。迭代初始点选取很重要，选得不合适可能不收敛，也可能有的点找不到。

（3）直线与阿基米德螺线的切点或交点计算、阿基米德螺线与二次曲线的交点或切点的计算

这两种情况均可用切线-法线迭代法求解。

（4）阿基米德螺线与阿基米德螺线的交点计算

两条阿基米德螺线相交时，由其径向相等及与 x 轴夹角相等的条件，可用解析法求解其交点。

3.3.3.2 节点计算

数控机床的数控装置一般都具有直线插补和圆弧插补功能，当加工非圆曲线轮廓时，需要将轮廓曲线分段，用直线或圆弧逼近，因此要进行节点计算。

1. 用直线逼近零件轮廓的节点计算

目前常用的节点计算方法有等间距法、等程序段法和等误差法。

（1）等间距法

已知工件轮廓曲线的方程式为 $y = f(x)$，它是一条连续曲线（见图 3.14）。等间距法是将曲线的某一坐标轴分成等间距，如图 3.14 所示为 x 轴。然后求出曲线上相应的节点 A、B、C、D 和 E 等的 x、y 坐标值。在极坐标中，间距用相邻节点间的转角坐标增量或径向坐标增量相等的值确定。等间距法计算过程比较简单。由起点开始，每次增加一个坐标增量值（间距），代入曲线方程求出另一个坐标值。这种方法的关键是确定间距值，该值应保证曲线 $y = f(x)$ 和相邻两节点连线间的法向距离小于允许的程序编制误差 $\delta_\text{允}$，$\delta_\text{允}$ 一般取为零件公差的 $1/5 \sim 1/10$。在实际生产中，则根据零件加工精度要求凭经验选取

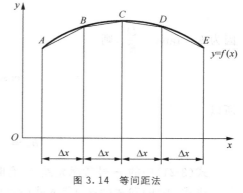

图 3.14 等间距法

间距值，然后验算误差最大值是否小于 $\delta_\text{允}$。下面介绍其中一种验算误差的方法。

当插补间距确定后，插补直线段两端点 A 和 B（见图 3.15）的坐标可求出为 (x_A, y_A) 和 (x_B, y_B)，则直线 AB 的方程式为

$$\frac{x - x_A}{y - y_A} = \frac{x_A - x_B}{y_A - y_B} \tag{3-17}$$

令 $D = y_A - y_B$，$E = x_A - x_B$，$C = y_Ax_B - x_Ay_B$，则式（3-17）可改写为

$$Dx - Ey = C \tag{3-18}$$

它的斜率为

$$k = \frac{D}{E} \tag{3-19}$$

根据允许的 $\delta_允$，可画出表示公差带范围的直线 A_0B_0，它与 AB 平行，且法向距离为 $\delta_允$。这时可能会有图 3.15 所示的三种情况之一：图 3.15(a) 表示逼近误差等于 $\delta_允$；图 3.15(b) 表示逼近误差小于 $\delta_允$；图 3.15(c) 表示逼近误差大于 $\delta_允$（超差）。

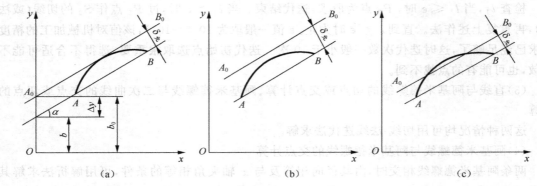

图 3.15　允许的拟合误差

为了计算逼近误差，先求出直线 A_0B_0 的方程式。设 A_0B_0 的斜截式方程为

$$y = k_0 x + b_0 \tag{3-20}$$

因为 $A_0B_0 // AB$，所以 $k_0 = k$ 。

令式 (3-18) 中 $x = 0$，则 $y = -C/E$，即 AB 的截距 $b = -\dfrac{C}{E}$。A_0B_0 的截距 $b_0 = b + \Delta y$，其中 Δy（见图 3.15(a)）可由下式得出

$$\Delta y = \pm \frac{\delta_允}{\cos\alpha}$$

因为 $k = \tan\alpha = \dfrac{D}{E}$，则

$$\cos\alpha = \frac{E}{\pm\sqrt{D^2 + E^2}}$$

所以

$$b_0 = -\frac{C}{E} \pm \delta_允 \frac{\sqrt{D^2 + E^2}}{E} \tag{3-21}$$

式 (3-21) 中的 ± 号考虑允差 $\delta_允$ 有时可以在负方向。

将式 (3-19) 和式 (3-21) 代入式 (3-20)，化简后得直线 A_0B_0 方程式为

$$Dx - Ey = C \pm \delta_允\sqrt{D^2 + E^2} \tag{3-22}$$

将式 (3-22) 与轮廓方程式 $y = f(x)$ 联立，可以求得各节点坐标

$$\begin{cases} y = f(x) \\ Dx - Ey = C \pm \delta_允\sqrt{D^2 + E^2} \end{cases} \tag{3-23}$$

式 (3-23) 如无解，表示直线 A_0B_0 与曲线 $y = f(x)$ 不相交，如图 3.15(b) 情况，拟合误差在允许范围；如只有一个解，代表图 3.15(a) 的情况，拟合误差等于 $\delta_允$；如有二个解，且 $x_A \leqslant x \leqslant x_B$，

则为图 3.15（c）的情况，表示超差，此时应缩小间距（Δx）重新计算。

（2）等程序段法（等步长或等弦长法）

这种方法是使所有逼近线段的弦长相等（见图 3.16）。由于零件轮廓曲线 $y = f(x)$ 的曲率是变化的，导致各程序段的程序编制误差 δ 也是变化的，因此，需要确保整个零件轮廓程序段中的最大误差 $\delta_{\max}$ 小于 $\delta_{允}$，才能满足程序编制的精度要求。

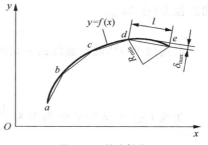

图 3.16　等步长法

用直线逼近曲线时，认为误差的方向是在曲线 $y = f(x)$ 的法向，误差最大值通常发生在曲率半径最小处。等程序段法数学处理过程如下。

① 确定步长（弦长）。弦长应根据加工精度的要求确定。由于最大误差 $\delta_{\max}$ 发生在最大曲率，即最小曲率半径 $R_{\min}$ 处（图 3.16 中的 de 段），因此，步长应依据式（3-24）计算。

$$l = 2\sqrt{R_{\min}^2 - (R_{\min} - \delta_{允})^2} \approx 2\sqrt{2R_{\min}\delta_{允}} \tag{3-24}$$

② 确定 $R_{\min}$。已知函数 $y = f(x)$ 任一点曲率半径为

$$R = \frac{(1 + y'^2)^{3/2}}{y''} \tag{3-25}$$

当 $\dfrac{\mathrm{d}R}{\mathrm{d}x} = 0$ 时，即 $3(y'')^2 y' - [1 + (y')^2] y''' = 0$ 时得 $R_{\min}$，根据曲线方程 $y = f(x)$ 求得 y'、y''、y''' 的值并代入此式，求得 x 值。将 x 值代入曲率半径 R 公式（3-25）中即得到 $R_{\min}$。

③ 确定允许步长下的圆方程。以曲线的起点 $a(x_a, y_a)$ 为圆心，步长 l 为半径的圆方程为

$$(x - x_a)^2 + (y - y_a)^2 = l^2 = 8R_{\min}\delta_{允} \tag{3-26}$$

④ 解圆与曲线的联立方程。

$$\begin{cases} y = f(x) \\ (x - x_a)^2 + (y - y_a)^2 = l^2 = 8R_{\min}\delta_{允} \end{cases} \tag{3-27}$$

即得 b 点坐标值。

顺次以 $b, c, d \cdots$ 为圆心，重复步骤 ③ 及 ④ 的计算，可求得 c、d、e 各点的坐标值。

等步长直线逼近曲线的方法，计算较简单，但插补段数多，编程工作量较大，适合于程序不多及曲线各处的曲率半径相差不大的零件。

（3）等误差法

用直线段逼近非圆曲线时，如果每个逼近误差相等，则称为等误差法（每段的逼近误差相等且小于或等于允许误差 $\delta_{允}$）。用这种方法确定的各程序段长度不等，程序段数目较少。但等误差法的计算过程较复杂，要由计算机辅助完成，算法也较多，而且还在发展中。在此介绍其中的二种算法。

① 平行线法。

如图 3.17 所示，该方法的计算过程如下。

以曲线 $y = f(x)$ 的起点为圆心，以允许误差 $\delta_{允}$ 为半径作圆。设起点 a 的坐标为 (x_a, y_a)，则此圆

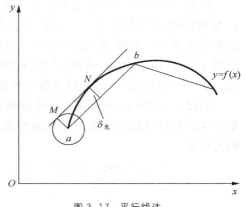

图 3.17　平行线法

的方程为(在 M 点)

$$(x_M - x_a)^2 + (y_M - y_a)^2 = \delta_允^2 \tag{3-28}$$

求式(3-28)的圆与曲线的公切线的斜率

$$k = \frac{y_N - y_M}{x_N - x_M} \tag{3-29}$$

曲线上过 N 点的切线斜率为 $\dfrac{dy}{dx}\Big|_N = f'(x_N)$,由于起点圆与轮廓曲线有公切线,它们的

斜率相等,即 $\dfrac{dy}{dx}\Big|_N = k$,故可得

$$\frac{y_N - y_M}{x_N - x_M} = f'(x_N) \tag{3-30}$$

过 M 点的圆 a 的切线的斜率为 $-\dfrac{x_M - x_a}{y_M - y_a}$,该斜率与公切线斜率相等,故可得

$$\frac{y_N - y_M}{x_N - x_M} = -\frac{x_M - x_a}{y_M - y_a} \tag{3-31}$$

式(3-28)、式(3-30)、式(3-31)与 N 点曲线方程 $y_N = f(x_N)$ 联立,有

$$\begin{cases} (x_M - x_a)^2 + (y_M - y_a)^2 = \delta_允^2 \\ \dfrac{y_N - y_M}{x_N - x_M} = f'(x_N) \\ \dfrac{y_N - y_M}{x_N - x_M} = -\dfrac{x_M - x_a}{y_M - y_a} \\ y_N = f(x_N) \end{cases} \tag{3-32}$$

由此可以求出 x_M、x_N、y_M、y_N。

过点 $a(x_a, y_a)$ 作平行于 MN 的直线并与曲线 $y = f(x)$ 相交于点 b,弦长 ab 的方程为

$$y - y_a = k(x - x_a) \tag{3-33}$$

解联立方程组

$$\begin{cases} y = f(x) \\ y = k(x - x_a) + y_a \end{cases} \tag{3-34}$$

可求得点 b 的坐标(x_b, y_b)。重复上述计算过程,顺次可求得 $c, d, e \cdots$ 各点坐标值。

② 局部坐标法。

局部坐标法求节点首先要建立局部坐标系。将上一节点作为局部坐标系 $x'Ay'$ 的原点,x' 坐标轴通过所求的下一个节点,方向为从坐标原点至所求节点。此时,曲线 $y = f(x)$ 在局部坐标系中用 $y' = f_1(x')$ 表示,其中 y' 坐标的极值应等于 $\delta_允$。$y' = 0$ 对应的 x' 值为所求节点坐标。

如图 3.18 所示,局部坐标法中应确定局部坐标系 $x'Ay'$ 相对原始坐标系 xOy 的旋转角 α。两坐标的关系为

$$\begin{cases} x = x'\cos\alpha - y'\sin\alpha + x_A \\ y = x'\sin\alpha + y'\cos\alpha + y_A \end{cases} \tag{3-35}$$

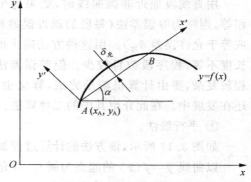

图 3.18 局部坐标法

在局部坐标系中，由 $\dfrac{\mathrm{d}y'}{\mathrm{d}x'}=0$ 的条件，求得 $x'=F(\alpha)$ 的表达式，并代入 $y'=f_1(x')$ 中，同时使 $y'=\delta_{允}$，则得 $F(\alpha)=0$，解之可得 α 角。

由 $y'=f_1(x')=0$，可求得 x'_B。将求得的 α、x'_B 和 $y'_B=0$ 代入两坐标系的关系式中，可求得 x_B 和 y_B。

求坐标旋转角 α，即解方程 $F(\alpha)=0$，通常要用迭代法。

2. 用圆弧逼近零件轮廓的节点计算

轮廓曲线 $y=f(x)$ 可以用圆弧来逼近，并使逼近误差小于或等于 $\delta_{允}$。用圆弧逼近工件轮廓曲线既可以用相交圆逼近，也可以用相切圆弧逼近。

（1）用彼此相交圆弧逼近轮廓曲线

① 圆弧分割法。

该方法通常应用在曲线 $y=f(x)$ 是单调的条件下。如果不是单调曲线，则应在拐点或凸点处将曲线分段，使每段曲线为单调曲线。单调曲线用圆弧分割法计算步骤如下（见图 3.19）。

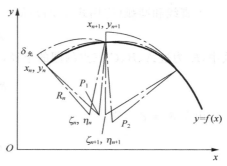

图 3.19　相交圆弧逼近曲线

以曲线起点 (x_n,y_n) 开始作曲率圆，其圆心坐标为

$$\begin{cases}\zeta_n=x_n-\dfrac{\mathrm{d}y}{\mathrm{d}x_n}\cdot\dfrac{1+(\mathrm{d}y/\mathrm{d}x_n)^2}{\mathrm{d}^2y/\mathrm{d}x_n^2}\\[2mm]\eta_n=y_n+\dfrac{1+(\mathrm{d}y/\mathrm{d}x_n)^2}{\mathrm{d}^2y/\mathrm{d}x_n^2}\end{cases}\tag{3-36}$$

曲率半径 R_n 为

$$R_n=\frac{[1+(\mathrm{d}y/\mathrm{d}x_n)^2]^{3/2}}{|\,\mathrm{d}^2y/\mathrm{d}x_n^2\,|}\tag{3-37}$$

考虑编程的允许误差 $\delta_{允}$，将曲率圆方程与曲线方程联立

$$\begin{cases}(x-\zeta_n)^2+(y-\eta_n)^2=(R_n\pm\delta_{允})^2\\ y=f(x)\end{cases}\tag{3-38}$$

可解得交点 (x_{n+1},y_{n+1})，然后再求过 (x_n,y_n) 和 (x_{n+1},y_{n+1}) 两点、半径为 R_n 圆的圆心，即求

$$\begin{cases}(x-x_n)^2+(y-y_n)^2=R_n^2\\ (x-x_{n+1})^2+(y-y_{n+1})^2=R_n^2\end{cases}\tag{3-39}$$

的交点 P_1 的坐标值，同理可以求出下一个圆心 P_2，从而得出二个逼近曲线 $y=f(x)$ 的相交圆弧，如图 3.19 中虚线圆所示。

② 三点作圆法。

该方法是先用直线逼近零件轮廓，然后再通过连续三点作圆。直线逼近轮廓的节点用以前叙述过的方法计算，其逼近误差为 δ_1（图 3.20），圆弧与轮廓曲线的误差为 δ_2，则 $\delta_2<\delta_1$。为减少圆弧段的数目，并保证编程精度，应使 $\delta_2=\delta_{允}$。先求满足 $\delta_2=\delta_{允}$ 时的直线逼近误差 δ_1 值。δ_3 为圆弧与逼近

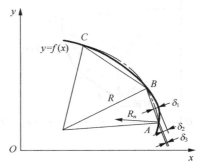

图 3.20　三点作圆法

直线的误差。

由图 3.20 可得

$$\delta_2 = |\delta_1 - \delta_3| \qquad (3\text{-}40)$$

由直线与 $y = f(x)$ 曲线(应用式(3-24))得

$$AB = 2\sqrt{2R_a\delta_1 - \delta_1^2} \approx 2\sqrt{2R_a\delta_1} \qquad (3\text{-}41)$$

式中,R_a 为 $y = f(x)$ 曲线在 A 点的曲率半径。

由直线和圆弧(应用式(3-24))得

$$AB \approx 2\sqrt{2R\delta_3} \qquad (3\text{-}42)$$

式中,R 为过 A、B、C 三点的圆的半径,由式(3-40)、式(3-41)和式(3-42)可得

$$\delta_1 = \frac{R\delta_2}{|R - R_a|}$$

由于 $\delta_2 = \delta_允$,则

$$\delta_1 = \frac{R\delta_允}{|R - R_a|} \qquad (3\text{-}43)$$

或

$$\delta_允 = \left|1 - \frac{R_a}{R}\right|\delta_1 \qquad (3\text{-}44)$$

R 为所求圆的半径,可用迭代法求解,为了计算方便,也可设 $\delta_1 = \delta_允$。

(2)用彼此相切圆弧逼近零件轮廓曲线

这种方法的特点是逼近轮廓的相邻各圆弧彼此是相切的,同时逼近圆弧与轮廓曲线间的最大误差等于 $\delta_允$。过曲线上 A、B、C、D 点作曲线的法线,分别交于点 M、N,如图 3.21(a)所示并分别以点 M、N 为圆心,AM、ND 为半径作圆 M 和圆 N,使圆 M 和圆 N 相切于点 K。为了使两段圆弧相切,必须满足

$$AM + MN = DN$$

两圆弧段与曲线逼近误差的最大值,应满足

$$BB' = |MA - MB| = \delta_允$$
$$CC' = |ND - NC| = \delta_允$$

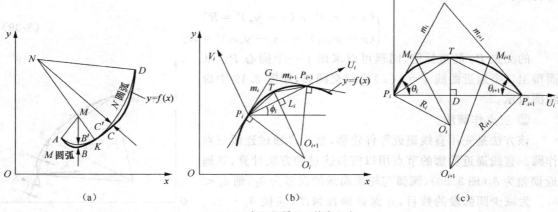

图 3.21 相切圆弧逼近轮廓曲线

由以上条件确定的 B、C、D 三点可保证：M、N 圆相切条件；$\delta_{允}$ 条件；M、N 圆弧在 A、D 点分别与曲线相切条件。

确定 B、C、D 点后，再以 D 点为起点，确定 E、F、G 点，依次进行。每次可求得两段彼此相切的圆弧，由于在前一个圆弧的起点处与后一个圆弧终点处均可保证与轮廓曲线相切，因此，整条曲线是由一系列彼此相切的逼近圆弧组成。

双圆弧法是指在两相邻的节点间用两段相切的圆弧逼近曲线的方法。如图 3.21(b)所示，在曲线 $y = f(x)$ 上任取两节点 $P_i(x_i, y_i)$、$P_{i+1}(x_{i+1}, y_{i+1})$。过 P_i 点与 P_{i+1} 点分别作曲线的切线 m_i、m_{i+1}，并与直线 P_iP_{i+1} 组成一个三角形 $P_iP_{i+1}G$。取 $\triangle P_iP_{i+1}G$ 的内心 T 作为两个圆弧相切的切点位置。过 T 作 P_iP_{i+1} 的垂线，与过 P_i 点所作 GP_i 的垂线交于 O_i，与过 P_{i+1} 点所作 GP_{i+1} 的垂线交于 O_{i+1}。以 O_i 点为圆心，O_iP_i 为半径作圆弧 P_iT；以 O_{i+1} 为圆心，$O_{i+1}P_{i+1}$ 为半径作另一圆弧 TP_{i+1}，这两段圆弧均能切于 T（原因请读者思考）。这就实现了曲线上相邻两节点间的双圆弧拟合。通过误差计算，可求出逼近圆弧段与非圆曲线的最大误差，与编程允差 $\delta_{允}$ 进行比较，调整曲线上点的位置，可使实际误差小于等于编程允许误差。下面给出圆心坐标、切点坐标、半径的计算过程。

采用双圆弧法逼近非圆曲线，双圆弧中各几何元素间的关系也可以在局部坐标系下计算完成。如图 3.21(c)所示，取相邻节点连线为局部坐标系的 U_i 轴，U_i 轴的垂线为 V_i 轴。过 P_i 的圆弧切线与 P_iP_{i+1} 的夹角为 θ_i，过 P_{i+1} 的圆弧切线与 P_iP_{i+1} 的夹角为 θ_{i+1}。用 L_i 表示 P_i 与 P_{i+1} 两点之间的距离，则

$$L_i = \sqrt{(x_{i+1} - x_i)^2 + (y_{i+1} - y_i)^2}$$

在 $\triangle P_iTP_{i+1}$ 中，根据正弦定理可得

$$P_iT = \frac{\sin\dfrac{\theta_{i+1}}{2}}{\sin\dfrac{\theta_i + \theta_{i+1}}{2}}P_iP_{i+1}$$

可求得切点坐标为

$$U_T = P_iD = P_iT\cos(\theta_i/2)$$
$$V_T = DT = P_iT\sin(\theta_i/2)$$

圆心 O_i、O_{i+1} 的坐标分别为

$$U_{Oi} = U_T$$
$$VO_i = DO_i = P_iD\tan\theta_i$$
$$U_{Oi+1} = U_T$$
$$VO_{i+1} = DO_{i+1} = (L_i - P_iD)\tan\theta_{i+1}$$

设两圆弧的半径分别为 R_i、R_{i+1}，则

$$R_i = DT + DO_i = |V_T| + |V_{Oi}|$$
$$R_{i+1} = DT + DO_{i+1} = |V_T| + |V_{Oi+1}|$$

局部坐标系中的坐标求得后，还要换算成整体坐标系下的坐标，换算关系为（见图 3.21(b)）

$$x_T = U_T\cos\phi_i - V_T\sin\phi_i + x_i$$
$$y_T = U_T\sin\phi_i + V_T\cos\phi_i + y_i$$

圆心坐标按同样的方法转换。

3.4 数控机床的有关功能规定

3.4.1 数控标准

1. 国际标准和国家标准

在数控设备的研究与设计、开发与生产、使用与维修之间，在生产企业与用户之间，在管理与操作之间，都要求有统一的技术要求。随着数控技术的发展，逐渐形成了两种国际通用标准，即国际标准化组织（Industries Standard Organization，ISO）和美国电子工业协会（Electronic Industries Association，EIA）标准。

数控机床包括机械、电工、电子等几大部分，涉及许多方面的国际标准。

国际标准化组织（ISO）和国际电工委员会（International Electrotechnical Commission，IEC）是世界上最大的两个标准化组织，IEC 主要负责电工和电子领域的标准，ISO 负责非电方面的广泛领域的标准，这两个组织一直密切合作。在 ISO 和 IEC 下面分别设立技术委员会（Technical Committee，TC），TC 下面又设立分技术委员会进行具体的标准化工作。

数控机床标准所对口的标准化机构如下。

① ISO/TC97 电子计算机及信息处理系统技术委员会，其中 SC8 为数控机械分技术委员会。

② ISO/TC184 工业自动化信息处理系统技术委员会，其中 SC1 为机床数控系统分技术委员会。

③ IEC/TC44 工业机械电气设备技术委员会。

④ IEC/TC65 工业流程测量和控制技术委员会。

此外，还有一些国家的行业组织制定的标准，与数控机床的标准也有关系。

美国电子工业协会制定的 EIA 代码使用较早，至今许多数控系统仍在采用，成为数控的国际通用标准之一。

电气与电子工程师学会（Institute of Electrical and Electronies Engineers）制定的 IEEE 通信网络标准，在柔性制造系统和计算机集成制造系统中也采用。

我国数控机床的标准包括国家标准、行业标准、部颁标准，由国家质检总局统一管理，并设立了若干专业标准化技术委员会。其作用是引进先进技术，参与国际标准的制订、修订工作，积极采用国际标准，制订我国的数控标准。

我国的国家标准，简称国标，代号为"GB"。部标准由部主管部门批准，称为部标。如机械部的部标准代号为"JB"。某些行业形成的行业标准也由主管部门批准，为行业标准。

我国制订的数控标准很多，并且在不断完善和发展中，如 JB 3208—1983 是《数字控制程序段格式中的准备功能 G 和辅助功能 M 代码》的标准。

2. 常用的数控标准

在数控技术的研究、设计工作中，在数控机床的使用和维护中，应用较多的数控标准有以下几方面。

① 数控的名词术语。

② 数控机床的坐标轴和运动方向。

③ 数控机床的编码字符（ISO 代码和 EIA 代码）。

④ 数控编程的程序段格式。

⑤ 准备功能和辅助功能。

⑥ 进给功能、主轴功能和刀具功能。

此外,还有关于数控机床机械方面和数控系统方面的许多标准。

3.4.2　程序编制的有关标准规定

3.4.2.1　数控机床的坐标系

统一规定数控机床坐标轴名称及其运动的正负方向,是为了使所编程序对同类型机床有互换性,同时也使程序编制简便。数控机床的各个运动部件在加工过程中有各种运动,国际标准化组织已经统一了标准的坐标系,我国也制订了 JB 3051—1999《数控机床坐标和运动方向的命名》标准,它与 ISO 441:1974 标准等效。

1. 坐标轴的命名

在标准中统一规定采用右手直角笛卡儿坐标系对应机床的坐标系。如图 3.22 所示,这个坐标系的各个坐标轴与机床的主要导轨相平行。直角坐标 X、Y、Z 三者的关系及其正方向用右手定则判断。A、B、C 表示围绕 X、Y、Z 的坐标轴线或与 X、Y、Z 的轴线相平行的直线的转动,其转动的正方向 $+A$、$+B$、$+C$ 用右手螺旋定则确定。

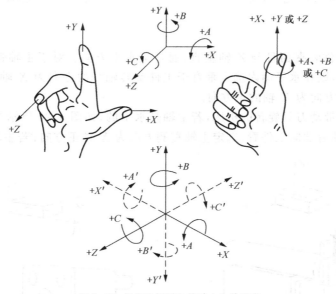

图 3.22　机床坐标系与转动方向的确定

通常在坐标命名或编程时,不论机床在加工中是刀具移动,还是被加工工件移动,都一律假定被加工工件相对静止不动,而刀具在移动,并同时规定刀具远离工件的方向作为坐标的正方向。

坐标轴命名时,如果把刀具看作相对静止不动,工件移动,那么在坐标轴的符号上应加注标记"′",如"X'、Y'、Z'、A'"等,其运动方向与不带符号"′"的坐标轴的运动方向正好相反。

2. 机床坐标轴的确定方法

确定机床坐标轴时,一般是先确定 Z 轴,再确定 X 轴,最后确定 Y 轴。

(1)Z 轴

一般是选取产生切削力的轴线方向作为 Z 轴方向。对于有主轴的机床,如图 3.23 和

图 3.24所示的卧式车床、立式升降台铣床等,则以机床主轴轴线方向作为 Z 轴方向。对于无主轴的机床,如图 3.25 所示的牛头刨床等,则以与装卡工件的工作台面相垂直的直线作为 Z 轴方向。如果机床有多个主轴,则选择其中一个与工件工作台面相垂直的主轴为主要主轴,并以它来确定 Z 轴方向。同时规定刀具远离工件的方向作为 Z 轴的正方向。

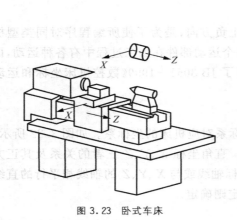

图 3.23 卧式车床

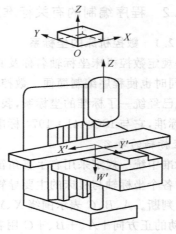

图 3.24 立式升降台铣床

(2)X 轴

X 轴平行于工件装夹面且与 Z 轴垂直,通常呈水平方向。对于主轴带动工件旋转的机床,如车床、磨床等,则在水平面内选定垂直于工件旋转轴线的方向为 X 轴(工件的径向),且刀具远离主轴轴线方向为 X 轴的正方向。

对于机床主轴带动刀具旋转的机床,若主轴是水平的,如图 3.26 所示的卧式升降台铣床等,从主要刀具主轴后端向工件看,选定主轴右侧方向为 X 轴正方向;若主轴是竖直的,如立

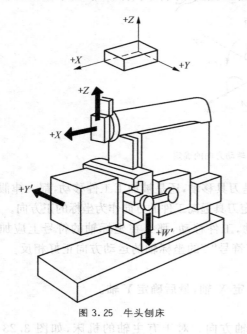

图 3.25 牛头刨床

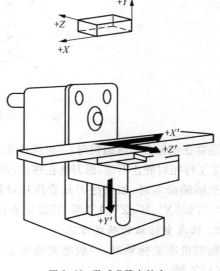

图 3.26 卧式升降台铣床

式铣床、立式钻床等,面对主要刀具主轴向立柱看,选定右侧方向为 X 轴正方向。对于无主轴的机床,如刨床等,则选定主要切削方向为 X 轴正方向。

(3)Y 轴

Y 轴方向可根据已选定的 Z、X 轴按图 3.22 所示的右手直角笛卡儿坐标系来确定。

(4)A、B、C 的转向

当选定机床的 X、Y、Z 坐标轴后,根据右手螺旋定则来确定 A、B、C 三个转动或摆动的正方向。

(5)附加坐标

如果机床除 X、Y、Z 轴主要直线运动之外,还有平行于它们的坐标运动,则应分别命名为 U、V、W。如果还有第三组运动,则应分别命名为 P、Q、R。如果还有不平行或可以不平行于 X、Y 或 Z 轴的直线运动,则可相应命名为 U、V、W、P、Q 或 R。

如在第一组 A、B 和 C 作回转运动的同时,还有平行或不平行 A、B 和 C 回转轴的第二组回转运动,可命名为 D 或 E。

图 3.27 所示的龙门式和龙门移动式轮廓铣床就是含有这种坐标类型的机床。

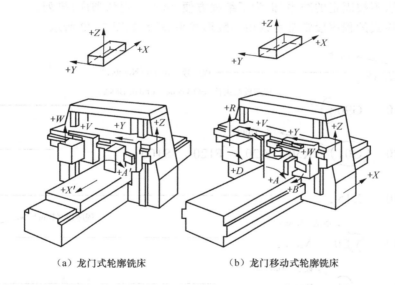

（a）龙门式轮廓铣床　　　　　（b）龙门移动式轮廓铣床

图 3.27　龙门铣床

3. 机床坐标系与工件坐标系

(1)机床坐标系与机床原点

机床坐标系是机床上固有的坐标系,用于确定被加工零件在机床中的坐标、机床运动部件的位置(如换刀点、参考点)以及运动范围(如行程范围、保护区)等。机床坐标系的原点称为机床原点(Machine Origin)或机床零点,它是机床上的一个固定点,亦是工件坐标系、机床参考点的基准点,由机床制造厂确定。

(2)工件坐标系与工件原点

工件坐标系是编程人员在编制零件加工程序时使用的坐标系,可根据零件图纸自行确定,用于确定工件几何图形上点、直线、圆弧等各几何要素的位置。工件坐标系的原点称为工件原点或工件零点,可用程序指令来设置和改变。根据编程需要,在一个零件的加工程序中可一次或多次设定或改变工件原点。

加工时,工件随夹具安装在机床上后,测量工件原点与机床原点间的距离,可得到工件原点偏置值。该值在加工前需输入到数控系统,加工时工件原点偏置值便能自动加到工件坐标系上,使数控系统按机床坐标系确定的工件坐标值进行加工。

3.4.2.2　数控程序结构

1. 程序段格式

程序段格式是指一个程序段中指令字的排列顺序和表达方式。在国际标准 ISO 6983-I-1982 和我国的 GB 8870—1988 标准中都作了具体规定。不同的数控机床根据功能的多少、数控装置的复杂程度、编程是否简便直观等不同要求而规定了不同的程序段格式。如果输入程序的格式不符合规定,数控装置就会报警出错。

数控机床常见的程序段格式有固定顺序程序段格式、带分隔符 TAB 的固定顺序程序段格式和字地址符格式三种。目前常用的是字地址符程序段格式(也称为使用地址符的可变程序段格式)。以这种格式表示的程序段,每一个字之间都标有地址码用以识别地址,即由字母和数据组成各种功能字,对不需要的字或与上一程序段相同的字都可省略。一个程序段内的各功能字也可以不按固定的顺序(但为了编程方便,常按一定的顺序)排列。

字地址符格式的程序段常常可以用一般形式来表示,如图 3.28 所示。

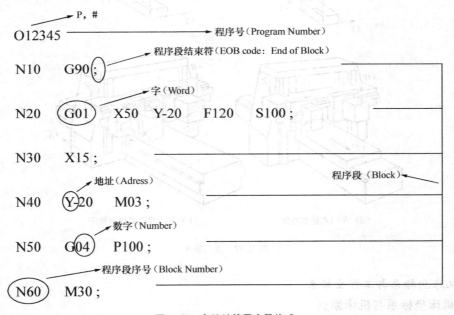

图 3.28　字地址符程序段格式

由于程序段是由功能"字"组成的,因此,首先需要掌握常用的功能字。

2. 常用功能字

字(Word)是表示某一功能的一组代码符号,由表示地址的英文字母、特殊字符和数字集合而成。字是数控程序的最小指令单元,每个字对应机床要完成的特定动作。

通常一个数控程序中包含的常用功能字有程序段序号字、准备功能字、尺寸字、进给功能字、主轴转速功能字、刀具功能字、辅助功能字和程序段结束符等。每个字都由字母开头,称为"地址"。ISO 标准规定的地址符的意义如表 3.1 所示。

表 3.1　　　　　　　　　　　数控程序中常用功能字及其含义

功能字名称	地址符	字的功能说明
程序段号	N	程序段顺序编号地址
坐标字	X,Y,Z,U,V,W,P,Q,R	直线坐标轴
	A,B,C,D,E	旋转坐标轴
	R	圆弧半径
	I,J,K	圆弧圆心相对起点坐标
准备功能	G	准备功能
辅助功能	M	辅助功能
补偿值	H 或 D	补偿值地址
主轴转速和进给功能	S	主轴转速
（切削用量）	F	进给量或进给速度
刀具字	T	刀库中的刀具编号

（1）程序段序号字（Block Number）

程序段序号用来表示程序从起动开始操作的顺序，即程序段执行的顺序。它用地址符"N"和后面的几位数字表示。数控装置读取某一程序段时，该程序段序号可在荧光屏上显示出来，以便操作者了解或检查程序执行情况，程序段序号还可用作程序段检索。

（2）准备功能字（Preparatory Function or G—Function）

准备功能字以地址符"G"为首，后跟二位数字（G00～G99）。表 3.2 为我国 JB/T 3208—1999 标准中规定的 G 功能的定义。这些准备功能包括坐标移动或定位方法的指定；插补方式的指定；平面的选择；螺纹、攻丝等固定循环的加工指定；对主轴或进给速度的说明；刀具补偿或刀具偏置的指定等。

表 3.2　　　　　　　　　　　准备功能 G 代码（JB/T 3208—1999）

代码 (1)	功能保持到被取消或被同样字母表示的程序指令所代替 (2)	功能仅在所出现的程序段内有作用 (3)	功能 (4)	代码 (1)	功能保持到被取消或被同样字母表示的程序指令所代替 (2)	功能仅在所出现的程序段内有作用(3)	功能 (4)
G00	a		点定位	G50	#(d)	#	刀具偏置 0/—
G01	a		直线插补	G51	#(d)	#	刀具偏置 ＋/0
G02	a		顺时针圆弧插补	G52	#(d)	#	刀具偏置 —/0
G03	a		逆时针圆弧插补	G53	f		直线偏移注销
G04		*	暂停	G54	f		直线偏移 X 轴
G05	#	#	不指定	G55	f		直线偏移 Y 轴
G06	a		抛物线插补	G56	f		直线偏移 Z 轴
G07	#	#	不指定	G57	f		直线偏移 XY 平面
G08		*	加速	G58	f		直线偏移 XZ 平面
G09		*	减速	G59	f		直线偏移 YZ 平面
G10～G16	#	#	不指定	G60	h		准确定位 1（精）

续表

代码 (1)	功能保持到被取消或被同样字母表示的程序指令所代替(2)	功能仅在所出现的程序段内有作用(3)	功能 (4)	代码 (1)	功能保持到被取消或被同样字母表示的程序指令所代替(2)	功能仅在所出现的程序段内有作用(3)	功能 (4)
G17	c		XY 平面选择	G61	h		准确定位 2(中)
G18	c		ZX 平面选择	G62	h		快速定位(粗)
G19	c		YZ 平面选择	G63		*	攻螺纹
G20～G32	#	#	不指定	G64～G67	#	#	不指定
G33	a		螺纹切削,等螺距	G68	#(d)	#	刀具偏置,内角
G34	a		螺纹切削,增螺距	G69	#(d)	#	刀具偏置,外角
G35	a		螺纹切削,减螺距	G70～G79	#	#	不指定
G36～G39	#	#	不指定	G80	e		固定循环注销
G40	d		刀具补偿/刀具偏置取消	G81～G89	e		固定循环
G41	d		刀具补偿-左侧	G90	j		绝对值尺寸
G42	d		刀具补偿-右侧	G91	j		增量值尺寸
G43	#(d)	#	刀具偏置-正补偿	G92		*	预置寄存
G44	#(d)	#	刀具偏置-负补偿	G93	k		按时间倒数给定进给速度
G45	#(d)	#	刀具偏置 ＋/＋	G94	k		进给速度 (mm/min)
G46	#(d)	#	刀具偏置 ＋/－	G95	k		进给速度 (mm/r(主轴))
G47	#(d)	#	刀具偏置 －/－	G96	l		主轴恒线速度 (m/min)
G48	#(d)	#	刀具偏置 －/＋	G97	l		主轴转速(r/min)
G49	#(d)	#	刀具偏置 0/＋	G98～G99	#	#	不指定

注:① #号,如选作特殊用途,必须在程序格式中说明;

② 如在直线切削控制中没有刀具补偿,则 G43～G52 可指定其他用途;

③ 表中括号中的字母(d)表示可以被同栏中没有括号的字母 d 所注销或代替,亦可被有括号的字母(d)所注销或代替;

④ G45～G52 的功能可用于机床上任意两个预定的坐标。数控系统没有 G53～G59、G63 功能时,可以指定其他用途。

G 代码有两种,一种是非模态代码,这种 G 代码只在被指定的程序段才有效;另一种是模态代码,这种 G 代码在同组其他 G 代码出现以前一直有效。不同组的 G 代码,在同一程序段中可以指定多个。如果在同一程序段中指定了两个或两个以上的同一组 G 代码,则后指定的有效。表 3.2 中 a、f、c 等各字母所对应的 G 代码是模态代码,字母相同的为一组。

当设计一个机床数控系统时,要在标准规定的 G 功能中选择一部分与本系统相适应的准备功能,作为硬件设计及程序编制的依据。标准中那些"不指定"的准备功能,必要时可用来规定为本系统特殊的准备功能。

(3)尺寸字(Dimension Word)

尺寸字是用来给定机床各坐标轴位移的方向和数据的。它由各坐标轴的地址代码、"+"、"－"符号和绝对值(或增量值)的数字构成。尺寸字安排在 G 功能字的后面。尺寸字的地址符,对于进给运动通常为 X、Y、Z、U、V、W、P、Q、R;对于回转运动的地址符为 A、B、C、D、E。此外,还有插补参数字,其地址符为 I、J 和 K 等。当一个程序段中有多个尺寸字时,一般按 X、Y、Z、U、V、W、P、Q、R、A、B、C、D、E 这个顺序排列。

(4)进给功能字(Feed Function or F-Function)

进给功能字用来指定刀具相对工件运动的速度。速度的单位一般为 mm/min。当进给速度与主轴转速有关时,如车螺纹、攻丝等加工时,使用的单位为 mm/r。进给功能字由地址符"F"和其后面的若干位数字构成。这个数字取决于每个数控装置所采用的进给速度指定方法。进给功能字应写在相应轴尺寸字之后,对于几个轴合成运动的进给功能字,应写在最后一个尺寸字之后。F 后面数字的几种具体指定方法将在后面详述。

(5)主轴转速功能字(Spindle Speed Function or S-Function)

主轴转速功能字用来指定主轴速度,单位为 r/min,它以地址符 S 为首,后跟一串数字。它与 F 为首的进给功能字一样可采用三位、二位、一位数字代码法或直接指定法。数字的意义、分挡办法及对照表与进给功能字通用,只是单位改为 r/min。

(6)刀具功能字(Tool Function or T-Function)

该功能也称为 T 功能,它由地址符"T"和后面的若干位数字构成。刀具功能字用于更换刀具时指定刀具或显示待换刀号,有时也能指定刀具位置补偿。

一般情况下用两位数字能指定 T00~T99 共 100 把刀具;对于不是指定刀具位置,而是利用能够指定刀具本身序号的自动换刀装置(如刀具编码键,也叫代码钥匙方案)的情况,则可用 5 位十进制数字;车床多数需要按照转塔的位置进行刀具位置补偿,这时就要用 4 位十进制数字指定,不仅能选择刀具号(前两位数字),同时还能选择刀具补偿拨号盘(后两位数字)。

(7)辅助功能字(Miscellaneous Function or M-Function)

该功能也称为 M 功能,该功能指定除 G 功能之外的种种"通断控制"功能。它用地址码"M"和后面的两位数字表示。

表 3.3 为我国标准 JB/T 3208—1999 标准中规定的 M 代码,有 M00~M99 共 100 种。

表 3.3 　　　　　　　　　　　辅助功能 M 代码(JB/T 3208—1999)

代码 (1)	功能开始时间		功能保持到被注销或被适当程序指令代替 (4)	功能仅在所出现的程序段内有作用 (5)	功能 (6)
	与程序段指令运动同时开始 (2)	在程序段指令运动完成后开始 (3)			
M00		*		*	程序停止
M01		*		*	计划停止
M02		*		*	程序结束

续表

代码 (1)	功能开始时间		功能保持到被 注销或被适当 程序指令代替 (4)	功能仅在所出 现的程序段内 有作用 (5)	功能 (6)
	与程序段指令 运动同时开始 (2)	在程序段指令运 动完成后开始 (3)			
M03	*		*		主轴顺时针方向
M04	*		*		主轴逆时针方向
M05		*	*		主轴停止
M06	#	#		*	换刀
M07	*		*		2号切削液开
M08	*		*		1号切削液开
M09		*	*		切削液关
M10	#	#	*		夹紧
M11	#	#	*		松开
M12	#	#	#	#	不指定
M13	*		*		主轴顺时针方向,切削液开
M14	*		*		主轴逆时针方向,切削液开
M15	*			*	正运动
M16	*			*	负运动
M17～M18	#	#	#	#	不指定
M19		*	*		主轴定向停止
M20～M29	#	#	#	#	永不指定
M30		*		*	纸带结束
M31	#	#		*	互锁旁路
M32～M35	#	#	#	#	不指定
M36	*		*		进给范围1
M37	*		*		进给范围2
M38	*		*		主轴速度范围1
M39	*		*		主轴速度范围2
M40～M45	#	#	#	#	如有需要作为齿轮换挡, 此外不指定
M46～M47	#	#	#	#	不指定
M48		*	*		注销M49
M49	*		*		进给率修正旁路
M50	*		*		3号切削液开

续表

代码 (1)	功能开始时间		功能保持到被 注销或被适当 程序指令代替 (4)	功能仅在所出 现的程序段内 有作用 (5)	功能 (6)
	与程序段指令 运动同时开始 (2)	在程序段指令运 动完成后开始 (3)			
M51	*		*		4 号切削液开
M52～M54	#	#	#	#	不指定
M55	*		*		刀具直线位移,位置 1
M56	*		*		刀具直线位移,位置 2
M57～M59	#	#	#	#	不指定
M60		*		*	更换工件
M61	*		*		工件直线位移,位置 1
M62	*		*		工件直线位移,位置 2
M63～M70	#	#	#	#	不指定
M71	*		*		工件角度位移,位置 1
M72	*		*		工件角度位移,位置 2
M73～M89	#	#	#	#	不指定
M90～M99	#	#	#	#	永不指定

注:① #号,如选作特殊用途,必须在程序中说明;

② M90～M99 可指定为特殊用途。

表 3.2 和表 3.3 标准为数控系统的开发和数控编程提供了基本框架。但是,由于数控机床厂商众多、机床功能不尽相同,加之新技术、新方法的不断出现,不少数控系统的功能和数控程序格式已经超越了标准规定的范围。此外,即使是同一功能,不同数控系统的指令格式也存在差异。因此,在实际编程时必须认真阅读机床系统说明书。

(8)程序段结束符(End of Block)

每个程序段结束用 EOB 表示,但在书写或 CRT 显示器上用";"或" * "表示。

3. 数控机床刀具进给速度和主轴转速的表示方法

(1)直接指定法

将实际速度直接表示出来,小数点的位置在机床说明书中予以规定。一般进给速度单位为 mm/min,切削螺纹时用 mm/r 表示,在英制单位中用英寸表示。主轴速度单位用 r/min 表示。

(2)等比级数法或二位代码法

F(S)后跟二位数字代码 00～99,并且规定了与之相对应的速度表。除 00 与 99 外,数字代码由 01 向 98 递增时,速度是按等比关系上升的。比例系数为 10 的 20 次方根($\sqrt[20]{10} \approx 1.12$),即相邻的后一速度比前一速度增加约 12%。如 F20 为 10mm/min,F21 为 11.2mm/min,F54 为 500mm/min,F55 为 560mm/min 等。F00～F99 的进给速度详见表 3.4。

表 3.4   二位数码法的速度对照表   mm/min（r/min）

代码	速度	代码	速度	代码	速度	代码	速度	代码	速度
00	停	20	10.0	40	100	60	1 000	80	10 000
01	1.12	21	11.2	41	112	61	1 120	81	11 200
02	1.25	22	12.5	42	125	62	1 250	82	12 500
03	1.40	23	14.0	43	140	63	1 400	83	14 000
04	1.60	24	16.0	44	160	64	1 600	84	16 000
05	1.80	25	18.0	45	180	65	1 800	85	18 000
06	2.00	26	20.0	46	200	66	2 000	86	20 000
07	2.24	27	22.4	47	224	67	2 240	87	22 400
08	2.50	28	25.0	48	250	68	2 500	88	25 000
09	2.80	29	28.0	49	280	69	2 800	89	28 000
10	3.15	30	31.5	50	315	70	3 150	90	31 500
11	3.55	31	35.5	51	355	71	3 550	91	35 500
12	4.00	32	40.0	52	400	72	4 000	92	40 000
13	4.50	33	45.0	53	450	73	4 500	93	45 000
14	5.00	34	50.0	54	500	74	5 000	94	50 000
15	5.60	35	56.0	55	560	75	5 600	95	56 000
16	6.30	36	63.0	56	630	76	6 300	96	63 000
17	7.10	37	71.0	57	710	77	7 100	97	71 000
18	8.00	38	80.0	58	800	78	8 000	98	80 000
19	9.00	39	90.0	59	900	79	9 000	99	高速

（3）三、四和五位代码法或"幻 3"代码法

这是用 3 位、4 位或 5 位代码来表示进给速度和主轴转速的方法。代码的第一位数字用实际速度值的小数点前的位数（整数位数）加上 3 得到的数字表示，其他各位的数字用实际速度的高位数字表示，其中最低位数字是用四舍五入方法得到的。

例如，实际速度为 67.826mm/min，用五位代码表示，代码的第一位数字为 2＋3＝5，其余位为 6783，则五位代码数值为 56783。其他例子见表 3.5。由于这种代码表示法中，第一个数字加了"3"，故又称为"幻 3"代码法。

表 3.5   三、四和五位代码法

速　度	三位代码	四位代码	五位代码
1728	717	7173	71728
150.3	615	6150	61503
15.25	515	5153	51525
7.826	478	4783	47826
0.1537	315	3154	31537
0.01268	213	2127	21268
0.008759	188	1876	18759
0.000462	046	0462	04624

(4)符号法或一位代码法

该代码用一位数字符号表示,每个数字代表一种速度,具体的值在机床使用说明书中给予详细规定。

(5)进给速率数法(Feed Rate Number,FRN)

这种代码方法只用来表示进给速度。

直线插补加工时,有 $\qquad FRN = V/L$

圆弧插补加工时,有 $\qquad FRN = V/R$

式中,V 为进给速度(mm/min);L 为直线位移(mm);R 为圆弧半径(mm);FRN 为进给速率数代码(1/min)。FRN 代码用 0001～9999 四位数字表示。

当加工程序中设定了 F(S)值后,实际加工时的进给速度(主轴转速)与操作面板上的进给速度倍率开关(主轴转速倍率开关)值有关。一般倍率开关可在 10%~150% 的倍率范围内以每挡 10% 的幅度调整,倍率开关值为 100% 时即为程序中设定的 F(S)值。

4. 加工程序的组成

数控加工中零件加工程序的组成形式,随数控装置功能的强弱而略有不同。对功能较强的数控装置,加工程序可分为主程序和子程序。将重复出现的程序(如依次加工几个相同的型面)单独组成子程序,数控装置按主程序运行,在主程序中遇到调用子程序时转入某子程序运行,在子程序中遇到返回指令,则又返回到主程序继续运行,其关系如图 3.29 所示。

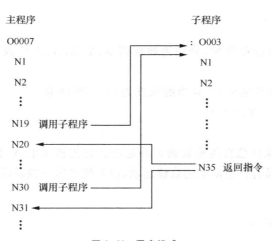

图 3.29 程序组成

一个主程序按需要可以有多个子程序,并可重复调用。主程序和子程序的内容各不相同,但程序格式是相同的。

每个程序必须有零件程序号,对于 ISO 代码标准,程序号地址符为 O。其后所跟号码可为 0001～9999,存入数控系统中的各加工零件程序号不能相同。

3.4.3 准备功能(G)和辅助功能(M)

这两种功能在数控程序编制中是很重要的,本节将对常用的 G 代码和 M 代码进行详细说明,G 代码和 M 代码也简称为 G 指令、M 指令。

3.4.3.1 一般准备功能"G"

G 代码为与插补有关的准备性工艺指令,根据设备的不同,G 代码也会有所不同。

编程时首先需要确定所采用的坐标编程方式是绝对坐标还是增量坐标，用 G90 和 G91 指令来设定。G90 表示其后程序段中出现的所有坐标值均为绝对坐标，G91 则表示其后程序段中的坐标值为增量坐标。绝对坐标是以当前坐标系的原点为基准的坐标值，而增量坐标是以上一个程序段终点为基准的坐标值。绝对坐标和增量坐标的定义如图 3.30 所示。假设刀具的当前位置在 A 点，B 点的坐标用以下方式定义都是可以的

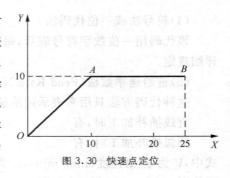

图 3.30 快速点定位

G90　X25.0　Y10.0 *

G91　X15.0　Y0.0 *

大多数数控系统其默认的坐标系为绝对坐标系。坐标系设定指令通常需要和其他 G 功能指令配合使用。

1. G00：快速点定位

绝对值表示时用 G90 指令，刀具分别按各坐标轴的快速进给速度，从刀具当前的位置快速移动到坐标系给定的点。增量值时用 G91 指令，刀具以各坐标轴的快速进给速度，移动到距当前位置为给定增量值的点。各坐标轴独自运动，没有关联，无运动轨迹要求。

程序段格式为

$$\begin{Bmatrix} G90 \\ G91 \end{Bmatrix} G00\ \alpha\_\beta\_\gamma\_ *$$

其中，α、β、γ 代表的是目标点坐标，分别为地址符 X、Y、Z，A、B、C 或 U、V、W（仅用于增量坐标编程）。

如图 3.30 所示目标点坐标，刀具当前位置为 O，其程序为

G90　G00　X25.0　Y10.0 *

2. G01：直线插补

该指令控制刀具实现任意直线轮廓的插补运动。它使机床沿 X、Y、Z 方向执行单轴运动，或在各坐标平面内执行具有任意斜率的直线运动，也可使机床三轴联动，沿任一空间直线运动。

程序段格式为

$$\begin{Bmatrix} G90 \\ G91 \end{Bmatrix} G01\ \alpha\_\beta\_\gamma\_F\_ *$$

其中，用 F 功能字指定刀具进给速度，其他符号意义同上。在零件数控程序的第一个 G01 语句必须要设定 F 功能字。该指令根据当前是增量坐标方式还是绝对坐标方式决定要移动的坐标值是绝对值，还是增量值。各坐标轴进给速度为

$$F_\alpha = \frac{\alpha}{L}F , \qquad F_\beta = \frac{\beta}{L}F , \qquad F_\gamma = \frac{\gamma}{L}F \qquad (3\text{-}45)$$

式中，$L = \sqrt{\alpha^2 + \beta^2 + \gamma^2}$。

在三轴或多轴联动中，在直角坐标系中的速度计算方法同式(3-45)。当有旋转坐标时，应将切削进给单位由直线移动单位（毫米或英寸）变为角度单位，旋转轴的进给速度仍可按式(3-45)计算，只是它的单位变成了 rad/min。

3. G02，G03：圆弧插补

圆弧插补使机床在各坐标平面内执行圆弧运动，加工出圆弧轮廓。G02 为顺时针圆弧插

补指令,G03 为逆时针圆弧插补指令。圆弧的顺、逆方向是向垂直于运动平面的坐标轴的负方向看其顺、逆来决定(见图 3.31(b))。

程序段格式(以 XY 平面内的顺时针圆弧插补为例)如下

第一种:G02　X_Y_I_J_F_ *

第二种:G02　X_Y_R_F_ *

第一种格式中,运动参数用圆弧终点坐标值(X、Y)(绝对坐标)或圆弧终点相对于其起点的距离(X 和 Y 增量坐标)。插补参数(I、J 或 K)为圆心坐标的定义,一般用相对于圆弧起点的增量坐标。其中,圆心相对圆弧起点的 X 坐标距离为 I 值,圆心相对圆弧起点的 Y 坐标距离为 J 值(K 为圆心相对于圆弧起点的 Z 坐标距离)。根据圆弧插补平面的不同,可以分为三组。

① 平面,用 X、Y、I、J 地址符;

② 平面,用 X、Z、I、K 地址符;

③ 平面,用 Y、Z、J、K 地址符。

编制一个整圆的程序时,圆弧的终点等于圆弧的起点,并用 I、J(或 K)指定圆心,这时 X、Y 或 Z 可以省略(不同系统对此有不同的规定)。

第二种格式中,运动参数同第一种格式中的规定。插补参数为圆弧半径 R,$R \geqslant 0$ 时(用"+R"表示),加工出 0°~180°的圆弧;$R < 0$ 时(用"−R"表示),加工出 180°~360°的圆弧,如图 3.31(c)所示。

例 3.1　用 $F = 1000\text{mm/min}$ 的进给速度加工 XY 平面第一象限中的逆圆弧 $\overset{\frown}{AB}$,圆心为 C,半径 $R = 28\text{mm}$,起点为 A,终点为 B,其坐标尺寸如图 3.31(a)所示。

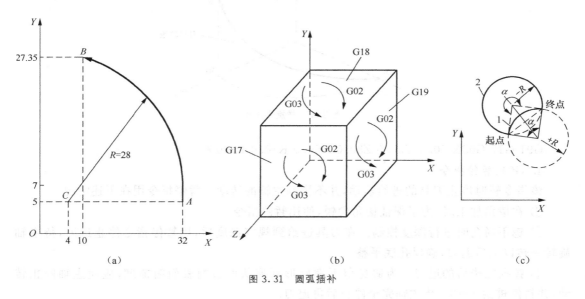

(a)　　　　　　　　　　(b)　　　　　　　　　　(c)

图 3.31　圆弧插补

采用绝对坐标系编程,两种格式的程序分别为

G90　G03 X 10.0 Y27.35 I-28 J0 F1000 *

G90　G03 X 10.0 Y27.35 R28.0 F1000 *

用增量(相对)坐标系编程,两种格式的程序分别为

G91　G03 X-22 Y22.35 I-28 J0 F1000 *

G91　G03 X-22 Y22.35 R28.0 F1000 *

含有一个附加轴的圆弧插补是许可的,要预先由参数设定哪个轴(X、Y 或 Z)和附加轴平行。如果附加轴不与任何轴平行,圆弧插补就不能实现。附加轴的地址可用 U、V、W(对应 X、Y、Z)。

除了圆弧插补指令之外,再规定和圆弧插补同步运动的另一轴的直线指令,就可以进行螺旋线插补。

基圆在 XY 平面的螺旋线插补格式为

$$G17 \begin{Bmatrix} G02 \\ G03 \end{Bmatrix} X\_Y\_Z\_ \begin{Bmatrix} I\_J\_ \\ R\_ \end{Bmatrix} K\_F\_ *$$

其中,X、Y、Z 为螺旋线的终点坐标,I、J 为圆心相对圆弧起点的坐标增量,K 为螺旋线的导程(单头即为螺距),取正值,R 为螺旋线在 XY 平面上的投影半径。该指令中 F 功能字定义的是沿着基圆的进给速度,导程方向的进给速度满足下式

$$F_z = F \times Z / \widehat{AB} \tag{3-46}$$

式中,Z 为螺旋线的导程,$\widehat{AB}$ 为圆弧的长度。

例 3.2 如图 3.32 所示,基圆半径为 50mm、导程为 30mm 的螺旋线,进给速度为 $F = 100\text{mm/min}$,采用增量坐标系编写其加工程序。

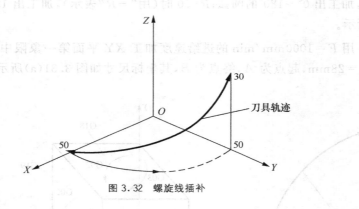

图 3.32 螺旋线插补

G91 G17 G03X-50.0 Y50.0 Z30.0 R50.0 K30.0 F100 *

4. G04:暂停指令

该指令暂时停止刀具的进给运动,并不影响主轴的转动。暂停指令用在下述情况。

① 在棱角加工时,为了保证棱角尖锐,使用暂停指令。

② 锪不通孔时进行深度控制。在刀具进给到规定深度后,用暂停指令停止进刀,待主轴旋转一转以上后退刀,确保孔底平整。

③ 镗孔完毕后的退刀。为避免留下螺旋形划痕从而影响表面粗糙度,应使主轴停止转动,并暂停进给 1~3s,待主轴完全停止后再退刀。

④ 横向车削割槽时,应在主轴转过一转以后再退刀,可用暂停指令。

⑤ 在车床上倒角或打顶尖孔时,为使倒角表面和顶尖孔锥面平整,可用暂停指令。

程序段格式为

$$G04 = \begin{Bmatrix} X\_ \\ U\_ \\ P\_ \end{Bmatrix} *$$

暂停时间单位为秒。不同的数控系统,暂停指令的地址符不同,最大暂停时间也不同,一般为1~10s,最大可达999.99s。在上一程序段运动结束后(即速度为0)开始执行暂停。采用地址符 P 的不能用十进制小数点定义时间,单位为毫秒。不同数控系统还有些不同的规定,需要阅读相关的机床说明书。

5. G06:抛物线插补

抛物线插补同属于轮廓插补控制方式。它通过一个或两个程序段中的信息产生一段抛物线的弧线。形成这段弧线的各个坐标轴上的速度变化由数控装置控制。

高级的数控系统对 G06 进行了扩展,采用 G06.1 指令实现自由曲线的样条插补。图3.33 所示为 4 个控制点定义的自由曲线的样条插补程序。

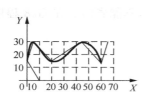

```
N10   G17 G01 X10 Y0 F200;
N20   X0 Y15;
N30   G06.1 X5 Y30;
N40   X20 Y15;
N50   X45 Y30;
N60   X60 Y15;
N70   G01 X65 Y30; —→ 样条插补取消
N80   M30;
```

图 3.33 样条插补

6. G17~G19:平面选择

如图 3.31(b)所示,笛卡儿直角坐标系的三个互相垂直的轴(X、Y、Z)构成三个平面。对于三坐标联动的铣床和加工中心,常用这些指令确定机床在哪一个平面内进行插补运动。由于 CNC 车床总是在 XZ 平面内运动,故无须平面选择指令。G17 指定工件在 XY 平面上加工,G18、G19 分别在 ZX、YZ 平面上加工。这些指令必须和圆弧插补、刀具补偿等指令配合使用。例如:

G18 G03 X_Z_R_F_ *

7. G27~G29:自动返回参考点指令

机床参考点(Reference Point)是指机床运动部件在各自的正向退到极限的一个固定点,由限位开关精密定位。当数控机床开机后执行回参考点动作后,操作面板上显示的数值表示机床参考点与机床原点之间的工作范围(车床的参考点通常这样表示)。若数值显示为零,则表示机床参考点与机床原点重合(铣床的参考点通常这样表示)。机床参考点在机床出厂时已经调定,是机床上固定的点。每次返回参考点时显示的数值应该相同,否则存在加工误差。加工中心的参考点通常为机床的自动换刀位置。

(1)G27 返回参考点检验

程序段格式为

G27 α_β_γ_δ_ *

检查返回到参考点的程序是否正确地返回到了参考点。式中,$α$,$β$、$γ$、$δ$ 代表地址符 X、Y、Z 和辅加旋转轴中的任一个。它们可以用绝对值表示(G90 时),也可以用增量值表示(G91 时)。二轴联动的数控系统中,只有 $α$ 和 $β$,三轴联动时增加了 $γ$,四轴联动时又增加了 $δ$。

执行该指令时,刀具快速进给,在指令给定的位置上定位。该位置如果是参考点,则"返回参考点"指示灯亮。如果只是其中一轴返回参考点,则其"返回参考点"指示灯亮,然后继续执行下一段程序。要使机床停止在这个程序段上,需要在同一程序段内加入程序停止指令 M00 或计划停止指令 M01。也可用单段运行方式实现停止在本程序段的目的。G27 指令使用时,要在撤销刀具补偿的状态下,同时使指令中给定的公制(或英制)数值量与当前的公制系统(或英制系统)一致,否则,会产生返回参考点不准确问题。

(2)G28:自动返回参考点

程序段格式为

G28 α_ β_ γ_ δ_ *

式中符号的意义和用法同 G27 的说明,该指令可使被控制轴返回参考点。由 G90/G91 指令决定是绝对坐标值还是增量坐标值。本指令中给定的控制轴的点称为返回参考点的"中间点"。该点坐标存入寄存器中,以备后续 G29 指令使用。

G28 指令的动作顺序是:首先,指令中被控制的所有轴以快速进给方式运动到中间点,然后再从中间点快速运动到参考点进行定位。该指令一般用于自动换刀,所以使用此指令时应取消刀补。在 G28 程序段中,各控制轴的坐标值均应给出,不能省略。在 G28 程序段中有旋转轴时,坐标轴转动量应按旋转角最小的方向运动。

(3)G29:从参考点返回

程序段格式为

G29 α_ β_ γ_ δ_ *

式中符号的意义和用法同 G27 的说明。该指令使刀具经由指令轴的中间点而在指定的位置(即本指令给出的坐标值)上定位。

G29 指令的动作顺序是:首先,被指定的所有轴快速从参考点移动到前面 G28 程序段定义的中间点;然后,再从中间点移动到本程序段指定的点定位。

G28 和 G29 指令应用举例如图 3.34 所示,其程序如下。

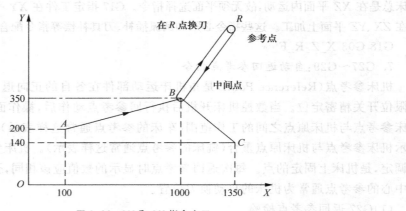

图 3.34 G28 和 G29 指令应用

N10 G91 G28 X900.0 Y150.0 *(由 A 经 B 返回到参考点程序)

N15   M06 *(换刀)

N20 G29 X350.0 Y-210.0 *(由参考点经 B 到 C 程序)

通过这两个指令的使用,编程员不必计算中间点到参考点的实际距离。

返回第二、第三、第四参考点时,有些数控系统采用 G30 指令,其格式为

$$G30 \begin{Bmatrix} P_2 \\ P_3 \\ P_4 \end{Bmatrix} \alpha\_ \beta\_ \gamma\_ \delta\_ *$$

其中,P_2、P_3 和 P_4 分别为第二、第三和第四参考点,其他符号的意义和用法同 G27 的说明。

第二、第三和第四参考点是由参数预先设定的。该指令与 G28 的功能相同,只是建立的参考点和中间点位置不同。该指令也用于自动换刀。执行 G30 指令之前,必须进行一次手动返回参考点或自动返回参考点(G28)。

8. G92(G50):坐标系设定

当用绝对坐标编程时,首先需要建立工件坐标系,以确定刀具起始点在工件坐标系中的坐标值。G92 指令(FANUC 车削系统中用 G50 指令)用于设定工件坐标系,并不使刀具或工件产生运动,只是显示屏上的坐标值发生变化。以图 3.35 为例,加工前,刀具起始点在机床坐标系(*XOY*)中的坐标值为(X200.0,Y20.0),此时,显示屏上显示的坐标值也为(X200.0,Y20.0),当机床执行 G92 X160.0 Y−20.0 后,就建立了工件坐标系。G92 指令将该坐标寄存在数控系统的寄存器内,执行 G92 指令,机床不运动,这时显示屏上显示的坐标值改变为(X160.0,Y−20.0),这个坐标值是刀具起始点相对于工件坐标系(*X'O'Y'*)中的坐标值,刀具相对于机床坐标系的位置并没有改变。在运行后面的程序时,凡是绝对值方式下的坐标值均指该工件坐标系(*X'O'Y'*)中的坐标值。G92 为模态代码,只有重新设定时,先前的设定才无效。

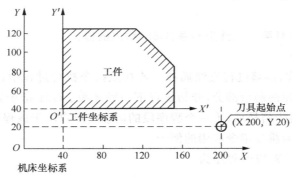

图 3.35 G92 指令设置

程序段格式为

G92 X_Y_Z_γ_σ_ *

其中,X、Y、Z 为刀具起始点相对于工件原点的坐标值;γ、σ 为旋转坐标 *A*、*B*、*C* 或与 *X*、*Y*、*Z* 平行的第二坐标。

该指令设定了刀具(具体为刀位点)在工件坐标系中的坐标为 X、Y、Z、γ、σ,从而建立了工件加工坐标系。

9. G53~G59:浮动原点(工件零点偏置)

在铣削加工编程中常可以采用这组指令。实际铣削零件加工程序编制工作中,常遇到下列情况:箱体零件上有多个加工面;同一个加工面上有几个加工区;在同一机床工作台上安装几个相同的加工零件。此时,对各加工零件、各加工区或加工面,允许用 G54~G59 指令分别设定 6 个浮动工件坐标系(图 3.36),编程时加以调用。事先用手动输入或者程序设定各浮动原点到机床坐标系零点的距离,存入 G54~G59 对应的存储单元中,在执行程序时,遇到 G54~G59 指令后,便将对应的原点设置值取出参加计算。当一个原点设置指令使用完毕,可以用 G53 将其注销,此时的坐标尺寸立即回到以机床原点为原点的坐标系中。

采用 G54~G59 指令设定工件浮动原点的操作步骤如下。

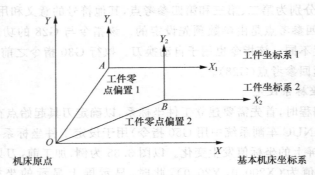

图 3.36 浮动原点设置

① 准备工作,机床回参考点,确认机床坐标系。

② 装夹工件毛坯,通过夹具使零件定位,并使工件定位基准面与机床运动方向一致。

③ 对刀测量,测量所用工件坐标系原点对机床坐标系的偏置。

④ 将所测量到的工件原点偏置用手动数据输入(MDI)方式输入到数控系统中。

例 3.3 G55 G00 X100.0 Z 20.0 *

X15.5 Z 25.5 *

表示该程序中的值是相对第二工件坐标系(G55)给出的值。

10. G31:跳步指令

该指令和 G01 一样,能够进行直线插补。若在此指令执行过程中,控制面板上输入了跳步信号,则中断本程序段的剩余部分,开始执行下一程序段。G31 指令是非模态的,即仅在本程序段起作用。输入跳步信号后,下一个程序段的运动终点取决于该程序段指令是增量的,还是绝对值的。图 3.37 为跳步指令应用的例子。

例 3.4 图 3.37(a)对应的程序为

G91 G31 X 100.0 *

G01 Y 50.0 *

例 3.5 图 3.37(b)对应的程序为

G90 G31 X 300.0 *

G01 X 400.0 Y 280.0 *

图 3.37 中,实线为输入跳步信号后的刀具轨迹,虚线为不输入跳步信号的刀具轨迹。G31 用于移动量不明确的场合,如磨床的定尺寸进给,实现定量进给或刀具相对于工件定位。

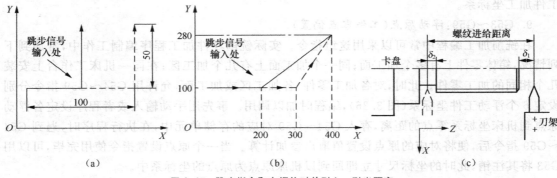

图 3.37 跳步指令和车螺纹时的引入、引出距离

11. G32~G35：螺纹切削

螺纹切削时，主轴旋转和刀具进给必须同步，为此主轴上必须安装位置编码器，同时利用编码器上"一转信号"，保证螺纹加工从一固定点开始。为了保证螺距精度，主轴速度还必须保持恒定。

切削锥螺纹时，X 方向和 Z 方向的值都必须指定，螺距在位移量大的坐标上。通常，由于伺服系统的滞后，使得螺纹切削在开始和终了处导程有误差。因此，指定的螺纹长度要比需要的长些。加工多头螺纹时，可在检测到主轴"一转信号"后滞后一定的角度，再开始螺纹切削。

G32、G33 为"等螺距"螺纹切削指令，其格式为

G32 X_Z_F_C_ *

G33 X(U)_Z_F(E)_Q_ *

其中，X 为螺纹的终点 X 坐标，直径编程，半径编程时可用指令 U；Z 为螺纹的终点 Z 坐标，螺纹切削应注意在两端设置切入和切出的空刀行程，用以避免升降速过程对螺纹质量的影响（图 3.37(c)）；F 为螺距，单位为 mm/r，E 用于英制螺纹换算为公制螺纹时，可以获得高精度的加工，表示 1 英寸牙数；Q 为螺纹切削开始位置的偏移角度（0°~360°）；C 为螺纹的头数。

G34 为"变螺距"螺纹切削指令，其格式为

G34 X(U)_Z_F(E)_Q_K_ *

其中，K 为主轴一转时导程的增减值，其他符号同上。

G35(G36) 为"圆弧"螺纹切削指令，其格式为

G35(G36)X_Z_I_K_F_Q_ *

或

G35(G36)X_Z_R_F_Q_ *

其中，G35 为顺时针圆弧螺纹指令；G36 为逆时针圆弧螺纹指令；X、Z、I、K、R 为圆弧插补参数，其他符号意义同上。

编制螺纹加工程序时，进给倍率开关无效（固定在 100% 上），空运转无效，不能使用进给保持功能，不能使用"恒表面速度"指令，切削螺纹的最大螺距换算成每分进给速度时，不能超过系统允许的最大进给速度。

12. G20(G70)、G21(G71)：单位转换

该指令用于英制、公制单位数据输入。FANUC 系统中 G20 用于英制，G21 用于公制。西门子系统用 G70 和 G71。

3.4.3.2 刀具补偿功能字

下面介绍的 G 代码都用于实现刀具补偿功能。

数控装置根据刀具补偿指令可以进行刀具轴向尺寸补偿、刀具半径尺寸补偿和刀具位置偏移。点位控制系统中，孔的径向尺寸不能补偿。轮廓铣削加工时，可以进行刀具半径补偿，它包括铣刀半径补偿和程序段间的尖角过渡。孔加工时，孔深可以通过刀具长度补偿进行精确控制。轮廓加工时，长度补偿不用考虑。数控车削时，可以进行刀具轴向、径向尺寸补偿和刀尖圆角半径补偿。自动换刀数控机床可以进行刀具轴向尺寸补偿和铣刀半径尺寸补偿。

1. G43 和 G44：刀具长度补偿

刀具长度补偿也叫刀具长度偏置，一般用于刀具轴向的补偿。当所选用的刀具长度不同或者需进行刀具轴向进刀补偿时，需使用该指令。它可以使刀具在刀轴方向上的实际位移量大于或小于程序给定值，即

$$实际位移量＝程序给定值＋补偿值$$

程序段格式为

$$\left.\begin{matrix} \text{G17} \\ \text{G18} \\ \text{G19} \end{matrix}\right\} \left.\begin{matrix} \text{G43} \\ \text{G44} \end{matrix}\right\} \left.\begin{matrix} \text{Z}\_ \\ \text{Y}\_ \\ \text{X}\_ \end{matrix}\right\} \text{H}\_ *$$

其中，Z、Y、X 代表需进行补偿的坐标轴；G17、G18、G19 代表与补偿轴垂直的相应坐标平面 XY、ZX 或 YZ；H(有的系统用 D)为对应于刀补存储器中补偿值的补偿号代码。

补偿号代码通常为 2 位数，如 H00～H99。补偿值的输入方式有三种：刀补拨盘开关输入、MDI 输入和程序设定输入，具体值因机床不同而有所不同，范围为 0～999.999mm。补偿号除用 H(或 D)代码表示外，还可用刀具功能字 T 的低一位或低二位数字指定(T0101)。

G43 为"加偏置"(+偏置)，G44 为"减偏置"(−偏置)。无论是绝对指令(G90 时)还是增量指令(G91 时)，当用 G43 指令时，将 H 代码设定的偏移存储器的偏移量(包括符号的值)与程序中偏移轴移动的终点坐标值(包括符号的值)相加，采用指令 G44 时则相减，其结果的坐标值为最终的坐标值。偏移值符号为"正"("+")，用 G43 时，是向偏置轴"正"方向移动一个偏移量，用 G44 时，向负方向移动一个偏移量。偏移值的符号为"负"("−")时，分别与上述情况相反。

G43、G44 为模态代码，在本组的其他指令代码被指令之前，一直有效。取消刀具长度偏置可用 G40 指令(有的数控系统用 G49 指令)，或者偏置号为 H00 也可立即取消长度偏置。

作为特例，刀具长度补偿还有下面的格式

$$\left.\begin{matrix} \text{G17} \\ \text{G18} \\ \text{G19} \end{matrix}\right\} \left.\begin{matrix} \text{G43} \\ \text{G44} \end{matrix}\right\} \text{H}\_ *$$

这种格式中，省略了偏置坐标，作用等同于 $\left.\begin{matrix} \text{G17} \\ \text{G18} \\ \text{G19} \end{matrix}\right\} \left.\begin{matrix} \text{G43} \\ \text{G44} \end{matrix}\right\} \left.\begin{matrix} \text{Z0} \\ \text{Y0} \\ \text{X0} \end{matrix}\right\} \text{H}\_ *$。

当只在 Z 轴上进行长度补偿时，可用格式 $\left.\begin{matrix} \text{G43} \\ \text{G44} \end{matrix}\right\} \text{Z}\_\text{H}\_ *$ 表示。

同样，省略偏置轴 Z 时，可用 $\left.\begin{matrix} \text{G43} \\ \text{G44} \end{matrix}\right\} \text{H}\_ *$ 与 G17 $\left.\begin{matrix} \text{G43} \\ \text{G44} \end{matrix}\right\}$ Z0H_ * 两种格式。

例 3.6 刀具长度补偿程序示例。

N003 G90 G43 Z100.0 H01 *　　　　(设定 H01＝10mm)

N005 G91 G43 Z−113.5 H02 *　　　　(设定 H02＝1.5mm)

N007 G90 G18 G44 Y−32.0 H03 *　　　　(设定 H03＝ −4mm)

N009 G90 G18 G44 Y−32.0 T0203 *　　　　(设定偏置为−4mm)

N003 程序段表示刀具沿 Z 轴移动到 110.0mm 处；N005 程序段表示刀具移动的位移量为终点坐标增量(Z−113.5)加上一个偏置量 1.5mm；N007 程序段表示刀具沿偏置轴 Y 移到 −28mm 处；N009 程序段，刀具功能字用 4 位数字表示，前两位数字(02)是刀具号，后两位数字(03)是补偿号(或叫偏置号)，刀具移动同 N007 程序段。

2. G45～G52：刀具位置偏置

这组指令的功能是使刀具位置在其运动方向上偏置(或叫偏移)，经常用于铣平行于坐标轴线的直线轮廓、凸台和凹槽等。只要在偏置存储器中设定刀具半径值(可用 MDI 或程序设定)，就可以利用偏置功能，将工件轮廓作为编程轨迹。偏置的位置如图 3.38(a)所示。这组指令,不同数控装置有不同的使用方法。下面介绍其中一种使用方法。G45 为沿刀具运动方向增加一个偏置量;G46 为沿刀具运动方向减少一个偏置量;G47 为沿刀具运动方向增加两倍偏置量;G48 为沿刀具运动方向减少到 1/2 的偏置量。指令格式为

$$\left.\begin{array}{l} G45 \\ G46 \\ G47 \\ G48 \end{array}\right\} X\_Y\_H(D)\_ *$$

其中,H 或 D 代码为偏置号,对应于存放刀具半径值的寄存器号。

移动指令(即移动坐标)为"0"时,在绝对指令方式(G90)中,刀偏指令不起作用,机床不动作。在增量指令方式(G91)中,机床仅移动偏置量。G46 和 G48 指令中,移动指令值小于偏置值时,机床坐标的实际运动方向与编程方向相反。在圆弧插补和斜面轮廓加工时,尽量不采用G45～G48 指令。

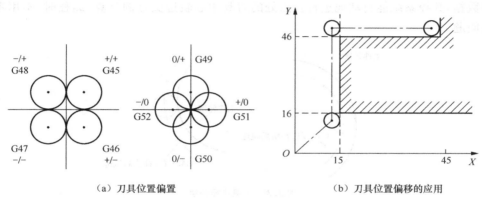

（a）刀具位置偏置　　　　　　（b）刀具位置偏移的应用

图 3.38　刀具位置偏置

例 3.7　刀具位置偏置应用示例。

如图 3.38(b)所示,采用 G90 坐标系,对应的程序为

N01 M06 T1	*	换上 T1 刀具
N02 G46 G00 X15.0 Y16.0 H01	*	刀偏号为 01
N03 G47 G01 Y46.0 F120.0	*	增加二倍的偏程
N04　　　　　X45.0	*	没有位置偏差

3. G40～G42:刀具半径补偿

轮廓铣削加工时,刀具中心轨迹在与零件轮廓相距刀具半径的等距线上。刀具半径补偿功能优点之一是可以保证按零件轮廓尺寸编程时,刀具在已偏移的轨迹上运动,不需要编程者计算刀具中心运动轨迹,大大简化了程序编制。优点之二是可通过刀具半径补偿功能很方便地留出加工余量,先进行粗加工,再进行精加工。优点之三是可以补偿由于刀具磨损等因素造成的误差,提高零件的加工精度。刀具半径补偿量用 H(或 D)代码号表示。其具体值可用拨码盘、手动数据输入(MDI)或程序事先输入到存储器中。H 代码是模态的。当刀具磨损或重磨后,刀具半径变小,只需手工输入改变刀具半径或选择适当的补偿量,而不必修改已编好的程序。

刀具半径补偿用 G41 或 G42 建立。G41 为左偏刀具半径补偿,G42 为右偏刀具半径补偿。这两种指令具体确定方法为:假设工件不动,沿着刀具运动方向看,刀具位于零件左侧,产

生零件编程路径左侧的偏移用 G41 指令;而产生零件编程路径右侧的偏移用 G42 指令,如图 3.39 所示。G40 为撤销刀具半径补偿,取消刀补也可用 H00 刀补号来实现。刀具半径补偿的建立和撤销都必须在直线段进行,因此,该指令通常和 G00、G01 一起使用。以 XY 平面内为例,G17 代码可省略,其 G00、G01 时的指令格式为

$$\begin{matrix} G00 \\ G01 \end{matrix} \Big\} \begin{matrix} G42 \\ G41 \end{matrix} \Big\} X\_Y\_H(D)\_ *$$

G40 指令格式为

$$\begin{matrix} G00 \\ G01 \end{matrix} \Big\} G40X\_Y\_ *$$

同样,G18,G19 代码指定的平面内,也有类似的指令格式。

刀具半径补偿有 B 刀补和 C 刀补,B 刀补只能实现本程序段内的刀具半径补偿,而对于程序段之间的夹角不能自行处理。C 刀补可以实现程序段间的尖角过渡,只需给出零件轮廓的程序数据,数控系统能自动地进行拐点处的刀具中心轨迹交点的计算,编程时,不用考虑尖角过渡问题。

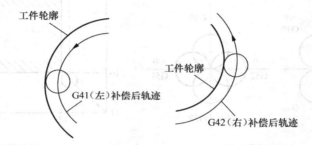

图 3.39　刀具半径补偿

3.4.3.3　钻削和镗削固定循环指令(G80～G89)

数控加工中,某些加工动作循环已经典型化。例如,以钻孔、镗孔的动作为例,可以分为 6 个动作(见图 3.40),分别如下。

① 动作 1:孔初始平面内的定位,在初始平面内使 X、Y 轴快速定位到孔的加工位置。

② 动作 2:刀具从初始平面快速进给到参考平面(R 点)。

③ 动作 3:刀具以切削进给方式完成孔的加工。

④ 动作 4:孔底动作,包括暂停、刀具移位等。

⑤ 动作 5:刀具快速返回到参考平面(R 点)并继续孔的加工。

⑥ 动作 6:刀具快速返回到初始点。

将这样一系列典型的加工动作预先编好程序,存储在内存中,使用时再用包含 G 代码的一个程序段调用,则可简化编程工作。这种包含了典型动作循环的 G 代码集合称为固定循环指令。下面以 FANUC 系统的固定循环来探讨。

固定循环的数据表达形式可以用绝对坐标(G90)和相对坐标(G91)表示,如图 3.41 所示。固定循环的程序格式包括数据表达形式、返回点平面、孔加工方式、孔位置数据、孔加工数据和循环次数。数据表达形式(G90 或 G91)在程序开始时就已指定。因此,在固定循环程序格式中可不注出。固定循环的程序格式如下(以 FANUC 系统为例)。

G_G_X_Y_Z_R_Q_P_F_L_ *

其中,第一个 G 代码为返回哪个参考平面 G 代码:G98 或者 G99。G98 为返回初始平面;G99 为返回 R 点平面。第二个 G 代码定义孔加工方式,即固定循环代码 G73、G74、G76 和 G81～G89 中的任一个。X、Y 为孔中心位置数据,指被加工孔的位置。Z 可以是 R 点到孔底距离(G91 时)或孔底坐标(G90 时);R 为 R 点的坐标值(G90 时)或初始点到 R 点的距离(G91 时);Q 定义每次进给深度(G73 或 G83 时)或定义刀具位移增量(G76 或 G87 时);P 指定刀具在孔底的暂停时间;F 为切削进给速度;L 定义固定循环的次数。G73、G74、G76、G81～G89、Z、R、P、F、Q 是模态指令。G80、G01～G03 等代码可以用来取消固定循环。下面介绍孔加工类固定循环指令。

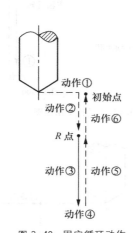

图 3.40　固定循环动作

实线—切削进给(工进)　虚线—快速进给

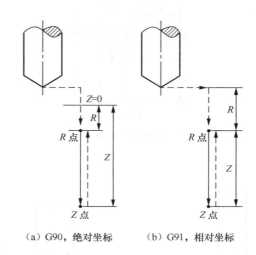

（a）G90,绝对坐标　　（b）G91,相对坐标

图 3.41　固定循环的数据形式

1. G73:高速深孔加工循环

该固定循环用于 Z 轴的间歇进给,使深孔加工时容易排屑,减少退刀量,可以进行高效率的加工。Q 代码定义每次的进给深度(q),退刀用快速进给,每次退到的位置 d 用参数设定。使用 G98 代码时,加工结束,刀具返回到初始平面,使用 G99 代码时,刀具返回到 R 点平面。G73 指令动作循环如图 3.42 所示。

2. G74:反攻丝循环

图 3.43 中给出了 G74 指令的动作次序。攻反螺纹时主轴反转,到孔底时主轴正转,然后退回。退回点平面由于使用 G98 代码(图 3.43(a))或 G99 代码(图 3.43(b))而不同。攻丝时速度倍率开关不起作用。使用进给保持时,在全部动作结束前也不停止。

3. G76:精镗循环

图 3.44 给出了 G76 指令的动作次序。精镗时,主轴在孔底定向停止,向刀尖反方向移动,然后快速退刀,退刀位置由 G98 或 G99 决定。这种带有让刀的退刀不会划伤已加工表面,保证了镗孔精度。刀尖反向位移量用地址 Q 指定,其值 q 只能为正值。Q 代码是模态的,位移方向由 MDI 设定,可为 $\pm X$、$\pm Y$ 中的任一个。

4. G81:钻孔循环

图 3.45 为 G81 指令的动作循环,包括了 X 与 Y 坐标定位、快进、工进和快速返回等动作。G81 是常用的钻孔固定循环。

其中:第一个G代码为固定循环G平面(G代码定义G90、G98为返回初始点平面;
G99为返回R点平面;第二个G代码定义加工方式,固定循环代码G73、G74、G76和
G81~G89用来定义G代码的循环运动,将被如下几个地址解释,Z平面是孔底切削坐
标面;G81用来定义孔底坐标(如果P大于0,则刀具在孔底坐标G90或G91决定的是
G91时又被定义为在G99、G90或G91时决定量Z,固定量G85或G81时,刀;P与当
前刀具轴向孔底停留时间;P、Q用来决定固定量指数;G73、G74、G76、G81、
G85、K、L、P、Q等复合指令。P、Q在G99时在R点从切削进给速度与切削平面,下面介绍固定
循环加工方式各代码。

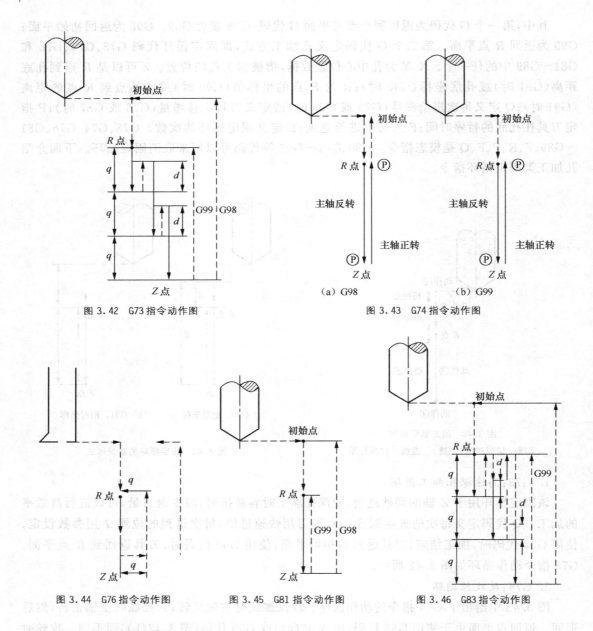

图 3.42　G73 指令动作图

图 3.43　G74 指令动作图

图 3.44　G76 指令动作图　　　图 3.45　G81 指令动作图　　　图 3.46　G83 指令动作图

5. G82:钻、扩、镗阶梯孔循环

该指令除了要在孔底暂停外,其他动作与G81相同。暂停时间由地址P给出。此指令主
要用于加工盲孔,以提高孔深精度。

6. G83:深孔加工循环

在图3.46的深孔加工循环中,每次进刀量用地址Q给出,其值q为增量值。每次进给
时,应在距已加工面d(mm)处将快速进给转换为切削进给。d是由参数确定的。

7. G84:攻丝循环

图3.47为攻丝循环的动作图。从R点到Z点攻丝时,刀具正向进给,主轴正转。到孔底
部时,主轴反转,刀具以反向进给速度退出。G84指令中进给倍率不起作用,进给保持只能在
返回动作结束后执行。

8. G85：镗孔循环

该指令与 G84 指令相同,但在孔底时主轴不反转。

9. G86：镗孔循环

此指令与 G81 相同,但在孔底时主轴停止,然后快速退回。

10. G87：反镗循环

图 3.48 为 G87 指令动作图。在 X、Y 轴定位后,主轴定向停止 OSS,然后向刀尖的反方向移动 q 值,再快速进给到孔底(R 点)定位。在此位置,刀具向刀尖方向移动 q 值。主轴正转,在 Z 轴正方向上加工至 Z 点。这时主轴又定向停止,向刀尖反方向位移,然后从孔中退出刀具。返回到初始点(只能用 G98)后,退回一个位移量,主轴正转,进行下一个程序段的动作。

11. G88：镗孔循环

图 3.49 中给出了该指令的循环动作次序。在孔底暂停,主轴停止后,变成停机状态。此时转换为手动状态,可用手动方式将刀具从孔中退出。到返回点平面后,主轴正转,再转入下一个程序段进行自动加工。

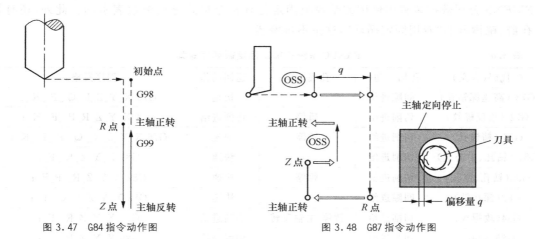

图 3.47 G84 指令动作图　　　图 3.48 G87 指令动作图

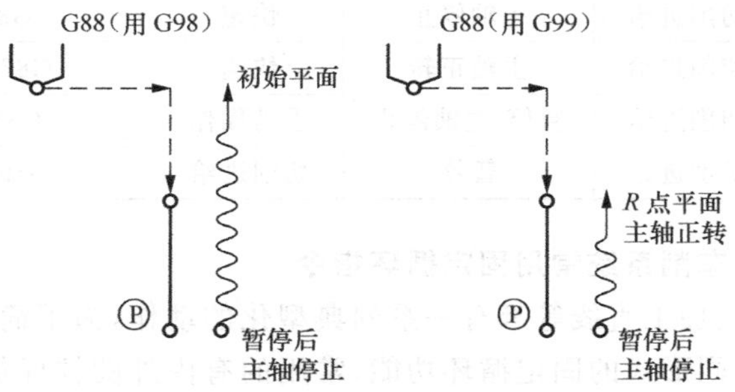

图 3.49 G88 指令动作图

12. G89：镗孔循环

此指令与 G86 指令相同,但在孔底有暂停。

13. G80：取消固定循环

该指令能取消所有的固定循环,同时 R 点和 Z 点也被取消。

使用固定循环指令时应注意以下几点。

① 在固定循环指令前应使用 M03 或 M04 指令使主轴旋转。

② 在固定循环程序段中,X、Y、Z、R 数据应至少有一个才能进行孔加工。

③ 在使用控制主轴回转的固定循环(G84、G86)中,如果连续加工一些孔间距比较小,或者初始平面到 R 点平面的距离比较短的孔时,会出现进入孔的切削动作前,主轴还没有达到正常的转速。遇到这种情况,应在各孔的加工动作之间插入 G04 暂停指令,以获得时间。

④ 当用 G00~G03 指令之一注销固定循环时,若 G00~G03 指令之一和固定循环出现在同一程序段,如程序段格式为

G00(或 G02,G03)G_X_Y_Z_R_Q_P_F_L_ * 这时,按第二个 G 代码指定的固定循环运行。若程序段格式为

G00(或 G02,G03)X_Y_Z_R_Q_P_F_L_ * 这时,按 G00(或 G02,G03)进行 X、Y 移动;在固定循环程序段中,如果指定了辅助功能 M,则在最初定位时送出 M 信号,固定循环结束时,等待 M 信号完成,才能进入下一个孔加工。

以上介绍的固定循环指令是日本 FANUC 公司数控装置使用的指令格式(表 3.6)。德国 SIEMENS 公司数控装置中使用的钻镗类固定循环指令格式是用参数表示的。此外,还有加工孔群、铣槽群的"专用固定循环",这里不再赘述。

表 3.6　　　　　　　　　　　FANUC 系统孔加工固定循环指令集

G 代码(含义)	孔加工动作	孔底动作	返回动作	程序段格式
G73(高速深钻孔)	间隙进给	—	快速	G73 X_Y_Z_R_Q_F_K_;
G74(攻反螺纹)	切削进给	暂停	切削进给	G74 X_Y_Z_R_P_F_K_;
G76(精镗孔)	切削进给	暂停	快速	G76 X_Y_Z_R_Q_P_F_K_;
G81(钻孔、中心孔)	切削进给	—	快速	G81 X_Y_Z_R_F_;
G82(钻孔、锪孔)	切削进给	暂停	快速	G82 X_Y_Z_R_P_F_;
G83(深孔钻)	间隙进给	—	快速	G83 X_Y_Z_R_Q_F_;
G84(攻螺纹)	切削进给	暂停-主轴反转	切削进给	G84 X_Y_Z_R_F_;
G85(镗孔)	切削进给	—	切削进给	G85 X_Y_Z_R_F_;
G86(镗孔)	切削进给	主轴停止	快速	G86 X_Y_Z_R_F_;
G87(反镗孔)	切削进给	主轴正转	快速	G87 X_Y_Z_R_Q_F_;
G88(镗孔)	切削进给	暂停-主轴停止	手动操作	G88 X_Y_Z_R_P_F_;
G89(镗孔)	切削进给	暂停	切削进给	G89 X_Y_Z_R_P_F_;

3.4.3.4　FANUC 车削系统常用固定循环指令

车削加工中的攻丝、加工直线等都有一系列典型化的动作,为了简化编程工作,数控车床的数控系统中设置了不同形式的固定循环功能,常用的有内外圆柱面循环、内外圆锥面循环、切槽循环和端面循环、内外螺纹循环、复合循环等,这些固定循环随不同的数控系统会有所差别,这里主要介绍 FANUC 车削系统中的车削固定循环指令。

1. G90(G77):单一形状圆柱或圆锥切削循环

FANUC 车削系统中,绝对坐标编程约定用 X 和 Z,相对坐标编程约定用 U 和 W。不是用 G90 和 G91 来设定绝对坐标和相对坐标。为避免定义上的冲突,有些系统会用 G77 指令。圆柱切削循环程序段格式为

G90(G77)　X(U)_　Z(W)_　F_；

圆锥切削循环程序段格式为

G90(G77)　X(U)_　Z(W)_　I_F_；

其中,X、Z 为圆柱或圆锥面切削终点坐标值,U、W 为圆柱面或圆锥切削终点相对循环起点的坐标增量,I 为锥体切削始点与切削终点的半径差。循环过程如图 3.50 所示。

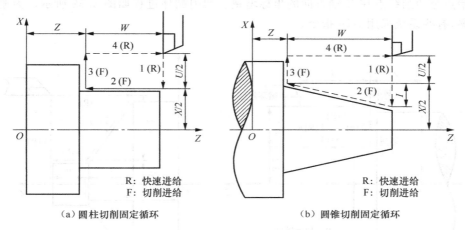

（a）圆柱切削固定循环　　　　　　　（b）圆锥切削固定循环

图 3.50　圆柱与圆锥切削固定循环

例 3.8　加工图 3.51 所示的圆柱和圆锥,固定循环程序段可分别写成

N10 G90 X35.0 Z20.0 F50；

N20　　　X30.0；

N30　　　X25.0；

……

N10 G90 X40.0 Z20.0 I-5.0 F50；

N20　　　X35.0；

N30　　　X30.0；

……

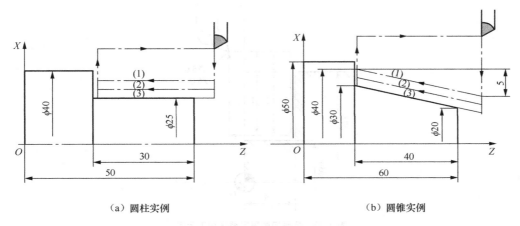

（a）圆柱实例　　　　　　　　　　　（b）圆锥实例

图 3.51　圆柱与圆锥切削固定循环加工示例

2. G94(G79)：端面切削和端面锥度切削循环

端面切削循环程序段格式为

G94(G79)　X(U)_　Z(W)_　F_;

G94(G79)　X(U)　Z(W)_　K_　F_;

其中，X、Z 为端面切削终点坐标值，U、W 为端面切削终点相对循环起点的坐标增量；K 为端面切削始点至切削终点在 Z 轴方向的坐标增量。切削循环过程如图 3.52 所示。为避免定义上的冲突，有些系统采用 G79 指令。

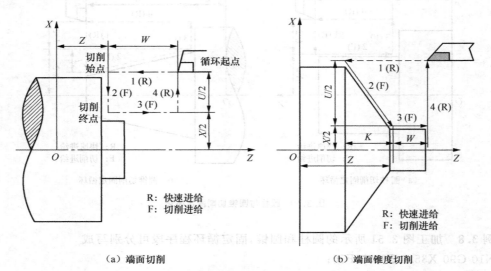

（a）端面切削　　　　　　　　　　（b）端面锥度切削

图 3.52　端面切削和端面锥度切削固定循环

例 3.9　图 3.53 为端面加工实例，其程序段为

N10　G94　X30.0 Z−5.0 F50;

N20　　　　　　　Z−8.0;

N30　　　　　　　Z−15.0;

……

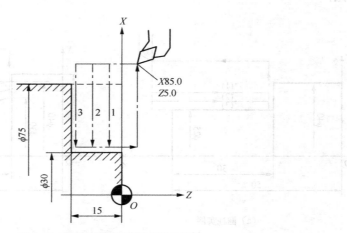

图 3.53　端面切削固定循环加工示例

3. G92(G78):螺纹切削循环

FANUC 车削系统中,工件坐标系的设定采用 G50 指令,G92 指令用于螺纹切削循环。为避免定义上的冲突,有些系统则采用 G78 指令。其程序段格式为

G92(G78) X(U)_ Z(W)_ I_ F_;

其中,G92 是模态指令,X、Z 为螺纹切削终点坐标值,U、W 为螺纹切削终点相对循环起点的坐标增量,I 为锥螺纹切削始点与切削终点的半径差,I 为 0 时,即为圆柱螺纹。切削循环过程如图 3.54 所示。

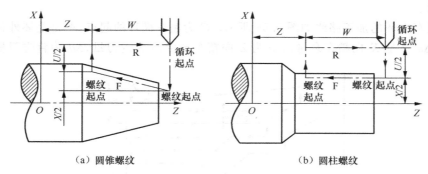

(a)圆锥螺纹　　　　　　　　　　(b)圆柱螺纹

图 3.54　螺纹切削循环

例 3.10 要加工如图 3.55 所示的 M30×2 普通螺纹,可使用 G92 指令编写下列加工程序段。

N50 G92 X28.9 Z53.0 F2.0;

N60　　X28.2;

N70　　X27.7;

N80　　X27.3;

......

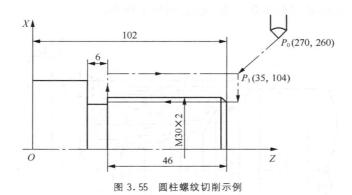

图 3.55　圆柱螺纹切削示例

4. 多重复合循环

虽然应用 G90、G92、G94 等固定循环指令可使程序简化一些,但如果应用系统提供的多重循环指令,则可使程序得到进一步简化。在多重循环中,只须指定精加工路线和粗加工的背吃刀量,系统就能自动计算出粗加工路线和走刀次数。

(1)G71:外圆粗车循环

外圆粗车循环指令 G71 的程序段格式为

G71　U(Δd)R(e);
G71　P(n_s)Q(n_f)U(Δu)W(Δw)F_　S_　T_;
N(n_s)……
……
N(n_f)……

其中,Δd 为背吃刀量,为半径值,无正负号;e 为退刀量;n_s 为精加工程序段中的开始程序段序号;n_f 为精加工程序段中的结束程序段序号;Δu 为 X 轴方向精加工余量;Δw 为 Z 轴方向精加工余量。

外圆粗车循环的加工路线如图 3.56 所示。C 为粗车循环的起点,A 是毛坯外径与轮廓端面的交点,Δu/2 是 X 向精车余量,Δw 为 Z 向精车余量,e 为退刀量,Δd 为背吃刀量。

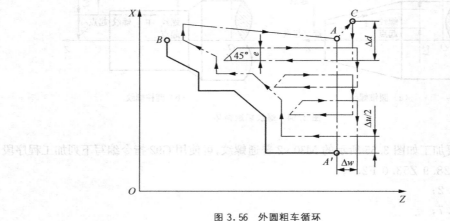

图 3.56　外圆粗车循环

例 3.11　要粗车如图 3.57 所示短轴的外圆,假设粗车切削深度为 5mm,退刀量为 1mm,X 向精车余量为 2mm,Z 向精车余量为 2mm,则加工程序段为

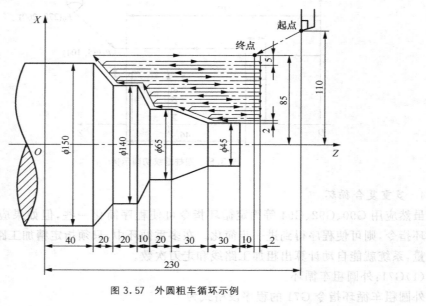

图 3.57　外圆粗车循环示例

N10　G50　X220.0　Z230.0;

N20　G00　X170.0　Z180.0;

N30　G71　U5.0 R1.0;(定义粗车循环,切削深度为5mm,退刀量为1mm)

N35　G71　P40 Q100 U4.0 W2.0 F30.0 S500 T0202;

N40　G00　X45.0;

N50　G01　Z140.0　F15.0;

N60　X65.0 Z110;

N70　Z90.0;

N80　X140.0 Z80.0;

N90　Z60.0;

N100 Xl50.0 Z40.0;

N110……;

(2)G72:端面粗车加工循环

端面粗车加工循环指令 G72 的程序段格式为

G72　U(Δd)R(e);

G72　P(n_s)　Q(n_f)　U(Δu)　W(Δw)　F_

S_　T_;

　N(n_s)……

　……

　N(n_f)……

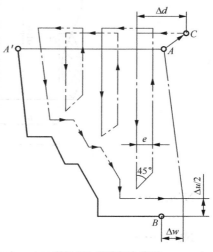

图 3.58　端面粗车循环

其中,各参数的含义与外圆粗车循环程序段中的参数含义相同。端面粗车循环的加工路线如图 3.58 所示。

例 3.12　要用端面粗车循环加工如图 3.59 所示的短轴,假设粗车深度为 1mm,退刀量为 0.3mm,X 向精车余量为 0.5mm,Z 向精车余量为 0.25mm,则加工程序为

N10 G50 X220.0 Z190.0;

N40 G00 X176.0 Z130.25;

N50 G72 U1.0 R0.3;

N60 G72 P70 Q120 U1.0 Z0.25 F30.0 S500;

N70 G00 Z56.0 S600;

N80 G01 X120.0 Z70.0 F15.0;

N90 W10.0;

N100X80.0 W10.0;

N110W20.0;

N120X36.0 W22.0;

N130 ……;

(3)G73:成形车削循环

G73 指令适用于毛坯轮廓形状与零件轮廓形状基本接近的毛坯的粗加工,例如一些锻件或铸件的粗车。成形车削循环的程序段格式为

G73　U(Δi)W(Δk)R(Δd);

G73　P(n_s)　Q(n_f)　U(Δu)　W(Δw)　F_　S_　T_;

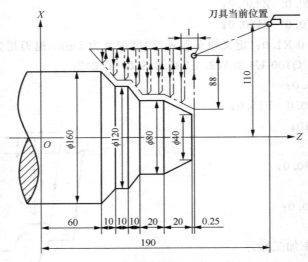

图 3.59　端面粗车循环示例

$$N(n_s)\cdots\cdots$$
$$\cdots\cdots$$
$$N(n_f)\cdots\cdots$$

其中,Δi 为沿 X 轴方向的退刀量(半径编程);Δk 为沿 Z 轴方向的退刀量;Δd 为重复加工次数,其他参数含义与 G71 相同。该指令的执行过程如图 3.60 所示。

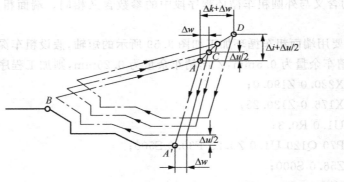

图 3.60　成形车削循环

例 3.13　加工如图 3.61 所示的短轴,X 轴方向退刀量为 14mm,Z 轴方向退刀量为 14mm,X 方向精车余量为 0.25mm,Z 方向精车余量为 0.25mm,重复加工次数为 3,加工程序为

······

N30 G73 U14.0 W14.0 R3;

N40 G73 P50 Q100 U0.5 W0.25 F30.0 S180;

N50 G00 X80.0 W−40.0;

N60 G01 W−20.0 F15.0 S600;

N70 X120.0 W−10.0;

N80 W－20.0 S400；

N90 G02 X160.0 W－20.0 R20.0；

N100 G01 X180.0 W－10.0 S280；

N110 G70 P50 Q100；

N120 G00 X260.0 Z220.0；

N130 M30；

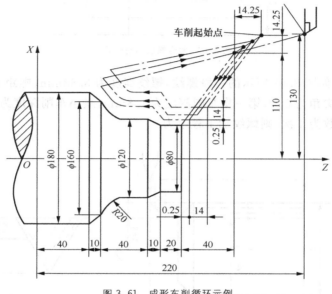

图 3.61 成形车削循环示例

(4)G70：精车循环

在采用 G71、G72、G73 指令进行粗车后，用 G70 指令可以作精加工循环切削，程序段格式为

G70 P_ Q_ U_ W_ ；

其中，P 为精车程序中开始程序段号；Q 为精车程序中结束程序段号；U 为沿 X 方向的车削余量；W 为沿 Z 方向的车削余量。

编程时，精车过程中的 F、S、T 在程序段号 P 到 Q 之间指定，在 P 和 Q 之间的程序段不能调用子程序。

(5)G76：复合螺纹切削循环

复合螺纹切削循环 G76 指令的程序段格式为

G76 P(m)(r)(α) Q($\Delta d_{\min}$)R(d)；

G76 X(U)_ Z(W)_ R(i)P(k)Q(Δd)F(f)；

其中，m 为精加工最终重复次数(1～99)；r 为螺纹尾端倒角值，大小可设置在 $0.01L \sim 9.9L$(L 为螺距)间，用 00～99 之间的两位数表示；α 为刀尖的角度，可以选择 80°、60°、55°、30°、29°、0°六种，其角度数值用 2 位数指定；$\Delta d_{\min}$ 为最小切削深度；d 为精车余量；X(U)、Z(W) 为终点坐标或增量坐标；i 为螺纹锥度半径差($i=0$ 时为圆柱螺纹)；k 为螺纹高度，用半径值指定；Δd 为第一次的切削深度，用半径值指定；f 为螺距。

螺纹切削方式如图 3.62 所示。

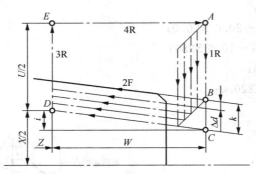

图 3.62 复合螺纹切削循环

例 3.14 车削如图 3.63 所示的一段螺纹,螺纹高度为 3.68mm,螺距 L 为 8mm,螺纹尾端倒角为 $1.1L$,刀尖角为 $60°$,第一次车削深度为 1.8mm,最小车削深度为 0.1mm,精车余量为 0.2mm,精车次数为 1 次,则螺纹加工程序为

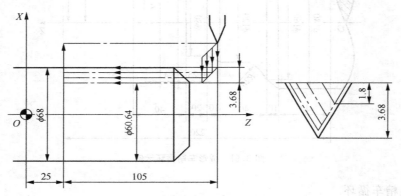

图 3.63 复合螺纹切削循环示例

……

N50 G76   P01 11 60 Q0.1   R0.2;
N18 G76   X60.64 Z25.0 R0.0 P3.68 Q1.8 F8.0;

……

车削固定循环中,X(U)、Z(W) 和 I(K) 是模态的,如果这些值不变,在下一个程序可不指定。如果某个值要改变,才在下一个程序段中指定。若指定非模态 G 代码(除 G04 外)或 G00 ~G03 代码,则数值被取消。

3.4.3.5 指定进给速度和主轴速度的 G 代码

1. G93:时间倒数的进给率

G93 指令实际上就是进给速率数表示法,单位为 1/时间(1/min)。

2. G94:每分钟进给量

G94 指令的单位为 mm/min。

3. G95:主轴每转进给量

G95 指令的单位为 mm/r

4. G96 和 G97:恒线速度控制指令

一般中档以上的数控车床都具有恒线速度功能。在数控车削端面或不同轴颈时,为使刀具与工件间的相对速度（称为表面速度）恒定，必须按车刀的瞬时径向位置调节主轴速度。G96 表示的恒线速度的单位为 m/min，其格式为

$$G96 P \begin{Bmatrix} 1 \\ 2 \\ 3 \\ 4 \end{Bmatrix} \_ *$$

其中，P 指定恒速控制的轴，P1、P2、P3 和 P4 分别对应 X 轴、Y 轴、Z 轴和第四轴。

快速移动 G00 指令的程序段中，G96 指令无效。在螺纹切削时，G96 指令有效。车削锥螺纹或端面螺纹时，要取消 G96 指令。

FANUC 系统的指令格式为 G96　S_ * 。

G97 指令可以注销 G96 指令，其单位为 r/min。

5. G98 和 G99：进给速度单位设置

在数控车床中有两种切削进给模式设置方法，一种是每转进给模式，单位为 mm/r；另一种是每分钟进给模式，单位为 mm/min。指令格式分别为

G99　F_;（每转进给模式）

G98　F_;（每分钟进给模式）

G98 和 G99 都是模态指令，一经指定一直有效，直到重新指定为止。默认方式是每转进给模式。

3.4.3.6　辅助功能"M"

辅助功能 M 也称为 M 代码、M 指令。这类指令主要用于机床加工操作时的一些开、关性质的工艺指令。M 功能常因生产厂家及机床的结构和规格不同而各异，这里介绍一些常用的 M 代码。

（1）M00：程序停止

在完成编有 M00 指令的程序段中的其他指令后，主轴停转、进给停止、冷却液关断，停止进给，进入程序暂停状态，用于操作机床时执行诸如手动变速、换刀、测量工件等操作。利用重启动"启动键"才能再次自动运转，继续执行下一个程序段。

（2）M01：计划停止

该指令的作用与 M00 指令相似。但必须是操作面板上"任选停止"按钮被按下（即处于接通状态），执行 M01 指令所在程序段后才起作用。如果"任选停止"开关不接通，则 M01 指令不起作用，程序继续执行。加工过程中需停机检查、测量零件、手工换刀和交接班等可使用 M01 指令。

（3）M02：程序结束

该指令位于最后一个程序段中，用于结束全部程序。此时主轴、进给停止，冷却液全部关闭，并使机床处于复位状态。

（4）M03、M04、M05：主轴的旋转指令

M03、M04 和 M05 分别为主轴顺时针旋转、主轴逆时针旋转和主轴停止指令。主轴正转是指从主轴往 $+Z$ 方向看，主轴顺时针方向旋转；反转则为逆时针方向旋转。主轴停止旋转是在该程序段及其他指令执行完成后才执行。一般情况下，在主轴停止的同时，机床开始制动和关闭冷却液。

（5）M06：换刀

该指令用于数控机床的自动换刀或显示待换刀号。T 指令只是用来选择刀库中的刀具，并不执行换刀动作，由 M06 指令执行换刀动作。即：自动换刀时用 M06，选刀用 T 功能指令；对仅仅显示待换刀号的数控机床，换刀是用手动实现的。该指令用于需换刀的数控车床和加工中心。

（6）M07：2 号冷却液开

该指令用于雾状冷却液开。

（7）M08：1 号冷却液开

该指令用于液状冷却液开。

（8）M09：冷却液关

该指令用于注销 M07、M08、M50（3 号冷却液开）和 M51（4 号冷却液开）。

（9）M10、M11：运动部件的夹紧和松开指令

该指令用于机床滑座、工件、夹具、主轴等的夹紧或松开。

（10）M19：主轴定向停止

该指令使主轴停止在预定的角度位置上。它主要用于镗孔时，镗刀穿过小孔镗大孔、反镗孔和精镗孔退刀不划伤已加工表面。自动换刀数控机床换刀时，也要用主轴定向停止指令。

（11）M30：程序结束并返回

在完成程序段的所有指令之后，使主轴、进给和冷却液停止。用以使控制机和机床复位，将程序指针返回到程序的第一条语句，便于准备下一个零件的加工。

（12）M38、M39：主轴速度范围

该指令用于设置主轴第一挡变速范围和主轴第二挡变速范围。

（13）M41、M42：主轴齿轮换挡

该指令用于主轴低速齿轮挡连接和高速齿轮挡连接。

（14）M61、M62：工件位移 1 和工件位移 2

该指令使工件移到固定位置。

（15）M71～M78：工件角度位移

该指令使分度工作台转到第一至第八个位置。

（16）M98、M99：子程序调用指令

M98 指令用于子程序调用，M99 指令用于从子程序返回。

3.5　数控车床程序编制方法及实例

数控车床分为立式数控车床和卧式数控车床两种类型。立式数控车床用于回转直径较大的盘类零件的车削加工。卧式数控车床用于轴向尺寸较长或小型盘类零件的车削加工。这两类数控车床中，卧式数控车床的结构形式较多、加工功能丰富、使用面广。在此主要针对卧式数控车床进行阐述。

卧式数控车床按功能可进一步分为经济型数控车床、普通数控车床和车削加工中心。经济型数控车床属低档型，一般采用步进电动机和单片机控制，成本较低，车削精度也不高，适用于精度要求不高的回转类零件的车削加工或高校学生金工实习、课程实践中的零件加工。普通数控车床是一种档次高一些的机床，数控系统功能强，具有刀具半径补偿、固定循环等功能，

自动化程度和加工精度比较高,适用于一般回转类零件的车削加工。这种数控车床可同时控制两个坐标轴,即 X 轴和 Z 轴,普遍应用于企业的实际生产中。车削加工中心是在普通数控车床的基础上,增加了 C 轴和铣削动力头,配备了刀库和机械手,可实现 X、Z 和 C 三个坐标轴联动。车削加工中心除可以进行一般车削外,还可以进行径向和轴向铣削、曲面铣削、中心线不在零件回转中心的孔和径向孔的钻削等加工。

3.5.1　数控车床编程中的工艺处理

1. 对刀具和刀座的要求

数控车床常用的刀具如图 3.64 所示。加工时可根据加工内容、工件材料等选用,要保证刀具强度、耐用度。应尽可能使用机夹刀和机夹刀片,以减少换刀时间和对刀时间。由于机夹刀在数控车床上安装时,一般不采用垫片调整刀尖高度,所以刀尖高的精度在制造时就应得到保证。对于"长径比"较大的内径刀杆,要求其具有良好的抗振结构。

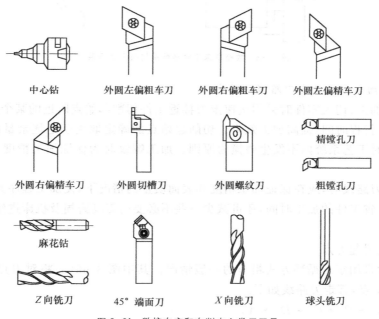

| 中心钻 | 外圆左偏粗车刀 | 外圆右偏粗车刀 | 外圆左偏精车刀 |

| 外圆右偏精车刀 | 外圆切槽刀 | 外圆螺纹刀 | 精镗孔刀 / 粗镗孔刀 |

| 麻花钻 | 45°端面刀 | Z 向铣刀 | X 向铣刀 | 球头铣刀 |

图 3.64　数控车床和车削中心常用刀具

数控刀具很少直接装在数控车床刀架上,它们一般用刀座过渡。因此,需根据刀具的形状、刀架的外形和刀架对主轴的配置形式来决定刀座的结构。目前,刀座的种类繁多且标准化程度低,选型时应尽量减少种类、型式,以利于管理。

2. 对夹具的要求

在数控车床上工件的装夹多数采用三爪自定心卡盘夹持工件;轴类零件也常采用两顶尖方式夹持;为了提高刚度,用跟刀架辅助支承。由于数控车床主轴转速极高,为便于工件夹紧,多采用液压高速动力卡盘,因它在生产厂已通过了平衡,具有高转速(极限转速可达 4000～6000r/min)、高夹紧力(最大推拉力为 2000～8000N)、高精度、调爪方便、使用寿命长等优点。使用软爪夹持工件,软爪弧面由操作者随机配制,可获得理想的夹持精度。通过调整油缸压力,可改变卡盘夹紧力,以满足夹持各种薄壁和易变形工件的特殊需要。为减少细长轴加工时受力变形,提高加工精度,以及在加工带孔轴类工件内孔时,可采用液压自动定心中心架,其定心精度可达 0.03mm。

3. 坐标系统

数控车床的机床原点定义为主轴旋转中心线与车床端面的交点,图 3.65 中的 O 即为机床原点。主轴轴线方向为 Z 轴,刀具远离工件的方向为 Z 轴正方向。X 轴为水平径向,且刀具远离工件的方向为正方向。

为了方便编程和简化数值计算,数控车床的工件坐标系原点一般选在工件的回转中心与工件右端面或左端面的交点上,如图 3.65 中的 O'。

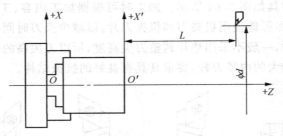

图 3.65 数控车床工件坐标系与机床坐标系

4. 切入和切出方式及走刀路线的确定

对于车削加工,切入零件时采用快速走刀接近工件切削起始点附近的某个点,再改用切削进给,以减少空行程时间,提高加工效率。切削起始点的确定取决于毛坯余量的大小,以刀具快速走到该点时工艺系统内不发生碰撞为原则。加工螺纹时为保证加工精度,应有一定引入和引出距离。

在确定走刀路线时,应在保证加工精度和表面质量的情况下,使加工程序具有最短的走刀路线,不仅可节省工件的加工时间,还可减少一些不必要的刀具磨损及机床进给机构滑动部件的磨损等。

(1)合理设置起刀点

图 3.66 为采用矩形循环方式粗车的一般情况。其中图 3.66(a)将对刀点与起刀点设置在同一点,即 A 点,其走刀路线如下。

第一刀:$A \rightarrow B \rightarrow C \rightarrow D \rightarrow A$;

第二刀:$A \rightarrow E \rightarrow F \rightarrow G \rightarrow A$;

第三刀:$A \rightarrow H \rightarrow I \rightarrow J \rightarrow A$。

图 3.66(b)则将对刀点与起刀点分离,设置为两点,即 A 点和 B 点,其走刀路线如下。

对刀点与起刀点分离的空行程为 A→B

第一刀:$B \rightarrow C \rightarrow D \rightarrow E \rightarrow B$;

第二刀:$B \rightarrow F \rightarrow G \rightarrow H \rightarrow B$;

第三刀:$B \rightarrow I \rightarrow J \rightarrow K \rightarrow B$。

显然采用图 3.66(b)所示的方式,可以缩短走刀路线,提高加工效率。该方法也可用在其他循环车削(如螺纹车削)的加工中。

(2)合理设置换刀点

为了换刀的方便和安全,可将换刀点设置在离工件较远的位置处,但会导致换刀后空行程路线的增长;在满足换刀空间的前提下将换刀点设置在较近点,则可缩短空行程距离。

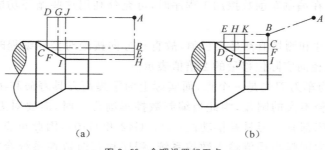

（a）　　　　　　　　　　　　（b）

图 3.66　合理设置起刀点

（3）合理安排"回零"路线

有时编程人员在编制较复杂零件的加工程序时，为尽量简化计算过程，便于校核程序，会使刀具通过执行"回零"指令，返回到对刀点的位置，然后再执行后续程序。这样就增加了走刀路线的距离，因此，在安排"回零"路线时，应使其前一刀终点与后一刀起点间的距离尽量缩短，或者为零，以满足走刀路线为最短的要求。另外，在选择返回对刀点指令时，在不发生加工干涉现象的前提下，应尽量采用 X、Z 坐标轴双向同时"回零"指令，该指令功能的"回零"路线将是最短的。

（4）确定最短走刀路线

图 3.67 所示为零件粗车的几种不同切削走刀路线的安排示意图。其中图 3.67（a）表示封闭式复合循环功能控制的走刀路线；图 3.67（b）为"三角形"走刀路线；图 3.67（c）为"矩形"走刀路线。这三种走刀路线中，矩形循环路线的进给总长度为最短。

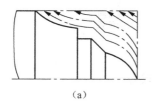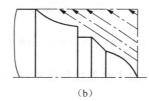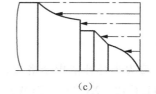

（a）　　　　　　　　　　（b）　　　　　　　　　　（c）

图 3.67　粗车进给路线示例

5. 切削用量选用

车削时，随着切削速度的提高，刀尖温度会上升，会产生机械的、化学的、热的刀具磨损。切削速度提高 20%，刀具寿命会减少 1/2。增大进给量，切削温度同样会上升，造成刀具磨损，但这种磨损对刀具的影响比提高切削速度所造成的影响要小。切削深度对刀具的影响相对切削速度和进给量来讲较小，但在微小切削深度切削时，被切削材料产生硬化层，同样会缩短刀具的寿命。因此要根据被加工零件精度、零件材料、硬度、切削状态、刀具材料等因素合理选用进给量、切削深度和切削速度。

6. 数控车床的编程特点

归纳起来，数控车床的编程有以下特点。

① 在一个零件的加工程序段中，根据图纸上标注的尺寸，可以按绝对坐标编程、增量坐标编程或两者混合编程。当按绝对坐标编程时用代码 X 和 Z 表示；按增量坐标编程时则用代码 U 和 W 表示，一般不用 G90、G91 指令。

② 车削常用的毛坯为棒料或锻件，加工余量较大，为简化编程，数控车床的控制系统具有

各种固定循环功能,在编制车削数控加工程序时,可充分利用这些循环功能,达到多次循环切削的目的。

③ 由于图纸尺寸和测量值都是直径值,故直径方向按绝对坐标编程时以直径值表示,按增量坐标编程时,以径向实际位移量的 2 倍值表示。

④ 编程时,认为车刀刀尖是一个点,而实际上为了提高刀具寿命和工件表面质量,车刀刀尖常磨成一个半径不大的圆弧,为此当编制数控车削程序时,需要对刀具半径进行补偿。由于大多数数控车床都具有刀具补偿功能(G41、G42 和 G40),因此可直接按工件轮廓尺寸编程。加工前将刀尖圆弧半径值输入数控系统,程序执行时数控系统会根据输入的补偿值对刀具实际运动轨迹进行补偿。对不具备刀具自动补偿功能的数控车床,则需手动计算补偿量。

a. 刀尖半径与假想刀尖。一般车刀均有刀尖半径,即在车刀刀尖部分有一圆弧构成假想圆的半径值,如图 3.68 所示。用假想刀尖(实际不存在)编程时,当车外径或端面时,刀尖圆弧大小并不起作用,当车削倒角、锥面或圆弧时,则会引起过切或欠切,如图 3.69 所示,从而影响精度,因此在编制数控车削程序时,可以利用刀具半径补偿功能给予补偿。

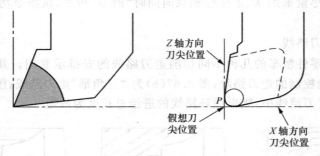

图 3.68 假想刀尖与刀尖半径

b. 刀尖半径补偿指令格式。刀尖半径补偿指令程序段格式为

G41/G42 X(U)_ Z(W)_;

其中,G41、G42 分别为刀具半径补偿左偏置和右偏置指令。偏置值在 T ××××后两位数表示的补偿号对应的存储单元中。

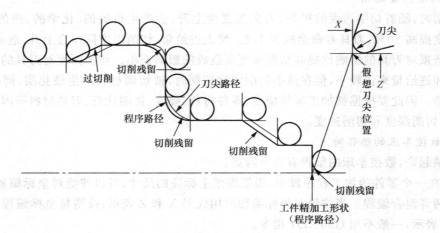

图 3.69 刀尖圆弧造成的过切和欠切

G40 为补偿取消指令,应写在程序开始的第一个程序段及取消刀尖半径补偿的程序段中,格式为

G40 X(U)_ Z(W)_;

图 3.70 为补偿与未经补偿的刀尖位置。

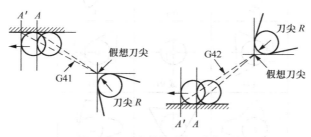

图 3.70 刀具补偿后的刀尖位置

c. 刀尖半径补偿量的设定。在数控系统中,每一把刀具的相关数据值(X 轴、Z 轴的位置补偿值,圆弧半径补偿值和假想刀尖方位(0~9))存放在刀具补偿号对应的存储单元中,刀具补偿设定界面如图 3.71 所示。刀具号应与刀具补偿号相对应,这样在加工时系统会自动计算刀具的中心轨迹,使刀具按刀尖圆弧中心轨迹运动,而无表面形状误差。假想刀尖方位是对不同形式刀具的一种编码,如图 3.72 所示。

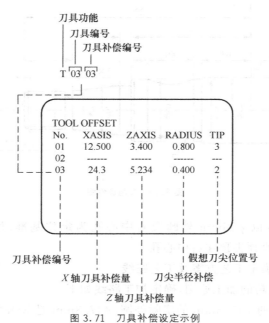

图 3.71 刀具补偿设定示例

⑤ 第三坐标指令 I、K 在不同的程序段中作用也不相同。I、K 在圆弧切削时表示圆心相对圆弧起点的坐标增量,而在有固定循环指令的程序中,I、K 坐标则用来表示每次循环的进刀量。

3.5.2 数控车床编程实例

如图 3.73 所示零件,毛坯为 ϕ85mm×340mm 棒材,材料为 45 钢。对该零件实施精加工。图 3.73 中 ϕ85mm 处不加工。选用具有直线—圆弧插补功能的数控车床加工该零件。

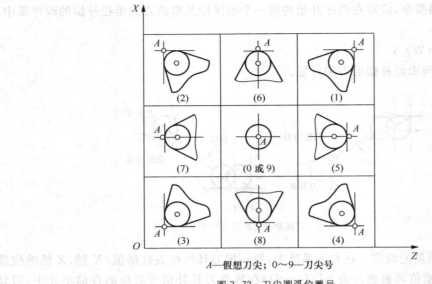

A—假想刀尖；0～9—刀尖号

图 3.72 刀尖圆弧位置号

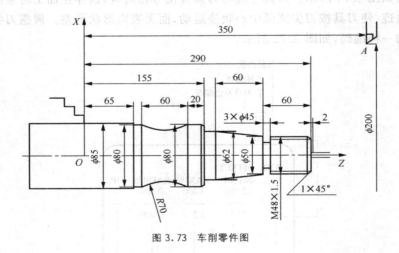

图 3.73 车削零件图

工件的装夹方式为：以 φ85mm 外圆及右中心孔为定位基准，用三爪自定心卡盘夹持 φ85mm 外圆，用机床尾座顶尖顶住右中心孔。

（1）分析零件图纸，确定工艺方案及工艺路线

按先主后次、先粗后精的加工原则，确定加工路线如下。

① 倒角→切削螺纹的 φ47.8mm 的实际外圆（φ47.8mm 是 M48×1.5 螺纹的实际外径）→切削锥度部分→车削 φ62mm 外圆→倒角→车削 φ80mm 外圆→切削圆弧部分→车削 φ80mm 外圆。

② 切槽。

③ 车螺纹，螺纹分四刀车削完成。

（2）选择刀具

根据加工要求，选用三把刀具，Ⅰ号刀车外圆，Ⅱ号刀切槽，Ⅲ号刀车螺纹。刀具布置图如图 3.74 所示。采用对刀仪对刀，螺纹车刀刀尖相对Ⅰ号刀尖在 Z 向偏置 10mm，用刀具位置

补偿来解决。T03 表示 3 号刀,T02 表示 2 号刀,T01 表示 1 号刀。编程时应正确地选择换刀点,以换刀方便,不与工件、机床及夹具碰撞为原则。本例中,换刀点为 *A*。

(3)确定切削用量

车外圆时,主轴转速确定为 $S = 600r/min$,进给速度选择为 $F = 150mm/min$。切槽时,主轴转速为 $S = 315r/min$,进给速度选择为 $F = 10mm/min$。车削螺纹时,主轴转速定为 $S = 220r/min$,进给速度选为 $F = 1.5mm/r$,即每转走一个螺距。

(4)编写程序单

确定工件坐标系 *XOZ*,*O* 点为原点,工件坐标系及换刀点如图 3.73 所示。并将换刀点 *A* 作为对刀点,即是程序起点。以 SKY 数控系统的指令编写的该零件的加工程序单如下。

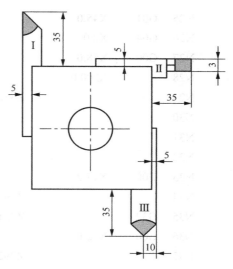

图 3.74 刀具布置图

O0001

N1	G92	X200.0	Z350.0			工件坐标系设定
N2				M06	T01	换 1 号刀
N3				M03	S600	
N4	G00	X50.0	Z290.0			
N5	G01	X0.0		F150		车端面
N6		X45.8				
N7		X47.8	Z289.0			
N8			Z230.0			车螺纹外圆
N9		X50.0				车台阶
N10		X62.0	Z170.0			车圆锥
N11			Z155.0			车 $\phi62mm$ 外圆
N12		X78.0				车台阶
N13		X80.0	Z154.0			倒角
N14			Z135.0			车 $\phi80mm$ 外圆
N15	G02	X80.0	Z75.0	I63.25	K-30.0	车 R70mm 圆弧
N16	G01		Z65.0			车 $\phi80mm$ 外圆
N17		X90.0				
N18	G00	X200.0				退刀
N19			Z350.0			退刀
N20				M05		
N21				M06	T02	换 2 号刀
N22				M03	S315	
N23	G00	X58.0				
N24			Z230.0			

N25	G01	X45.0		F10	切槽
N26	G04	X2.0			暂停进给 2s
N27	G00	X58.0			
N28		X200.0			
N29			Z350.0		
N30				M05	
N31				M06 T03	换 3 号刀
N32				M03 S220	
N33	G00	X47.2			
N34			Z292.0		快速接近车螺纹进给刀起点
N35	G32		Z231.5	F1.5	螺纹切削循环，螺距为 1.5mm
N36	G00	X52.0			
N37			Z292.0		
N38	G01	X46.6		F150	
N39	G32		Z231.5	F1.5	螺纹切削循环，螺距为 1.5mm
N40	G00	X52.0			
N41			Z292.0		
N42	G01	X46.1		F150	
N43	G32		Z231.5	F1.5	螺纹切削循环，螺距为 1.5mm
N44	G00	X52.0			
N45			Z292.0		
N46	G01	X45.8		F150	
N47	G32		Z231.5	F1.5	螺纹切削循环，螺距为 1.5mm
N48	G00	X200.0			
N49			Z350.0		
N50				M06 T01	
N51				M02	

3.6 数控铣床程序编制方法及实例

数控铣削加工是实际生产中最常用和最主要的数控加工方法之一，它的特点是能同时控制多个坐标轴运动，并使多个坐标方向的运动之间保持预先确定的关系，从而把工件加工成某一特定形状的零件。数控铣床除了能铣削普通铣床所能铣削的各种零件表面外，还能铣削普通铣床不能铣削的，需 2～5 坐标联动的各种平面轮廓、立体轮廓和曲面零件。

3.6.1 数控铣削编程中的工艺处理

1. 确定加工内容

选择数控铣削加工内容时，应从实际需要和经济性两个方面考虑。通常选择下列加工部位为其加工内容：零件上的曲线轮廓，特别是由数学表达式描绘的非圆曲线和列表曲线等曲线轮廓；已给出数学模型的空间曲面；形状复杂、尺寸繁多，画线与检测困难的部位；用通用铣床加工难以观察、测量和控制进给的内外凹槽;需尺寸协调的高精度表面;在一次安装中能顺带铣出来的简单表面;采用数控铣削能成倍提高生产率,大大减轻体力劳动强度的一般加工内容。

2. 确定加工路线

铣削外轮廓零件时应切向切入、切出;应尽量采用顺铣;避免进给停顿。铣削内轮廓零件时最好采用圆弧切入、切出,以保证不留刀痕。铣削型腔时可先平行切削、再环形切削。铣削曲面时通常采用行切法加工,行切法是指刀具与曲面的切点轨迹是一行一行的,且行距根据加工精度要求确定,如图 3.75 所示。复杂曲面采用行切法加工时要采用四坐标、五坐标数控铣床进行加工,如图 3.76 所示。

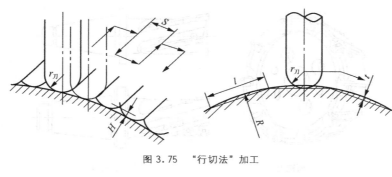

图 3.75　"行切法"加工

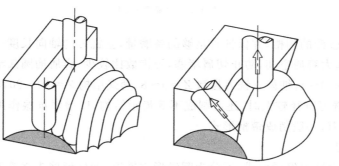

图 3.76　曲面的四坐标和五坐标加工

3. 铣刀的选择

铣刀类型应与工件表面形状与尺寸相适应。加工较大的平面应选择面铣刀;加工凹槽、较小的台阶面及平面轮廓应选择立铣刀;加工空间曲面、模具型腔或凸模成形表面等多选用模具铣刀;加工封闭的键槽选择键槽铣刀;加工变斜角零件的变斜角面应选用鼓形铣刀;加工各种直的或圆弧形的凹槽、斜角面、特殊孔等应选用成形铣刀。根据不同的加工材料和加工精度要求,应选择不同参数的铣刀进行加工。数控铣刀种类很多,以下介绍几种在数控机床上常用的铣刀。

(1)面铣刀

如图 3.77(a)所示,面铣刀的圆周表面和端面上都有切削刃,端部切削刃为副切削刃。面铣刀多制成套式镶齿结构,刀齿材料为高速钢或硬质合金,刀体为 40Cr。

硬质合金面铣刀与高速钢铣刀相比,铣削速度较高、加工效率高、加工表面质量也较好,并可加工带有硬皮和淬硬层的工件,故得到广泛应用。硬质合金面铣刀按刀片和刀齿安装方式的不同,可分为整体焊接式、机夹焊接式和可转位式三种。目前常用可转位式面铣刀。

可转位式面铣刀是将可转位刀片通过夹紧元件夹紧在刀体上,当刀片的一个切削刃用钝后,直接在机床上将刀片转位或更换新刀片。

（2）立铣刀

立铣刀是数控机床上最常用的一种铣刀,如图 3.77(b)所示。立铣刀的圆柱表面和端面上都有切削刃,圆柱表面的切削刃为主切削刃,端面上的切削刃为副切削刃。为增加切削平稳性,主切削刃一般为螺旋齿。主切削刃和副切削刃可同时进行切削,也可单独进行切削。由于普通立铣刀端面中心处无切削刃,所以立铣刀不能作轴向进给,端面刃主要用来加工与侧面相垂直的底平面。

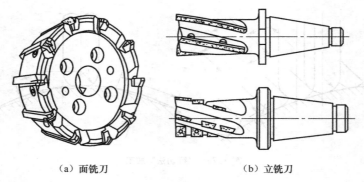

（a）面铣刀 （b）立铣刀

图 3.77 面铣刀与立铣刀

为了能加工较深的沟槽,并保证有足够的备磨量,立铣刀的轴向长度一般较长。为了改善切屑卷曲情况,增大容屑空间,防止切屑堵塞,刀齿数比较少,容屑槽圆弧半径则较大。一般粗齿立铣刀齿数 $Z=3\sim4$,细齿立铣刀齿数 $Z=5\sim8$,套式结构 $Z=10\sim20$,容屑槽圆弧半径 $r=2\sim5mm$。当立铣刀直径较大时,还可制成不等齿距结构,以增强抗振作用,使切削过程平稳。直径较小的立铣刀,一般制成带柄形式。

（3）模具铣刀

模具铣刀由立铣刀发展而成,可分为圆锥形立铣刀、圆柱形球头立铣刀和圆锥形球头立铣刀三种,其柄部有直柄、削平型直柄和莫氏锥柄。它的结构特点是球头或端面上布满切削刃,圆周刃与球头刃圆弧连接,可以作径向和轴向进给。铣刀工作部分用高速钢或硬质合金制造。国家标准规定直径 $d=4\sim63mm$。图 3.78 所示为用高速钢制造的模具铣刀,图 3.79 所示为用硬质合金制造的模具铣刀。小规格的硬质合金模具铣刀多制成整体结构,$\phi16mm$ 以上直径可制成焊接或机夹可转位刀片结构。

（4）键槽铣刀

如图 3.80 所示,键槽铣刀有两个刀齿,圆柱面和端面都有切削刃,端面刃延至中心,既像立铣刀,又像钻头。加工时先轴向进给达到槽深,然后沿键槽方向铣出键槽全长。

（5）鼓形铣刀

如图 3.81 所示,鼓形铣刀的切削刃分布在半径为 R 的圆弧面上,端面无切削刃。加工时控制刀具上下位置,相应改变刀刃的切削部位,可以在工件上切出从负到正的不同斜角。R越小,鼓形铣刀所能加工的斜角范围越广,但所获得的表面质量也越差。这种刀具的缺点是刃磨困难,切削条件差,且不适合加工有底的轮廓表面。

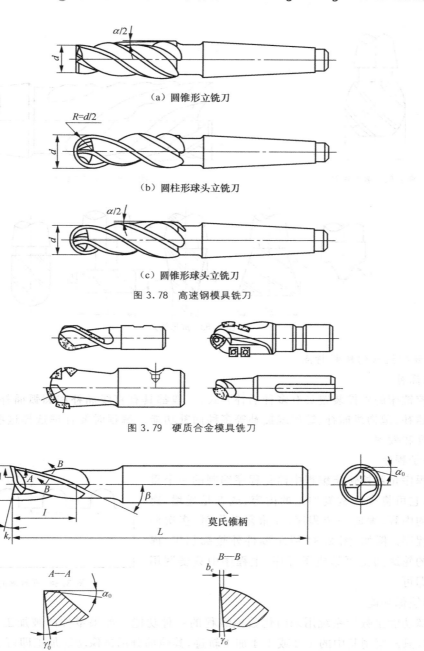

（a）圆锥形立铣刀

（b）圆柱形球头立铣刀

（c）圆锥形球头立铣刀

图 3.78 高速钢模具铣刀

图 3.79 硬质合金模具铣刀

图 3.80 键槽铣刀

（6）波纹立铣刀

如图 3.82 所示，波纹立铣刀因其切削刃呈正弦波的形状而得名。它的特点是主切削刃各点的半径、前角、刃倾角都不等，能减少切削振动；切削阻力小、切屑成鱼鳞状，因而排屑流畅，散热性能好，刀具耐用度高。这种刀具克服了传统刀具的许多缺陷，在数控加工中应用越来越广泛。

（7）成形铣刀

如图 3.83 所示，成形铣刀一般都是为特定的工件或加工内容专门设计制造的，如角度面、凹槽、特形孔或台阶等。

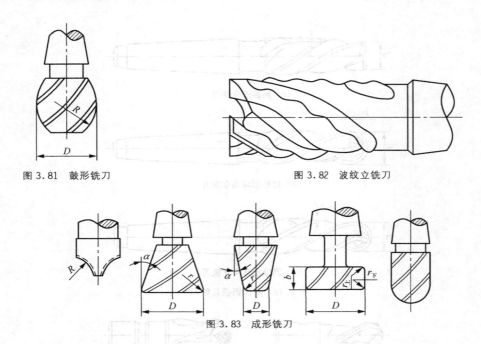

图 3.81 鼓形铣刀   图 3.82 波纹立铣刀

图 3.83 成形铣刀

4. 数控铣床的编程特点

（1）插补

数控铣床的数控装置具有多种插补方式，一般都具有直线插补和圆弧插补。有的还具有极坐标插补、抛物线插补、螺旋线插补等多种插补功能。编程时要合理选择这些功能，以提高加工精度和效率。

（2）子程序

子程序是数控铣床编程中简化程序编制的一个重要功能，它可将多次重复加工的内容，或者是递增、递减尺寸的内容，编成一个程序，在重复动作时，多次调用这个程序。例如，图 3.84 所示零件外轮廓加工，虚线框内的轮廓加工可编成子程序，主程序中只要调用子程序即可。

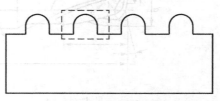

图 3.84 子程序的应用

（3）镜像功能

镜像功能是数控系统用来简化数控编程的一种功能。如果零件的被加工表面对称于 X 轴、Y 轴，只需编制其中的 1/2 或 1/4 加工轨迹，其他部分用镜像功能加工即可。

（4）变量功能

对于某些结构相似、尺寸参数不同的零件的加工程序的编制，可以采用变量技术，即在程序中用变量代替实际的坐标尺寸，在执行前给变量赋值。

3.6.2 数控铣床编程实例

用立铣刀加工如图 3.85 所示的平面凸轮。凸轮轮廓由若干段圆弧构成。加工时以 ϕ30H7 中心孔定位，并装在通用夹具上。对刀点选在中心孔 ϕ30H7 上，距零件上表面 40mm 处。加工从 A 点开始，沿逆时针方向进行。刀具用 ϕ10mm 立铣刀。进给速度 $F_1 = 200$mm/min。Z 向下刀速度为 $F_2 = 100$mm/min。主轴转速 $n = 600$r/min。刀具半径补偿 $D_{01} = 5$mm。

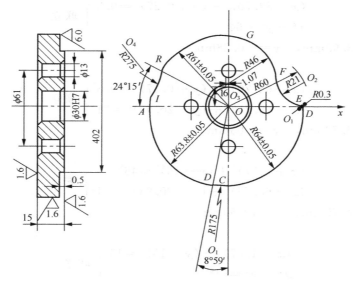

图 3.85　铣削工件

基点计算如下。

$\overset{\frown}{BC}$ 的中心 O_1 点

$$x = -(175 + 63.8)\sin 8°59' = -37.28(\text{mm})$$
$$y = -(175 + 63.8)\cos 8°59' = -235.86(\text{mm})$$

$\overset{\frown}{EF}$ 的中心 O_2 点

$$\left. \begin{array}{l} x^2 + y^2 = 69^2 \\ (x - 64)2 + y^2 = 21^2 \end{array} \right\} \text{联立}$$

解之得 $x = 65.75\text{mm}$, $y = 20.93\text{mm}$

$\overset{\frown}{HI}$ 的中心 O_4 点

$$x = -(175 + 61)\cos 24°15' = -215.18(\text{mm})$$
$$y = -(175 + 61)\sin 24°15' = 96.93(\text{mm})$$

$\overset{\frown}{DE}$ 的中心 O_5 点

$$\left. \begin{array}{l} x^2 + y^2 = 63.7^2 \\ (x - 65.75)^2 + (y - 20.93)^2 = 21.30^2 \end{array} \right\} \text{联立}$$

解之得 $x = 63.70\text{mm}$, $y = -0.27\text{mm}$

B 点

$$x = -63.8\sin 8°59' = -9.96(\text{mm})$$
$$y = -63.8\cos 8°59' = -63.02(\text{mm})$$

C 点

$$\left. \begin{array}{l} x^2 + y^2 = 64^2 \\ (x + 37.28)^2 + (y + 235.86)^2 = 175^2 \end{array} \right\} \text{联立}$$

解之得 $x = -5.57\text{mm}$, $y = -63.76\text{mm}$

D 点

$$\left.\begin{array}{l}(x-63.70)^2+(y+0.27)^2=0.3^2\\x^2+y^2=64^2\end{array}\right\}\text{联立}$$

解之得 $x=63.99\text{mm}$，$y=-0.28\text{mm}$

E 点

$$\left.\begin{array}{l}(x-63.70)^2+(y+0.27)^2=0.3^2\\(x-65.75)^2+(y-20.93)^2=21^2\end{array}\right\}\text{联立}$$

解之得 $x=63.72\text{mm}$，$y=0.03\text{mm}$

F 点

$$\left.\begin{array}{l}(x+1.07)^2+(y-16)^2=46^2\\(x-65.75)^2+(y-20.93)^2=21^2\end{array}\right\}\text{联立}$$

解之得 $x=44.79\text{mm}$，$y=19.60\text{mm}$

G 点

$$\left.\begin{array}{l}(x+1.07)^2+(y-16)^2=46^2\\x^2+y^2=61^2\end{array}\right\}\text{联立}$$

解之得 $x=14.79\text{mm}$，$y=59.18\text{mm}$

H 点

$$x=-61\cos4°15=-55.62(\text{mm})$$
$$y=61\sin4°15=25.05(\text{mm})$$

I 点

$$\left.\begin{array}{l}x^2+y^2=63.8^2\\(x+215.18)^2+(y-96.93)^2=175^2\end{array}\right\}\text{联立}$$

解之得 $x=-63.02\text{mm}$，$y=9.97\text{mm}$

根据上面的数值计算结果，采用 SKY 数控系统指令编写的凸轮加工程序如下。

O0002;

N1	G92	X0.0	Y0.0	Z40.0		建立工件坐标系
N2				M03	S600	主轴顺时针旋转
N3	G00	X−80				
N4			Z3			
N5	G01			Z−5	F100	下刀至零件下表面以下 5mm
N6	G42 D01	X−63.8	Y20		F200	建立刀补
N7			Y0			
N8	G03	X−9.96	Y−63.02	I63.8	J0	加工 $\overarc{AB}$
N9	G02	X−5.57	Y−63.76	R175.0		加工 $\overarc{BC}$
N10	G03	X63.99	Y−0.28	R64.0		加工 $\overarc{CD}$
N11		X63.72	Y0.03	R0.3		加工 $\overarc{DE}$
N12	G02	X44.79	Y19.6	R21.0		加工 $\overarc{EF}$
N13	G03	X14.79	Y59.18	R46.0		加工 $\overarc{FG}$
N14		X−55.26	Y25.05	R61.0		加工 $\overarc{GH}$

N15	G02	X-63.01	Y9.97	R175.0	加工 $\overset{\frown}{HI}$
N16	G03	X-63.80	Y0	R63.8	加工 $\overset{\frown}{IA}$
N17	G01		Y-20.0	F300	
N18	G40				刀补撤销
N19		X-80	Y0		
N20	G00		Z40.0		
N21		X0	Y0		X、Y 向返回起刀点
N22	M05				
N23	M02				

思考题和习题

3-1 什么是准备功能字和辅助功能字？常用的准备功能字和辅助功能字分别有哪些？

3-2 简述数控机床程序编制的内容与步骤。

3-3 数控机床的坐标轴与运动方向是怎样规定的？与加工程序编制有何关系？

3-4 模态指令和非模态指令的区别有哪些？

3-5 何为刀具半径补偿？它在零件加工中的主要用途有哪些？

3-6 用 G92 程序段设置工件坐标系时，刀具或工件是否产生运动？为什么？

3-7 试解释 G00、G01、G02、G03、G41、G04、G90、G91、G18、G43 指令的含义。

3-8 非圆曲线用直线逼近时节点的计算方法主要有哪几种？

3-9 加工路线选择时应注意哪些问题？

3-10 如何选择一个合理的对刀点？

3-11 说出 G92 与 G54～G59 指令的区别。

3-12 固定循环指令应用在哪些工艺中？

3-13 什么是机床坐标系和编程坐标系，两者之间的关系如何？

3-14 试编制图 3.86 和图 3.87 所示零件的数控车削加工程序，数控系统为 FANUC 0T 或 6T。

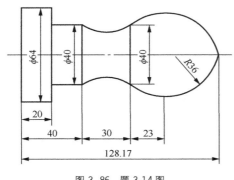

图 3.86 题 3-14 图

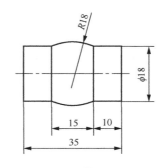

图 3.87 题 3-14 图

3-15 试编制图 3.88 和图 3.89 所示零件外轮廓的数控铣削加工程序，数控系统为 FANUC 0M 或 6M，板厚为 25mm。

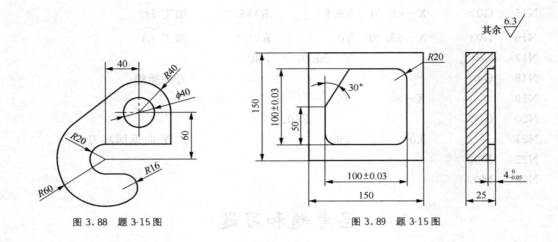

图 3.88　题 3-15 图　　　　　　　　　图 3.89　题 3-15 图

其余 6.3

思考题和习题

3-1　什么是程序运动起始点和程序运动终止点？常用的程序运动终止点功能指令分别有哪些？

3-2　简述数控机床程序编制的几个步骤。

3-3　数控机床加工坐标系如何建立？坐标轴是怎样规定的？与加工程序中编制的如何关系？

3-4　试选择合适的坐标系的 G 代码指令编程。

3-5　何为刀具半径补偿？在工件加工程序中起主要作用有哪些意义？

3-6　用 G92 程序指令建立工件坐标系时，刀具应工件怎样确定刀位点？演什么？

3-7　试解释 G00、G01、G02、G03、G17、G01、G90、G01、G18、G15 指令的含义。

3-8　非圆曲线用直线逼近时还如何处理？演为什么这段三层道路的补偿是什么？

3-9　加工圆弧时还有哪些需要注意的问题？

3-10　如何选择一个合适的切入点？

3-11　简述 G92 与 G54～G59 的异同及联系。

3-12　固定循环 M 指令怎样的特点的？有什么用途？

3-13　什么是圆弧线无法加工工件怎么结果，要工之间的关系是如何？

3-14　按照图图 3.87 所示的 L 形工台所有的数控平口铣削工件时，请编写完成 FANUC 0T 数控 0T。

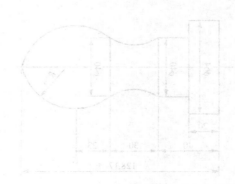

图 3.5　题 3-14 图　　　　　　　　　图 3.86　题 3-15 图

3-15　按照如图 3.88 和图 3.89 所示平面零件所示的数控平口铣削工件时，请编写完成 FANUC0M 的 0M，编图为 25mm。

【目标】

　　了解计算机数控装置的组成和特点,掌握计算机数控系统的硬件结构和软件结构,掌握计算机数控系统数据输入和数据处理以及刀具补偿的原理,掌握 PLC 在数控装置中的应用。

【学习任务】

通过本章的学习,你需要掌握以下的知识。

* 计算机数控系统的组成及特点
* 计算机数控系统的硬件结构
* 计算机数控系统的软件结构
* 输入数据的处理
* 刀具补偿原理
* PLC 在数控系统中的应用

4.1　CNC 系统的组成及特点

4.1.1　CNC 系统的定义与结构

　　传统的 NC 系统是完全由硬件逻辑电路构成的专用硬件数控装置,计算机数控(Computerized Numerical Control,CNC)系统是在硬件数控系统的基础上发展起来的。它是一种包含计算机在内的数字控制系统,根据计算机存储的控制程序执行部分或全部数控系统的功能。依照 EIA 所属的数控标准化委员会的定义,CNC 系统是用一个存储程序的计算机,按照存储在计算机内的读写存储器中的控制程序去执行数控装置的一部分或全部功能,在计算机之外的唯一装置是接口。目前,计算机数控系统中所用的计算机已不再是小型计算机,而是微型计算机,用微型计算机控制的系统称为 MNC 系统,亦统称为 CNC 系统。

　　由上述定义可知,CNC 系统与传统 NC 系统的区别在于:CNC 系统附加一个计算机作为控制器的一部分,其组成框图如图 4.1 所示。图中的计算机接收各种输入信息(如键盘、操作面板等输入的指令信息),执行各种控制功能(如插补计算、运行管理等),而硬件电路完成其他一些控制和接口操作。

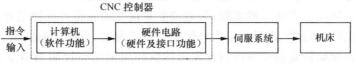

图 4.1　计算机数控系统组成框图

图 4.2 给出了较详细的微处理机数控系统(MNC 系统)方框图。CNC 装置是数控系统的控制核心,其硬件和软件控制着各种数控功能的实现,它与数控系统的其他部分通过接口相连。CNC 装置与通用计算机一样,是由中央处理器(CPU)及存储数据与程序的存储器等组成。存储器分为系统控制软件程序存储器(ROM)、零件程序存储器(RAM)及工作区存储器(输入/输出寄存器)。ROM 中的系统控制软件程序是由数控系统生产厂家写入,用来完成CNC 系统的各种功能,数控机床操作者将各自的加工程序存储在零件程序存储器(RAM)中,供数控系统用于控制机床加工零件。工作区存储器是系统程序执行过程中的活动场所,用于堆栈、参数保存、中间运算结果保存等。中央处理器(CPU)执行系统程序、读取加工程序,经过加工程序段译码、预处理计算,然后根据加工程序段指令,进行实时插补与机床位置伺服控制,同时将辅助动作指令通过可编程序控制器(PLC)发往机床,并接收通过可编程序控制器返回的机床各部分信息,以决定下一步操作。

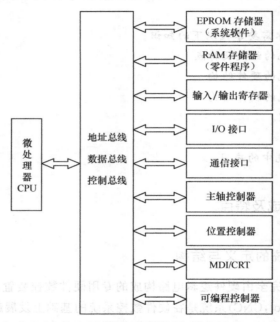

图 4.2　微处理机数控系统方框图

输入/输出(I/O)部分包括各种类型的输入/输出设备(又称外部设备)以及 I/O 接口控制部件。其外部设备主要包括显示器、键盘、打印机以及操作面板等。其中键盘主要用作输入操作命令及编辑修改数据段,也可以用作少量零件加工程序的输入;CRT 作为显示器及监控之用;操作面板可供操作员改变操作方式、输入数据、启停以及加工等。除此之外,外部输入设备还包括闪存、通信输入、网络等。输出设备还包括打印机。输入/输出接口是计算机和机床之间联系的桥梁和通道。典型的输入/输出接口控制部件有数控系统操作面板接口、进给伺服控制接口以及字符显示器(CRT)接口等。

驱动控制装置用来控制各个轴的运动,其中进给轴的位置控制部分常在数控装置中以硬件位置控制模块或软件位置调节器实现,即数控装置接收实际位置反馈信号,将其与插补计算出的命令位置相比较,通过位置调节作为轴位置控制给定量,再输出给伺服驱动系统。

机床电器逻辑控制装置接受数控装置发出的数控辅助功能控制的指令,进行机床操作面板及各种机床机电控制/监测机构的逻辑处理和监控,并为数控系统提供机床状态和有关应答信号,在现代数控系统中机床电器逻辑控制装置已经普遍采用内装式和外置式可编程序控制器(PLC)。

4.1.2　CNC 数控系统的主要系统软件

CNC 系统软件是为实现 CNC 系统各项功能所编制的专用软件,即存放于计算机内存中的系统程序。它一般由输入数据处理程序、插补运算程序、速度控制程序、系统管理程序和诊断程序等五种软件组成。

1. 输入数据处理程序

输入数据处理程序接收输入的零件加工程序,对用标准代码表示的加工指令和数据进行翻译、处理,按所规定的格式进行存放。有些系统还要进一步进行刀具半径偏移的计算,或为插补运算和速度控制等进行一些预处理。因此,输入数据处理程序的功能可以一般归纳为以下三项内容。

(1)输入

输入到 CNC 装置的数据包括零件加工程序、控制参数和补偿数据。其输入方式有键盘输入、USB 输入、开关量输入和连接上一级计算机的 DNC 或网络接口输入。CNC 装置的工作方式一般分为存储工作方式输入和 NC 工作方式输入两种。所谓存储工作方式,是将加工的零件程序一次且全部输入到 CNC 装置的内存中,加工时再从存储器逐个程序段调出。所谓 NC 工作方式是指 CNC 系统一边输入一边加工,即在前一个程序段正在加工时,输入后一个程序段内容。

(2)译码

在输入的零件加工程序中含有零件的轮廓信息(线型、起点和终点坐标)、要求的加工速度以及其他的辅助信息(换刀、冷却液开停)等,这些信息在计算机作插补运算与控制操作之前必须翻译成计算机内部能识别的语言,译码程序就承担着此项任务。在译码过程中,还要完成对程序段的语法检查,若发现语法错误便立即报警。

(3)数据处理

数据处理程序一般包括刀具半径补偿、速度计算以及辅助功能的处理等。刀具半径补偿是把零件轮廓轨迹转化成刀具中心轨迹。速度计算是解决该加工数据以什么样的速度运行的问题。需说明的是最佳切削速度是由工艺确定的,CNC 系统仅仅是保证编程速度的可靠实现。另外,诸如换刀、主轴启停、冷却液开停等辅助功能也在此进行处理。

一般来说,输入数据处理程序其实时性要求不高。输入数据处理进行得充分一些,可大大减轻加工过程中实时性较强的插补运算及速度控制程序的负担。

2. 插补运算及位置控制程序

插补运算程序负责完成 NC 系统中插补器的功能,即实现坐标轴脉冲分配的功能。脉冲分配包括点位、直线以及曲线三个方面,现代微机具有完善的指令系统和相应的算术子程序,给插补计算提供了许多方便。因此,可以采用一些更方便的数学方法提高轮廓控制的精度,而不必顾忌会增加硬件线路的规模和复杂性。插补运算程序是实时性很强的程序,需要尽可能减少程序中的指令数量,从而缩短进行一次插补运算所需的时间。因为这个时间直接决定着允许的插补进给的最高速度。在有些系统中采用粗插补与精插补相结合的方法,软件只作粗插补,即每次插补一个小段;硬件再将小线段分成单个脉冲输出,完成精插补。这样既可提高进给速度,又能使计算机有更多的时间进行必要的数据处理。

插补运算的结果经过位置控制部分(这部分工作既可由软件完成,也可由硬件完成)带动伺服系统运动,控制刀具按预定的轨迹加工。在闭环或半闭环系统中,位置控制的主要任务是在每个采样周期内,将插补计算出的理论位置与实际反馈位置相比较,用其差值去控制进给电机。在位置控制中,通常还要完成位置回路的增益调整、各坐标方向的螺距误差补偿和反向间隙补偿,以提高机床的定位精度。

3. 速度控制程序

编程所给的刀具进给速度是合成速度。速度处理首先要做的工作是根据合成速度来计算各运动坐标轴方向的分速度。前已述及,进给速度指令有两种单位,一种是每分钟进给量(或代码);另一种是主轴每转毫米数。数控铣床和加工中心以第一种为多数,而数控车床则以后一种为多数,或者二者都有。速度控制程序的目的就是控制脉冲分配的速度,即根据给定的速度代码(或其他相应的速度指令),控制插补运算的频率,以保证按预定速度进给。当速度明显突变时,要进行自动加减速控制,避免速度突变造成伺服系统的失调。速度控制可以用两种方法实现:一种是用软件方法,如程序计数法实现;另一种通过定时计数电路由外部时钟计数,运用中断方法来实现。此外,用软件对速度控制数据进行预处理,并与硬件的速度积分器相结合,可以实现高性能的恒定合成速度控制,并大大提高插补进给的速度。

4. 系统管理程序

为数据输入、I/O 处理、通信、诊断和显示等切削加工过程服务的各个程序均由系统管理程序进行调度,因此,它是实现 CNC 系统协调工作的核心软件。管理程序要对面板命令、时钟信号、故障信号等引起的中断进行处理。较高水平的管理程序可使多道程序并行工作,如在插补运算与速度控制的空闲时刻进行数据的输入处理,即调用各功能子程序,完成下一数据段的读入、译码和数据处理工作,且保证在本数据段加工过程中将下一数据段准备完毕。一旦本数据段加工完结就立即开始下一数据段的插补加工。有的管理程序还可安排进行自动编程工作,或对系统进行必要的预防性诊断。

5. 诊断程序

诊断程序可以在运行中及时发现系统的故障,并指示出故障的类型;也可以在运行前或发生故障后,检查各种部件(接口、开关、伺服系统)的功能是否正常,并指出发生故障的部位;还可以在维修中查找有关部件的工作状态,判别其是否正常,对于不正常的部件给予显示,便于维修人员能及时处理。

4.1.3 计算机数控系统的特点

与 NC 系统相比,CNC 系统的主要优点有以下几方面。

(1)灵活性

这是 CNC 系统的突出优点。对于传统的 NC 系统,一旦提供了某些控制功能,就不能被改变,除非改变相应的硬件。而对于 CNC 系统,只要改变相应的控制程序就可以补充和开发新的功能,而不必制造新的硬件。CNC 系统能够随着计算机技术的发展而发展,也能适应将来改变工艺的要求。在 CNC 设备安装之后,新的技术还可以补充到系统中去,这就延长了系统的使用期限。因此,CNC 系统具有很大的"柔性"——灵活性。

(2)通用性

在 CNC 系统中,硬件系统采用模块化结构,依靠软件变化与之相配合来满足被控设备的各种不同要求。采用标准化接口电路,给机床制造商和数控用户都带来了许多便利。于是,用一种 CNC 系统就可能满足大部分数控机床(包括车床、铣床、加工中心、钻镗床等)的要求,还能满足其他设备的应用需求。当用户需要某些特殊功能时,仅仅需要增加硬件模块以及相应的软件就可以实现。另外,在工厂中使用同一类型的控制系统,培训和学习也十分方便。

(3)可靠性

在 CNC 系统中,加工程序通常是一次送入计算机存储器内(存储器工作方式)。同时,由于许多功能都由软件实现,硬件系统所需元器件数目大为减少,整个系统的可靠性得到大大改善,特别是随着大规模集成电路和超大规模集成电路的运用,系统可靠性更为提高。据美国第 13 届 NCS 年会的统计,世界上数控系统平均无故障时间是:硬线 NC 系统为 136h,小型计算机 CNC 系统为 984h;日本发那科公司(FANUC)宣称微处理器 CNC 系统已达 23000h。

(4)易于实现复杂的功能

CNC 系统可以充分利用计算机的高度运算能力,实现一些高级、复杂的数控功能。刀具偏移、英制/公制转换、固定循环等都能用适当的软件程序予以实现;复杂的插补功能,例如抛物线插补、螺旋线插补和样条插补等也能用软件方法来解决;刀具补偿也可在加工过程中进行计算;大量的辅助功能都可以用程序实现;子程序和宏程序概念的引入,大大简化了程序编制。

(5)使用维修方便

CNC 系统的一个吸引人的特点是有一套诊断程序。当数控系统出现故障时,能显示出故障信息,便于操作和维修人员了解故障部位,减少了维修的停机时间。另外,还备有数控程序语法检查软件,防止输入非法数控程序或语句,这将给编程带来许多方便。有的 CNC 系统还有对话编程、蓝图编程功能,使程序编制简便,不需要高水平的专业编程人员。零件程序编好后,可显示程序,甚至通过空运行,将刀具轨迹显示出来,进一步检验数控程序是否正确。

4.2　计算机数控系统硬件结构

4.2.1　CNC 系统的硬件构成特点

随着大规模集成电路技术和表面安装技术的发展,CNC 系统硬件模块及安装方式不断改进。从 CNC 系统的总体安装结构看,有整体式结构和分体式结构两种;按 CNC 装置中印刷电路板的插接方式可以分为大板式结构和功能模块式结构;按 CNC 装置中微处理器的个数可以分为单微处理器和多微处理器结构;按 CNC 装置硬件的制造方式,可以分为专用型结构和个人计算机(PC)式结构;按 CNC 装置的开放程度又可分为封闭式结构、PC 嵌入 NC 式结构、NC 嵌入 PC 式结构和软件型开放式结构。

整体式结构是把 CRT 和 MDI 面板、操作面板以及功能模块板组成的电路板等安装在同一机箱内。这种方式的优点是结构紧凑,便于安装,但有时可能造成某些信号连线过长。

分体式结构通常把 CRT 和 MDI 面板、操作面板等做成一个部件,而把功能模块组成的电路板安装在另一个机箱内,两者之间用导线或光纤连接。许多 CNC 机床把操作面板也单独作为一个部件,这是由于各种数控机床的要求不同,操作面板相应地需要改变,做成分体式有利于更换和安装。CNC 操作面板在机床上的安装形式有吊挂式、床头式、控制柜式、控制台式等多种。

CNC 系统中印制电路板的结构有两种,即大板式结构和模块化结构。大板式结构的特点是一个系统一般都有一块主板。主板上装有主 CPU 和各坐标轴的位置控制电路等。其他相关的子板(完成一定功能的电路板),如 ROM 板、零件程序存储器板和 PLC 板都直接插在主板上面,组成 CNC 系统的核心部分。因此,大板式结构紧凑,体积小,可靠性高,价格低,有很高的性能/价格比,也便于机床的一体化设计。

另外一种柔性比较高的结构就是总线模块化的开放系统结构,其特点是将微处理器、存储器、输入输出控制等分别做成插件板(称为硬件模块),甚至将微处理器、存储器、输入输出控制组成独立的微计算机级的硬件模块,相应的软件也是模块化结构且固化在硬件模块中。这样,硬软件模块形成一个特定的功能单元,称为功能模块。功能模块间有明确定义的接口。接口是固定的且成为工厂标准或工业标准,彼此可以进行信息交换。这样形成了一个所谓的交钥匙 CNC 系统产品系列,用户只要按需要选用各种控制单元母板及所需功能模板,将各功能模板插入控制单元母板的槽内,就搭成了自己需要的 CNC 系统的控制装置。这样的硬件结构有良好的适应性和扩展性,试制周期短,调整维护方便,效率高。FANUC 系统 15 系列就采用了功能模块化结构。

4.2.2 单微处理器结构

在单微处理器结构中,只有一个微处理器。初期的 CNC 系统和现有一些经济型 CNC 系统采用单微处理器结构,其结构特点如下。

① CNC 装置内仅有一个微处理器,由它对存储、插补运算、输入输出控制、CRT 显示等功能集中控制,分时处理。

② 微处理器通过总线与存储器、输入输出控制等各种接口相连,构成 CNC 装置。

③ 结构简单,容易实现。

④ 正是由于只有一个微处理器集中控制,其功能将受微处理器字长、数据大小、寻址能力和运算速度等因素的限制。

图 4.2 的结构就是单微处理器数控系统的典型结构框图。

1. 微处理器

微处理器是 CNC 装置的中央处理单元,它能实现数控系统的数字运算和管理控制,由运算器和控制器两部分组成。运算器对数据进行算术运算和逻辑运算。在运算过程中,运算器不断地从存储器中读取数据,并将运算结果送回存储器保存起来。通过对运算结果的判断,设置寄存器的相应状态(进位、奇偶和溢出等)。控制器则从存储器中依次取出程序指令,经过译码后向数控系统的各部分按顺序发出执行操作的控制信号,以执行指令。控制器是数控系统的中央机构,它一方面向各个部件发出执行任务的指令;另一方面接收执行部件发回的反馈信息。控制器根据程序中的指令信息和反馈信息,决定下一步的指令操作。

目前 CNC 装置中常用的有 8 位、16 位、32 位和 64 位的微处理器,可以根据机床实时控制和处理速度的要求,按字长、数据宽度、寻址能力、运算速度及计算机技术发展的最新成果选用适当的微处理器。如日本的 FANUC—15/16 CNC 系统选用 Motorola 公司的 32 位微处理器 68020 作为其控制 CPU。

2. 总线

在单微处理器的 CNC 系统中常采用总线结构。总线一般可分为数据总线、地址总线和控制总线三组。数据总线为各部分之间传送数据,数据总线的位数和传送的数据宽度相等,采用双方向线。地址总线传送的是地址信号,与数据总线结合使用,以确定数据总线上传输的数据来源或目的地,采用单方向线。控制总线传输的是一些控制信号,如数据传输的读写控制、中断复位及各种确认信号,采用单方向线。

3. 存储器

CNC 装置的存储器包括只读存储器(ROM)和随机存储器(RAM)两类。ROM 一般采用可擦除的只读存储器(EPROM),存储器的内容由 CNC 装置的生产厂家固化写入,即使断电,EPROM 中信息也不会丢失。若要改变 EPROM 中的内容,必须用紫外线抹除之后重新写入。RAM 中的信息可以随时被 CPU 读或写,但断电后,信息也随之消失。如果需要断电后保留信息,一般需采用后备电池。

4. 输入/输出(I/O)接口

CNC 装置和机床之间的信号传输是通过输入(Input)和输出(Output)接口电路来完成。信号经接口电路送至系统寄存器的某一位,CPU 定时读取寄存器状态,经数据滤波后作相应处理。同时 CPU 定时向输出接口送出相应的控制信号。I/O 接口电路可以起到电气隔离的作用,防止干扰信号引起误动作。一般在接口电路中采用光电耦合器或继电器将 CNC 装置和机床之间的信号在电气上加以隔离。

5. 位置控制器

CNC 装置中的位置控制器主要是对数控机床的进给运动的坐标轴位置进行控制。坐标轴控制是数控机床上要求最高的位置控制,不仅对单个轴的运动和位置的精度有严格要求,在多轴联动时,还要求各移动轴有很好的动态配合。对于主轴的控制,要求在很宽的范围内速度连续可调,并且每一种速度下均能提供足够的切削所需的功率和扭矩。在某些高性能的 CNC 机床上还要求能实现主轴的定向准停,也就是主轴在某一给定角度位置停止转动。

6. MDI/CRT 接口

MDI 接口是通过操作面板上的键盘,手动输入数据的接口。CRT 接口是在 CNC 软件配合下,将字符和图形显示在显示器上。显示器一般是阴极射线管(CRT),也可以是平板式液晶显示器(LCD)。

7. 可编程序控制器

可编程序控制器(PLC)用来代替传统机床强电的继电器逻辑控制,实现各种开关量(S、M、T)的控制,如主轴正转、反转及停止,刀具交换,工件的夹紧及松开,切削液的开、关以及润滑系统的运行等;同时还包括主轴驱动以及机床报警处理等。

8. 通信接口

通信接口用来与外部设备进行信息传输,如与上位计算机或直接数字控制器(DNC)等进行数字通信,一般采用 RS232C 串口。最新的数控装置也配有网络接口。

4.2.3　多微处理器结构

多微处理器结构可以满足数控机床高进给速度、高加工精度和许多复杂功能的要求,也适应于并入 FMS 和 CIMS 运行的需要,从而得到了迅速的发展。它反映了当今数控系统的新水平。多微处理器结构的 CNC 是把机床数字控制这个总任务划分为子任务(也称为子功能模块)。在硬件方面,以多个微处理器配以相应的接口形成多个子系统,把划分的子任务分配给不同的子系统承担,由各子系统之间的协调动作完成数控机床的功能。

在多微处理器结构中,一种是包含有两个或两个以上的微处理器构成的子系统,子系统之间采用紧耦合,采用集中的操作系统,共享资源(见图 4.3);另一种是包含有两个或两个以上的微处理器构成的功能模块,功能模块之间采用松耦合,由多重操作系统有效地实现并行处理。

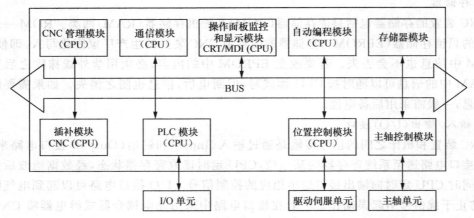

图 4.3 多微处理器共享总线结构框图

应注意的是,有的 CNC 装置虽然有两个以上的微处理器,但其中只有一个微处理器能够控制系统总线,占有总线资源,而其他微处理器成为专用的智能部件,不能控制系统总线,不能访问存储器。它们组成主从结构,这种结构应归于单微处理器的结构中。

1. 多微处理器结构的特点

(1)性价比高

此种结构中的每一个微处理器各自完成系统中指定的一部分功能,独立执行程序。与单微处理器结构相比提高了计算处理速度,适应了多轴、高精度、高进给速度、高效率等控制要求。由于系统的资源共享,且单个微处理器的价格又比较便宜,使 CNC 系统的性价比大为提高。

(2)良好的适应性和扩展性

前已述及,在这种结构中可以将微处理器、存储器、输入输出控制分别做成插件板(即硬件模块),其相应的软件也是模块结构。因此,这种模块化的结构使设计简单,试制周期短,结构紧凑,具有良好的适应性和扩展性。

(3)可靠性高

多微处理器的 CNC 装置由于每个微处理器分管各自的任务,形成若干模块,即使某个模块出了故障,其他模块仍照常工作,不像单微处理器结构那样,一旦出故障,整个系统将瘫痪。由于更换插件模块较为方便,可将故障对系统的影响降到最低程度。另外,由于资源共享,省去了一些重复结构,在造价降低的同时也提高了可靠性。

(4)硬件易于组织规模生产

由于采用的硬件都是通用的,容易配置,只要开发新的软件就可构成不同的 CNC 系统,便于组织规模生产,形成批量,确保质量。

2. 多微处理器结构常用功能模块

在多微处理器组成的 CNC 装置中,可以根据具体情况合理划分其功能模块,一般来说,基本由 CNC 管理模块、CNC 插补模块、位置控制模块、存储器模块、操作面板监控和显示模块、PLC 模块这 6 种功能模块组成(见图 4.3),若需要扩充功能,再增加相应的模块。各模块功能简述如下。

(1)CNC 管理模块

该模块管理和组织整个 CNC 系统的工作,包括系统初始化、中断处理、总线冲突仲裁、系统出错识别和处理、软硬件诊断等。

(2)CNC 插补模块

该模块完成零件加工程序的译码、刀具半径的补偿、坐标位移量的计算和进给速度处理等插补前的预处理,以及进行插补计算,确定各坐标轴的位置。

(3)位置控制模块

该模块完成插补输出的坐标位置理论值与位置检测装置测得的位置实际值比较计算;进行自动加减速、回基准点、伺服系统滞后量的监视和漂移补偿;最后得到速度控制的模拟电压,去驱动进给电动机。

(4)存储器模块

该模块主要用于存放程序和数据,也可以用作各功能模块间进行数据传送的共享存储器。

(5)操作面板监控和显示模块

该模块包括零件的数控程序、参数、各种操作命令和数据的输入、输出、显示所需要的各种接口电路。

(6)PLC 模块

零件程序中的开关功能和从机床来的信号在这个模块中做逻辑处理,实现各开关功能和机床操作方式之间的对应关系,如机床主轴的启停、冷却液的开关、刀具交换、回转工作台的分度、工件数量和运转时间的计数等。

3. 多微处理器 CNC 装置的典型结构

多微处理器 CNC 装置各模块在机柜内耦合,其典型结构有共享总线和共享存储器两类结构。

(1)共享总线结构

以系统总线为中心的多微处理器 CNC 装置,把组成 CNC 装置的各个功能模块划分为带有 CPU(或 DMA)器件的各种主模块和不带 CPU(或 DMA)器件的各种 RAM/ROM 或 I/O 从模块两大类。所有主、从模块都插在配有总线插座的机柜内,共享严格设计定义的标准系统总线(见图 4.3)。系统总线的作用是把各个模块有效地连接在一起,按照要求交换各种数据和控制信息,构成一个完整的系统,实现各种预定的功能。

共享总线多微处理器系统中只有主模块有权控制使用系统总线。由于某一时刻只能由一个主模块占有总线,为了解决这一矛盾,系统必须配有仲裁电路来对多个主模块同时争用系统总线作裁决。每个主模块按其担负任务的重要程度已预先安排好其优先级,总线仲裁电路的作用就是在各模块争用总线时,判别出各模块优先权的高低。

支持多微处理器系统的总线都设计有总线仲裁电路,总线仲裁通常采用两种裁决方式,即串行方式和并行方式。

在串行总线裁决方式中,优先权是按模块连接在总线上排列的位置顺序决定的(见图4.4)。某个主模块只有在前面的优先权更高的主模块不占用总线时,才可使用总线。同时,通知排列在其后的优先权较低的主模块不得使用总线。

在并行总线裁决方式中,则配置专用逻辑电路来解决主模块的判优问题,通常采用优先权编码方案(见图 4.5)。

图 4.4 串行总线仲裁连接方式

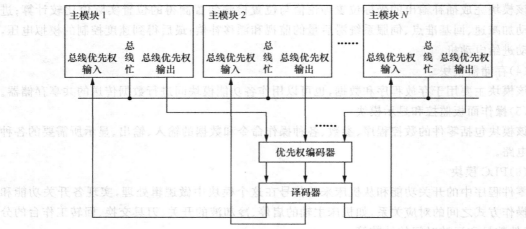

图 4.5 并行总线仲裁框图

在并行仲裁方式中,模块之间的通信主要依靠存储器来实现。大部分系统采用公共存储器方式。公共存储器直接插在系统总线上,有总线使用权的主模块都能访问。使用公共存储器的通信双方都要占用系统总线,可供任意两个主模块交换信息。

支持这种系统结构的总线有以下 3 类。

① STDbus(支持 8 位和 16 位字长)。

② Multibus(Ⅰ型可支持 16 位字长,Ⅱ型可支持 32 位字长),S-100bus(可支持 16 位字长)。

③ VERSA bus(可支持 32 位字长)以及 VME bus(可支持 32 位字长)等。

制造厂为这类总线提供各种型号规格的 OEM(初始设备制造)产品,包括主模块和从模块,由用户任意选配。

多微处理器共享总线会引起"竞争",使信息传输率降低。总线一旦出现故障,会影响全局。但因其结构简单,系统配置灵活,总线造价低等优点而常常被采用。

(2)共享存储器结构

采用多端口存储器来实现各微处理器之间的互连和通信,由多端口控制逻辑电路解决访问冲突。在共享存储器结构中,各个主模块都有权控制使用系统存储器。即便是多个主模块同时请求使用存储器,只要存储器容量有空闲,一般不会发生冲突。在各模块请求使用存储器时,由多端口的控制逻辑电路来控制。

共享存储器结构中多个主模块共享存储器时,引起冲突的可能较小,数据传输效率较高,结构也不复杂,所以得到广泛采用。

　　图 4.6 所示为一个双端口存储器结构框图,它配有两套数据、地址和控制线,可供两个端口访问,访问优先权预先安排好。两个端口同时访问时,由内部硬件裁决其中哪一个端口优先访问。

　　图 4.7 所示为多微处理器共享存储器结构框图。

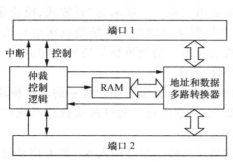

图 4.6　双端口存储器结构框图

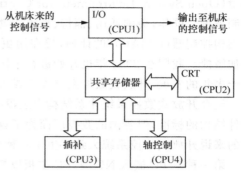

图 4.7　多微处理器共享存储器结构框图

4.2.4　开放式数控系统

　　数控系统的核心是计算机,采用通用计算机还是采用专用计算机,是两条不同的技术路线。专用型 CNC 装置的硬件由各制造厂专门设计和制造,布局合理,结构紧凑,专用性强,但硬件之间彼此不能交换和替代,没有通用性。由于国外电子工业及其他配套工业基础好,所以尽管资金投入大,回收期长,国外企业仍采用专用计算机作为控制单元。各制造商的数控系统的发展都自成体系,使得 CNC 系统从软硬件模块乃至零件加工程序格式及编制都各不相同,也给信息的交换及集成化生产带来了许多困难。

　　开放式数控系统概念的提出是现代机械制造行业的竞争及计算机技术共同作用的结果。在激烈的市场竞争条件下,被加工零件的复杂程度越来越高,这就要求数控系统必须向高速度、高精度、高可靠性和智能化的方向发展。计算机技术发展迅速,兼容性增强,这为用户提供了一种互相兼容统一的操作系统及开发平台。图 4.8 所示为开放式数控系统的一种体系结构。

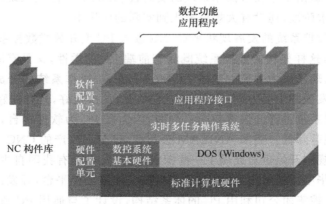

图 4.8　开放式数控系统的体系框图

　　美国于 1987 年提出下一代控制器(Next Generation Workstation/Machine Controller,NGC)计划,试图通过实现基于相互操作和分级式软件模块的"开放式系统体系结构标准规范"(Standards of Open System Architecture for Automatic Systems,SOSAS)解决传统数控系统存在的"专用、封闭"的问题。1991 年,欧共体制定了(Open System Architecture for Controls within Automation Systems,OSACA)计划,投资 770 万欧洲货币单位,专门研究开放式数控系统的结构。1994 年由东芝机器、三菱电子等 6 家日本公司联合成立了控制器开放系统环境(Open System Environment for Controllers)的工作委员会,重点研究 NC 和分布式 DNC 控制系统。同年,美国通用、福特、克莱斯勒三大汽车公司启动了一项名为"开放式、模块化体系结构控制器(OMAC)"的计划,旨在用更加开放、更加模块化的控制系统使机床更具柔性、更加敏捷。我国在 2000 年也开始进行中国的开放式数控系统的规范框架的研究和制定。经过十多年的发展,开放式数控系统现已成为 CNC 发展的潮流。

至今开放式数控系统体系结构上还没有完美的解决方法,也没有一个统一的软件模块和硬件结构的标准,但各国的数控厂商为了竞争的需要,纷纷推出自己的开放式数控系统产品,总的来说开放式数控系统大致产生了三种类型的结构。

第一种是 PC 嵌入 NC 型,PC 主板以插卡的形式通过总线适配器插入 NC 的专用总线上,这种模式是在传统的专用 CNC 插入一块专门开发的个人计算机模板,使得整个系统可以共享一些计算机的软、硬件资源。如 FANUC18i、16i 系统、SIEMENS840D 系统、Num1060 系统、AB9/360 等数控系统采用的就是这种结构。

第二种是 NC 嵌入 PC 型,即完全采用以 PC 为硬件平台的数控系统,其中最主要的部件是计算机和控制运动的控制器。运动控制器完成全部实时控制任务,如插补计算等,PC 则完成非实时性任务。这种结构的特点是灵活性好、功能稳定、可共享计算机的所有资源。控制器以美国 DELTA Tau 公司生产的 PMAC 多轴运动控制器最为出色,控制器本身具有 CPU,同时开放包括通信端口、结构在内的大部分地址空间,通过动态链接库和控件应用程序可与运动控制器通信。

第三种是纯 PC 型,即完全采用 PC 的全软件形式的数控系统。这种模式是将 I/O 接口卡插入到通用 PC 的标准插槽中,整个系统是由 PC 扩展而成,PC 既完成非实时任务,又完成实时任务,I/O 接口卡只担任沟通 PC 接口和驱动接口的任务。这是真正意义上的开放式数控系统,能实现 NC 内核的开放、用户操作界面的开放。这种模式的开放式数控系统具有较高的性价比,最具潜力。但由于存在着操作系统的实时性、标准统一性及系统稳定性等问题,这种系统目前正处于探求阶段,还没有大规模投入到实际的应用中。

从国内开放式数控系统的发展现状来看,NC 嵌入 PC 型开放式数控系统是当前较为理想的开放式数控系统,这样架构的数控系统既具有前端 PC 的柔性,又具有原来专用 CNC 系统的稳定性和可靠性,现已成为主流。基于 PC 和 Windows 操作系统的开放式、模块化数控系统是当今数控技术发展的主要方向。这种系统模块化、层次化好,具有良好的可扩展性和伸缩性,即可根据需要对系统进行升级或简化。同时,因为 PC 为软件平台,系统可靠性大大提高,生产成本则可显著降低。美国 ANILAM 公司和 AI 公司生产的 CNC 装置均属这种类型。

我国从"八五"规划开始也对此做了一些探索,并开发出具有我国自主知识产权的数控系统。如珠峰公司和华中科技大学,利用 IPC 和数控卡构成硬件平台,开发出中华 I 型和华中 I 型数控系统;航天数控集团公司利用 PC 的体系结构,设计了与通用 PC 兼容的微机加上数控通用/专用模板构成单机数控系统。此外,我国还基于美国 DELTA TAU 公司的 PMAC 卡或 SERCOS 现场总线协议等制造出自己的数控系统。

总之,以工业 PC 为基础的开放式数控系统,很容易实现多轴、多通道控制,实时三维实体图形显示和自动编程等,利用 Windows 工作平台,使得开发工作量大大减少,而且可以实现数控系统三种不同层次的开放。

① CNC 系统的开放。CNC 系统可以直接运行各种应用软件,如工厂管理软件、车间控制软件、图形交互编程软件、刀具轨迹校验软件、办公自动化软件、多媒体软件等,这大大改善了 CNC 的图形显示、动态仿真、编程和诊断功能。

② 用户操作界面的开放。用户操作界面的开放使 CNC 系统具有更加友好的用户接口,并具备一些特殊的诊断功能,如远程诊断。

③ CNC 内核的深层次开放。通过执行用户自己用 C 或 C＋＋语言开发的程序,就可以把应用软件加到标准 CNC 的内核中,称为编译循环。CNC 内核系统提供已定义的出口点,机床制造厂商或用户把自己的软件连接到这些出口点,通过编译循环,将其知识、经验、诀窍等专用工艺集成到 CNC 系统中去,形成独具特色的个性化数控机床。

图 4.9 所示为 SKY13JSJ 型数控铣床的系统框图。SKY 系列机床数控系统是国内最先在 32 位通用微机平台上开发的,是性能价格比很高的经济型及普及型全功能数控系统。该系统采用面向 PCV 总线的模块化结构,可以完成 3 轴的连续控制,外接 PLC 来完成对操作面板、继电器、主轴等的控制,显示器可以对二维动态图形轨迹仿真,编码器及时反馈与位移相关的信息,使系统成为一个半闭环的控制系统。

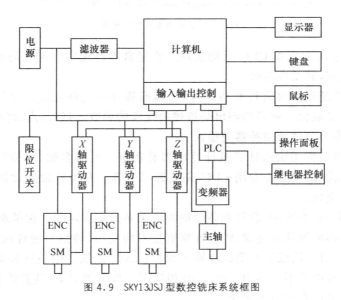

图 4.9　SKY13JSJ 型数控铣床系统框图

4.3　CNC 系统软件结构及控制

4.3.1　CNC 系统的软硬件组合类型

CNC 系统是由软件和硬件组成的,硬件为软件的运行提供了支持环境。同一般计算机系统一样,由于软件和硬件在逻辑上是等价的,所以在 CNC 系统中,由硬件完成的工作原则上也可以由软件来完成。但是硬件和软件各有不同的特点,硬件处理速度较快,但造价较高;软件设计灵活,适应性强,但处理速度较慢。在 CNC 系统中,软件和硬件的分配比例是由性价比决定的。

CNC 系统中实时性要求最高的任务就是插补和位置控制。在一个采样周期中既要完成控制策略的计算,又要留一定的时间去做其他的事。CNC 系统的插补器既可用软件也可用硬件,归结起来,CNC 系统主要有以下 3 种类型(见图 4.10)。

① 不用软件插补器,插补完全由硬件完成的 CNC 系统。

② 由软件插补器完成粗插补,由硬件插补器完成精插补的 CNC 系统。

③ 插补完全由软件实施的 CNC 系统。

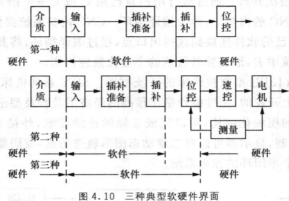

图 4.10　三种典型软硬件界面

第一种 CNC 系统常用单 CPU 结构实现。它通常不存在实时速度问题。由于插补方法受到硬件设计的限制,其柔性较低。

第二种 CNC 系统通常没有计算瓶颈,因为精确插补由硬件完成。刀具轨迹所需的插补由程序准备并使之参数化。程序的输出是描述曲线段的参数,诸如起点、终点、速度、插补频率等,这些参数都是作为硬件精插补器的输入。

第三种 CNC 系统需用快速计算机计算出刀具轨迹。具有多轴(坐标)控制的机床,通常采用多微处理器结构,需要配备专用 CPU 完成算术运算。专用位置处理器和 I/O 处理器用来加速控制任务的完成。

实际上,现代 CNC 系统中,软件和硬件的界面关系是不固定的。在早期的 NC 系统中,数控系统的全部工作都由硬件来完成,随着计算机技术的发展,特别是硬件成本的下降,计算机参与了数控系统的工作,构成了所谓的计算机数控(CNC)系统。但是这种参与的程序在不同的年代和不同的产品中是不一样的。图 4.10 说明了三种典型 CNC 装置的软硬件界面关系随着计算机技术的发展也在不断地变化。

4.3.2　CNC 系统的控制软件结构特点

CNC 系统是一个专用的实时多任务计算机系统,在它的控制软件中融合了当今计算机软件技术中的许多先进技术,其中最突出的是多任务并行处理和多重实时中断处理。

1. 多任务并行处理

(1)CNC 系统的多任务性

CNC 系统通常作为一个独立的过程控制单元用于工业自动化生产中。因此,它的系统软件必须完成两大任务:管理和控制。系统的管理任务包括输入、I/O 处理、显示和诊断。系统的控制任务包括译码、刀具补偿、速度处理、插补和位置控制。在多数情况下,管理和控制中的某些工作必须同时进行。例如,当 CNC 系统工作在加工控制状态时,为了使操作人员能及时地了解 CNC 系统的工作状态,管理软件中的显示模块必须与控制软件同时运行。当 CNC 系统工作在 NC 加工方式时,管理软件中的零件程序输入模块必须与控制软件同时运行。当控制软件运行时,其本身的一些处理模块也必须同时运行。例如,为了保证加工过程的连续性,即刀具在各程序之间不停刀,译码、刀具补偿和速度处理模块必须与插补模块同时运行,而插补又必须与位置控制同时进行。

图 4.11(a)和图 4.11(b)给出 CNC 系统的任务分解图和任务并行处理关系图。在图 4.11(b)中,双向箭头表示两个模块之间有并行处理关系。

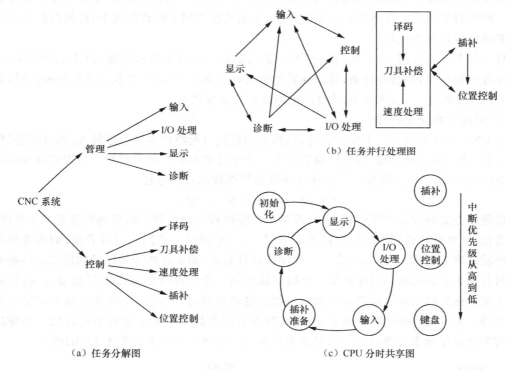

（a）任务分解图　　　（b）任务并行处理图　　　（c）CPU 分时共享图

图 4.11　CNC 装置的多任务并行处理图

(2)并行处理的概念

并行处理是指计算机在同一时刻或同一时间间隔内完成两种或两种以上性质相同或不相同的工作。并行处理最显著的优点是提高了运算速度。以 n 位串行运算与 n 位并行运算相比较,在元件处理速度相同的情况下,后者运算速度几乎为前者的 n 倍。这是一种资源重复的并行处理方法,它根据“以数量取胜”的原则大幅度提高运算速度。但是并行处理还不只是资源的简单重复,它还有更多的含义,如时间重叠和资源共享。所谓时间重叠是根据流水线处理技术,使多个处理过程在时间上相互错开,轮流使用同一套资源的几个部分。而资源共享则是根据“分时共享”的原则,使多个用户按时间顺序使用同一个资源。

目前在 CNC 系统的硬件设计中,广泛使用资源重复的并行处理方法,如采用多 CPU 的系统体系结构来提高系统的速度。在 CNC 系统的软件设计中则主要采用资源分时共享和时间重叠的流水线处理技术。

(3)资源分时共享

在单 CPU 的 CNC 系统中,主要采用 CPU 分时共享的原则来解决多任务的同时运行。其软件的结构为前后台型。在这种软件结构中,前台程序是一个实时中断服务程序,承担了几乎全部的实时功能,实现与机床动作直接相关的功能;后台程序是一个循环执行程序,承担一些实时性要求不高的功能。图 4.11(c)是一个典型 CNC 系统各任务分时共享 CPU 的时间分配图。一般来讲,在使用分时共享并行处理的计算机系统中,首先要解决的问题是各任务占用 CPU 时间的分配原则,这里面有两方面的含义:其一是各任务何时占用 CPU;其二是允许各任务占用 CPU 的时间长短。

系统在完成初始化以后自动进入时间分配环中,在环中依次轮流处理各任务。而对于系统中一些实时性很强的任务则按优先级排队,分别放在不同中断优先级上,环外的任务可以随时中断环内各任务的执行。

每个任务允许占用 CPU 的时间受到一定的限制。通常是这样处理:对于某些占有 CPU 时间比较多的任务,如插补准备,可以在其中的某些地方设置断点,当程序运行到断点时,自动让出 CPU,待到下一个运行时间里自动跳到断点处继续执行。

(4)时间重叠流水处理

当 CNC 系统处在 NC 工作方式时,其数据的转换过程将由零件程序输入、插补准备(包括译码、刀具补偿和速度处理)、插补、位置控制 4 个子过程组成。如果每个子过程的处理时间分别为 Δt_1、Δt_2、Δt_3、Δt_4,那么一个零件程序段的数据转换时间将是

$$t = \Delta t_1 + \Delta t_2 + \Delta t_3 + \Delta t_4$$

如果以顺序方式处理每个零件程序段,即第一个零件程序段处理完以后再处理第二个程序段,依此类推,这种顺序处理的时间空间关系如图 4.12(a)所示。从图上可以看出,如果等到第一个程序段处理完之后,才开始对第二个程序段进行处理,那么在两个程序段的输出之间将有一个时间长度为 t 的间隔。同样在第二个程序段与第三个程序段的输出之间也会有时间间隔,以此类推。这种时间间隔反映在电动机上就是电动机的时转时停,反映在刀具上就是刀具的时走时停。不管这种时间间隔多么小,这种时走时停在加工工艺上都是不允许的。消除这种间隔的方法是用流水处理技术。采用流水处理后的时间空间关系如图 4.12(b)所示。

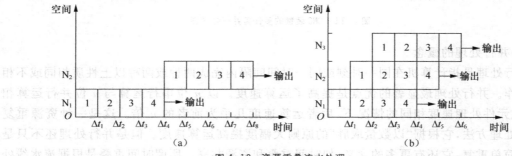

图 4.12 资源重叠流水处理

流水处理的关键是时间重叠,即在一段时间间隔内不是处理一个子过程,而是处理两个或更多的子过程。从图 4.12(b)可以看出,经过流水处理后从时间 Δt_4 开始,每个程序段的输出之间不再有间隔,从而保证了电动机转动和刀具移动的连续性。

从图 4.12(b)中可以看出,流水处理要求每个处理子过程的运算时间相等。而实际上在 CNC 系统中每个子过程所需的处理时间都是不同的,解决的办法是取最长的子过程处理时间

为流水处理时间间隔。这样当处理时间较短的子过程时，处理完之后就进入等待状态。

在单 CPU 的 CNC 装置中，流水处理的时间重叠只有宏观的意义，即在一段时间内，CPU 处理多个子过程，但从微观上看，各子过程是分时占用 CPU 时间。

2. 多重实时中断处理

CNC 系统控制软件结构的另一个重要类型是实时中断处理。CNC 系统的多任务性和实时性决定了系统中断成为整个系统必不可少的重要组成部分。CNC 系统的中断管理主要靠硬件完成，而系统的中断结构决定了系统软件的结构。在执行完初始化程序之后，整个系统软件的各种任务模块分别安排在不同级别的中断程序中，系统通过响应不同的中断来执行相应的中断处理程序，完成数控加工的各种功能。其管理功能主要通过各级中断服务程序之间的相互通信来解决。中断类型包括外部中断、内部定时中断、硬件故障中断以及程序性中断等。中断优先级共分 8 级，0 级最低，7 级最高。其中除了第 4 级为硬件中断完成报警功能外，其余均为软件中断。

（1）外部中断（2 级、3 级）

外部中断主要有外部监控中断（PLC 开关量，如紧急停、限位开关到位等）和键盘及操作面板输入中断。外部监控中断的实时性要求很高，通常放在较高的中断优先级上，而键盘及操作面板输入中断则放在较低的中断优先级上。在有些系统中，甚至用查询的方式来处理它。2 级中断程序主要是对系统的各种不同的工作方式进行处理。数控系统的工作方式有自动方式（AUTO）、手动方式（MDI）、点动方式（STEP）、手动方式（JOG）等。

（2）内部定时中断（5 级、6 级、7 级）

内部定时中断主要有插补周期定时中断和位置采样定时中断。在有些系统中，这两种定时中断合二为一。但在处理时，总是先处理位置控制，然后处理插补运算。

（3）硬件故障中断（4 级）

它是各种硬件故障检测装置发出的中断，如存储器出错、定时器出错、插补运算超时等。

（4）程序性中断（0 级、1 级）

0 级中断程序即为初始化程序。1 级中断程序是主控程序，可以处理程序中出现的各种异常情况的报警中断等，如各种溢出、清零。

4.4 CNC 的输入及数据处理

CNC 装置的信息输入及其处理主要是指零件加工程序的输入，以及对它所进行的译码、刀具（半径、长度）补偿和速度处理等插补前的准备工作。

4.4.1 CNC 的输入

将零件加工程序输入到 CNC 装置，最常见的方法是通过纸带阅读机或键盘输入，也可使用计算机通信方式输入零件加工程序。若采用计算机通信方式，则可经过 CNC 装置的串行通信接口输入。有的 CNC 装置（经济型数控或培训示教系统）还备有磁带录音机接口，由磁带机将存放在磁带上的零件加工程序经接口输入。

1. 输入工作方式

零件加工程序的输入可有两种工作方式，即存储器工作方式和键盘工作方式。前者的输入是 CNC 装置自动进行的，一次性存入零件程序存储器后逐段执行，但必须经过零件程序缓冲器(见图 4.13)。零件程序存储器和零件程序缓冲器为随机访问存储器(RAM),前者用于存放整个零件程序;后者用于暂存一段或几段程序,供输入零件程序或译码时取零件程序用。存储器工作方式是常用的工作方式,工作时用键盘命令调出零件程序存储器中指定的零件程序,逐段装入零件缓冲器待译码(见图 4.13)。

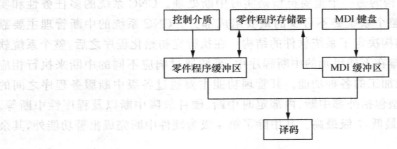

图 4.13 CNC 的输入工作方式

键盘工作方式亦称手动数据输入(MDI)方式(见图 4.13)。除了可以手动输入零件程序外,还可以输入手动控制信息,例如,控制参数、各种补偿数据编辑等。经键盘输入的零件程序经过 MDI 缓冲器送入零件程序存储器,手动信息则暂存于 MDI 缓冲器中等待译码。

2. 零件程序的存储

在零件程序存储器中可以储存多个零件程序,零件程序一般是按顺序存放在零件程序区的(即物理地址是连续的)。为了方便零件程序的调用和节省译码时间,在零件程序存储区中还开辟了目录区,在目录区中按固定格式存储着相应零件程序的有关信息,由此形成目录表。目录表的每一项对应于一个零件程序,记录了该零件程序的程序名称、它在零件程序存储区中的首地址和末地址等信息。图 4.14 所示为一种零件程序存储器的结构。

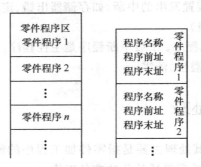

图 4.14 零件程序存储器

存储在零件程序存储区内的零件程序通常已不用 ISO 代码或 EIA 代码表示,这两种是在外界表示零件程序的外码。因为 ISO 代码和 EIA 代码的表达规律并不明显,因此需将其转换为具有明显规律的数控内部代码(外-内码转换),以便于计算机处理。表 4.1 为常用数控系统的标准数控代码(ISO 和 EIA)与内部代码的转换对应表。例如,将一个零件程序段 N005 G90 G02 X436 Y-60 F46 M05 LF 转换为数控内部码,根据表 4.1 就可得到如表 4.2 所示的零件程序存储器中的该程序段转换后的信息。由表 4.1 和表 4.2 可见,使用内部码后,数字 0~9 便于直接进行二-十进制转换,文字码和符号码也有明显的标志,使后续的译码速度加快。

表 4.1　　　　　　　　　　　常用数控代码及其内部码

字符	EIA 码	ISO 码	内部代码	字符	EIA 码	ISO 码	内部代码
0	20H	30H	00H	X	37H	B9H	12H
1	01H	B1H	01H	Y	38H	59H	13H
2	02H	B2H	02H	Z	29H	5AH	14H
3	13H	33H	03H	I	79H	C9H	15H
4	04H	B4H	04H	J	51H	CAH	16H
5	15H	35H	05H	K	52H	4BH	17H
6	16H	36H	06H	F	76H	C6H	18H
7	07H	B7H	07H	M	54H	4DH	19H
8	08H	B8H	08H	LF/CR	80H	0AH	20H
9	19H	39H	09H		40H	2DH	21H
N	45H	4EH	10H	DEL	7FH	FFH	FFH
G	67H	47H	11H	EOR *	0BH	A5H	22H

* 在 EIA 码中,EOR 的字符是 ER,在 ISO 码中,EOR 的字符是%。

表 4.2　　　　　　　　　　零件程序存储区的信息

地址	内容	地址	内容	地址	内容
		800BH	03H	8016H	21H
8001H	10H	800CH	03H	8017H	04H
8002H	01H	800DH	09H	8018H	00H
8003H	11H	088EH	08H	8019H	00H
8004H	00H	800FH	18H	801AH	00H
8005H	01H	8010H	04H	801BH	19H
8006H	12H	8011H	06H	801CH	00H
8007H	01H	8012H	20H	801DH	02H
8008H	03H	8013H	10H	801EH	20H
8009H	02H	8014H	02H	801FH	22H
800AH	13H	8015H	12H		

3. 零件程序的编辑

编辑工作主要有插入、删除、替换和修改等操作,一般通过键盘配合 CRT 进行。启动编辑程序后,输入需检索的程序段号,编辑程序在光标移动的配合下,搜索到该段程序并予显示,等待编辑修改命令。

(1)插入(Insert)

插入的内容经键盘输入至 MDI 缓冲器,若编辑程序计算出插入内容的长度,从插入地址开始,将零件程序存储区后移该长度,空出一块存储区,将输入的插入部分从 MDI 缓冲器中填入到该空白区,并修改后续零件程序的首末地址及当前零件程序的末地址。

（2）删除（Delete）

可将需删除的程序段调出，根据被删除程序段的长度，将后续零件程序区的内容前移，并相应修改后续零件程序和当前零件程序的目录表。

（3）修改（Edit）

将需修改的程序段调至 MDI 缓冲器，实施修改后，若程序段长度没有变化，则仍送回原位，而无须挪动位置；若程序段长度变长，则要将该程序段的后续存储后移，以便有足够的空间存放修改后的程序段；若程序段长度变短，则要将该程序段的后续存储前移，以便节省存储空间。

（4）替换（Replace）

如果欲将新的程序段替代旧的程序段，则要将需替换的程序段调出至 MDI 缓冲器，输入新的内容，计算出新旧内容的长度，若两者一致则无须特别处理，只要将替换的内容存入零件存储区即可；若新内容长度大于旧内容长度，则需将零件存储区中后续内容后移；若新内容长度小于旧内容长度，则需将零件存储区的后续内容前移。并且，对目录表中的程序首末地址也予以修改。

由上述编辑操作可见，编辑时经常要进行大面积的内存内容移动，若内存的零件程序存储不算大，尚可实施。若一个零件程序中有多处需编辑时，需反复大幅度移内存，使处理时间加长，因而可采用数据结构中的链表存储方式。零件程序存储区被分成为各个固定长度的区域，并按区域分配给各个零件程序，因此零件程序是存储在一个个分离的区域中。建立相应的文件定位表，用指针链将零件程序的各种区域标志出来，形成链表结构。在编辑时，无须大块移动内存，响应快，且操作简单。但文件管理系统复杂，在译码时，定位操作不易。

亦可仍采用顺序存储方式，但编辑时将需编辑的零件程序调至一个空白存储区，然后在空区域上编辑，计算出编辑好的零件程序的长度，将后续程序相应前移或后移，并修改目录表中的首末地址，这样避免了多次反复的大块存储内容移动，减少了处理时间。目前基于 PC 总线的工控机作为数控系统的应用已很普遍，为零件程序的编辑提供了良好的物理环境和软件支撑环境。

4.4.2　输入数据处理

输入数据处理，就是进行插补前的准备工作。零件程序段由输入程序送入零件程序缓冲器（BS），程序段中包含了零件上某一段轮廓的几何运动信息。这些信息必须由专门的程序翻译并整理出来，以便为 CNC 系统实现插补及辅助功能等提供必要的参数和依据。输入数据处理的主要任务有 3 项：译码、刀具补偿和速度计算。

译码的作用是翻译，它负责把零件程序段的信息按一定规则翻译成计算机系统能识别的数据形式，并按系统规定的格式存放在译码结果缓冲器（DS）中。

刀具补偿包括刀具半径补偿和刀具长度补偿，目的是将零件轮廓转化成刀具中心轨迹，从而减轻编程人员的工作量。刀具补偿后的刀具中心轨迹数据存放在刀补缓冲器（CS）中。

速度计算主要解决进给运动中的速度问题。速度处理因插补算法而异，对于脉冲增量式插补算法，主要是计算输出脉冲的频率；对于数字采样插补算法，则需根据程编进给速度计算出位置采样周期内的位移量。速度计算的结果存放在系统工作缓冲器（AS）中。

由此可见，一个程序段经过译码、刀具补偿计算和速度计算，就完成了插补前的准备工作，将这些与插补有关的信息参数传送至插补工作寄存器（OS），提供给插补程序。从图 4.15 可清晰地了解输入数据处理过程中一个程序段数据的流动处理过程。

图 4.15 数据的流动处理过程

从零件程序存储区(见表 4.2)可看出,输入的零件程序段虽然已经过换码,以内码形式存储在内存中,但计算机仍不能识别哪些数据表示运动命令,哪些表示坐标值,哪些表示速度值等。译码程序从零件程序缓冲器(若为 MDI 方式,则从 MDI 缓冲器)逐个读入字符,识别出其中的文字码和数字码,以及文字码所代表的功能地址字,把数字码根据其前面的文字地址送到相应的译码结果缓冲器(DS)的单元中。因此,译码程序的主要工作内容有代码识别和各功能代码的译码。

1. 代码识别

CNC 系统中,代码识别通常由软件完成。译码程序按顺序将一个个字符与相应的数字进行比较,若相等就说明输入了该字符。它采用的是一种串行工作方式,即比较时要一个个地进行,直到相等为止,因此,速度较慢。但是,译码可以在插补空闲时间完成,不占用实时工作时间,因此软件译码能满足要求。

由表 4.1 可知,常用数控代码中除数字码和几个符号码外,表示各种控制机能的文字码使用频率最高的也只在 10 个左右。在比较时可以将每个字符与各文字码和符号逐个比较,如果相符,则设立相应标志,并调用相应功能的处理子程序。数字码的识别较简单,因为在内部码中已将其用十六进制的 0~9 表示出来了,只要把各数字转换成二进制即可。图 4.16 用流程的形式表示了代码识别的过程和原理。

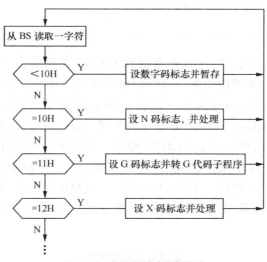

图 4.16 代码识别过程和原理

2. 功能码的译码

在代码识别完成了各功能代码标志的设立后,就可以分别对各功能码进行译码处理了。

不同的 CNC 系统,其编程格式有各自的规定。译码后的数据有两种存放格式:不按程序段格式的存放方法和保留程序段格式的存放方法。后者通常将译码结果缓冲器设计成与零件程序段格式相对应(见表 4.3)。对于 16 位字长的计算机来说,一般功能地址码只要一个单元就够了。对于坐标功能字等以二进制数存放数据的功能字,需准备两个单元。

表 4.3   **译码结果缓冲器格式**

地址码	字节数	数据存放形式
N	1	二-十进制
X	2	二进制
Y	2	二进制
Z	2	二进制
I	2	二进制
J	2	二进制
K	2	二进制
F	2	二进制
S	2	二进制
T	1	二-二进制
MA	1	特征字
MB	1	特征字
GA	1	特征字
GB	1	特征字
GC	1	特征字
GD	1	特征字
GE	1	特征字
GF	1	特征字
GG	1	特征字

图 4.17 中的 MA~MC、GA~GG 是考虑到了 CNC 系统允许一个程序段中同时出现不同组的准备功能(G 代码)和辅助功能(M 代码)而设置的。没有必要为每一种 G 代码或 M 代码准备一个单元,因为同属一组的模态 G 代码或 M 代码是不允许同时出现在一个程序段中的。例如,G00、G01、G02、G03 和 G33 是不可能在同一程序段中出现的。这样既可以缩小缓冲器容量,又能查出编程的程序段格式(语法)错误。常用的 G 代码分组见表 4.4。对于 M 代码来说,通常允许同一个程序段中出现三个 M 代码,这三个 M 代码分属三组。这三组为MA、MB 和 MC。其中 MA 对应于 M00、M01 和 M02;MB 对应于 M03、M04 和 M05;MC 对应于 M06。由表 4.3 可知,除 G 代码和 M 代码需分组外,其余功能码均只有一项,且其地址在内存中是指定的。

表 4.4   **常用 G 代码的分组**

组 号	G 代 码	功 能
GA	G00	定位(快速进给)
	G01	直线插补(切削进给)
	G02	顺时针圆弧插补
	G03	逆时针圆弧插补
	G33	螺纹切削

续表

组 号	G 代 码	功 能
GB	G04	暂停
GD	G40	取消刀具补偿
	G41	刀具半径补偿(刀具在工件左侧)
	G42	刀具半径补偿(刀具在工作右侧)
GC	G28	自动返回参考点
	G29	自动离开参考点
GE	G80	取消固定循环
	G81~G89	固定循环
GF	G90	绝对值输入方式
	G91	增量值输入方式
GG	G92	工作坐标系设立

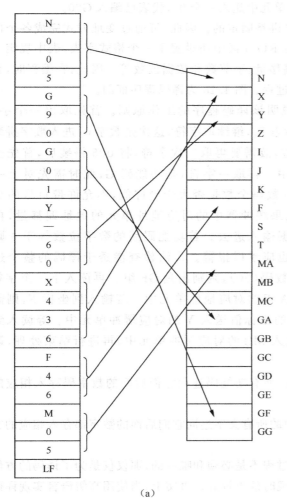

```
Struct PROG_BFFER
{
Char      buf_state;
Int       block_num;
Double    Coordinate [8];
Int       F, S;
Char      T;
Char      G [7], M [3];
};
```

(a)　　　　　　　　　　　　　(b)

图 4.17 译码示意图

译码程序需根据代码识别时设置的各功能字码的标志,确定存放其相应数字码的地址,以便送入数据。在其后的数字处理时,也需要判别功能字码标志。因为不同的功能字码,其后面数字位数和存放形式也有区别。有的需转换成二进制数,有的则以二-十进制(BCD码)形式存放。

每个功能字码后面的数字位数也均有规定,如 N 字后最多可接 4 位数字,坐标字(X、Y、Z等)后可接 7 位等。在系统的 ROM 中有一个格式表,表中每个字符均有相应的地址偏移量、数据位数等。处理时可根据功能字码格式字中的标志决定是否需要进行数制转换以及数字有多少位等,并将数字经拼装后暂存起来,等到下一个功能码字来到后,将这些数字送入上一个功能码指定的地址单元中去。

对于分组的 G 代码和 M 代码,则在译码结果缓冲器中以特征字形式表示。识别出功能码 G(M)后,尚不能分组,须根据后续的二位数字组合来区别,如表 4.4 所示的分组的判别就不难,可以按 G 后面的第一个数字判别输入哪一组的 G 代码,GA 和 GB 的第一个数字如果均为 0,就需再根据第二个数字判别。GF 和 GG 的处理方法同理。确定了输入的 G 代码所在的组别后,就可以判出是哪个 G 代码,并在相应的地址单元设置一个该 G 代码的特征字。例如对于 G90,属于 GF 组,就可在 GF 的地址单元中送入一个 03,代表已编入 G90。

译码结果缓冲器对于一个数控系统来讲是固定的。因此,可通过变址方式完成各个内存单元的寻址。另外,为了寻址方便,一般在 ROM 区中还设置了一个格式字表,表中规定了译码结果缓冲器中各个地址码对应的地址偏移量、字节数和数据位数等。因此,在编程时,允许可变字地址符格式。图 4.17 给出了这一过程。图 4.18 为译码程序框图。

下面以图 4.17 的零件程序段为例说明该译码程序的工作原则。首先取出一个字符,判别出是该程序段的第一个地址 N,设标志 F_n,继续取字符,这次是数字 0,进入数字拼装处理,由于 N 后面可能有的数字位数是 3 位,故需要再取二次字符,将 005 拼装后,首先检查是否有错,再将数据暂存在数据寄存器中。再取一字符,是功能码 G,此时需先对上一个地址码 N 进行语法检查,比如,检查输入数码个数是否大于允许值,不允许带负号的功能码是否带了负号等。若正确则将译码结果缓冲器中的对应地址单元的地址偏移量,再加上缓冲器首址就得到相应的地址,将数据输入进去。若功能码后的数字位数等于 0 则出错报警,若输入了系统不使用的字符则也应予以报警。语法检查渗透于译码的整个过程中。接下去再取二次,是 G 后面的二位数码(90),判别出是 GF 组。再读入下一个字符 G 及其后的(01),将 G01 的特征字装入 GA 组的对应地址单元中。若输入到坐标 X,则需把上一地址 Y 后面的已转换成二进制补码的坐标值送入 Y 的对应缓冲单元中。等读入到程序段结束符 EOB 后,就把 M 的特征字送入 MB 的对应缓冲单元中,再进行结束处理,返回主程序。

经过译码程序处理后,一个程序段中的所有功能码连同它们后面的数字码存入相应的译码结果缓冲器,得到图 4.17(a)中的结果。

这样,经过译码程序后,每个程序段中的所有文字连同它们后面的数字都存入相应的文字缓冲寄存器中,完成了译码功能。

最后,还要指出的是上述内码的转换过程不是必须和唯一的,那仅仅是为了译码的方便而进行的一种人为约定,当使用汇编语言实现时效果较好。事实上,当使用高级语言实现译码过程时,完全可以省去这个过程,直接将数控加工程序翻译成标准代码,如图 4.17(b)所示。

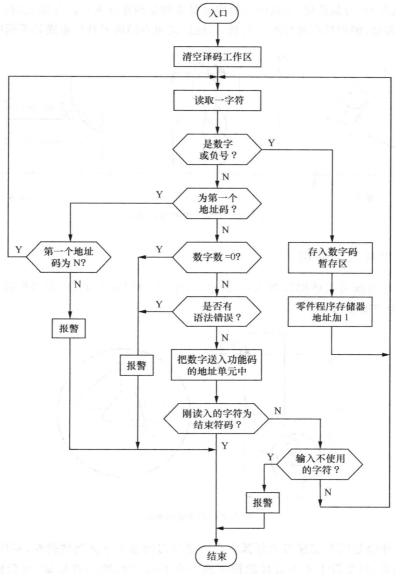

图 4.18　译码程序框图

4.5　刀具补偿原理

　　编制零件加工程序时,一般只考虑零件的轮廓外形,即零件程序段中的尺寸信息取自零件轮廓数据。实际切削时,CNC 系统通过控制刀具中心实现加工轨迹,切削是使用刀尖或刀刃边缘完成,这样就需要在刀具中心与刀具切削点之间进行位置偏置,从而使数控系统的控制对象由刀具中心变换到刀尖或刀刃边缘。这种变换的过程就称为刀具补偿。

　　刀具补偿一般分成刀具长度补偿和刀具半径补偿,并且对于不同类型的机床与刀具,需要考虑的补偿形式也不一样,如图 4.19 所示。对于铣刀而言,主要是刀具半径补偿;对于钻头而言,只有刀具长度补偿;但对车刀而言,却需要两坐标长度补偿和刀具半径补偿。其中有关的刀具参数,如刀具半径、刀具长度、刀具中心的偏移量等均是预先存入刀具补偿表的,不同的刀补号对应着不同的参数,编程员在进行程序编制时,通过调用不同的刀补号来满足不同的刀补要求。

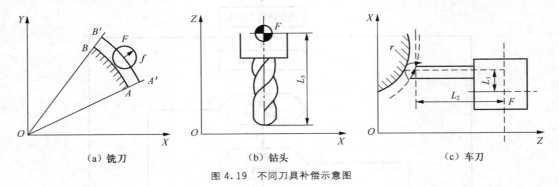

（a）铣刀　　　　　　　（b）钻头　　　　　　　（c）车刀

图 4.19　不同刀具补偿示意图

4.5.1　刀具长度补偿

某数控车床系统刀具结构如图 4.20 所示,图中 P 为理论刀尖,S 为刀头圆弧圆心,R_S 为刀头半径,F 为刀架参考点。

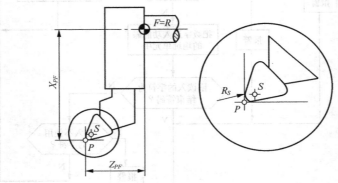

图 4.20　刀具结构参数

刀具长度补偿是用来实现刀尖圆弧中心轨迹与刀架参考点之间的转换,对应图 4.20 中 F 与 S 之间的转换,但实际上不能直接测得这两个中心点之间的距离矢量,而只能测理论刀尖 P 与刀架参考点 F 之间的距离。

为了简单起见,不妨假设刀头半径 $R_S=0$,这时可采用刀具长度测量装置测出理论刀尖点 P 相对于刀架参考点的坐标 X_{PF} 和 Z_{PF},并存入刀具参数表中。

$$\begin{cases} X_{PF} = X_P - X \\ Z_{PF} = Z_P - Z \end{cases} \tag{4-1}$$

式中,(X_P, Z_P) 为理论刀尖 P 点坐标;(X, Z) 为刀架参考点 F 的坐标。

因此,刀具长度补偿的计算公式为

$$\begin{cases} X = X_P - X_{PF} \\ Z = Z_P - Z_{PF} \end{cases} \tag{4-2}$$

式中,理论刀尖 P 的坐标 (X_P, Z_P) 实际上即为加工零件轨迹坐标,可从数控加工程序中获得。此时,零件轮廓轨迹按式(4-2)补偿后,即能通过控制刀架参考点 F 来实现。

对于图 4.20 中 $R_s \neq 0$ 的情况,在进行刀具长度补偿时,不但需要考虑到刀头圆弧半径的补偿,而且还要考虑到刀具的安装方式,分析较复杂。另一方面,由于 R_s 很小,生产中可以不予考虑,尤其在调试程序及对刀过程中已包括进去。因此,这里就不再涉及。

对于钻床的刀具长度补偿比较简单,只要在 Z 轴方向进行长度偏置即可,根据图 4.19 (b),有

$$\begin{cases} Z = Z_P - Z_{PF} \\ X = X_P \end{cases} \tag{4-3}$$

式中,(X_P, Z_P) 为数控加工程序中编制的钻头坐标值;Z_{PF} 为钻头长度,即图 4.19(b)中 L_1;(X, Z) 为补偿后钻头坐标值(参考点 F)。

4.5.2　刀具半径补偿原理

在连续轮廓加工过程中,由于刀具总有一定的半径,例如铣刀的半径或线切割机的钼丝半径等。所以,刀具中心运动轨迹并不等于加工零件的轮廓,如图 4.21 所示。在进行内轮廓加工时,要使刀具中心偏移零件的内轮廓表面一个刀具半径值。在进行外轮廓加工时,要使刀具中心偏移零件的外轮廓表面一个刀具半径值。这种偏移就称为刀具半径补偿。刀具半径补偿方法主要分为 B 刀具半径补偿和 C 刀具半径补偿。

在图 4.21 中粗实线为所需加工零件的轮廓,虚线为刀具中心轨迹。从原理上讲,可以针对每一个零件采用人工方法根据零件图纸尺寸和刀具半径推算出虚线所示的轨迹来,然后依此来进行数控加工程序编制,同样可以加工出希望的零件来。但是,如果每个零件都需手工换算一遍,特别当零件轮廓非常复杂时,换算过程也会很复杂且计算量大、效率低,还容易出错。另外,如果刀具磨损或重磨后,则必须重新计算,显然是不现实的。因此,人们就想利用数控系统来自动完成这种刀具半径的补偿计算,为编程和加工提供方便。

为了分析问题方便起见,ISO 标准规定,沿刀具前进方向当刀具中心轨迹在编程轨迹(零件轮廓)的左边时,

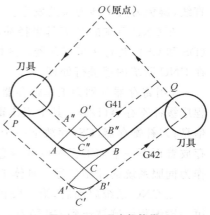

图 4.21　刀具半径补偿

称为左刀补,用 G41 表示,如图 4.21 所示轮廓内部虚线轨迹。反之,当刀具处于编程轨迹的右边时,称为右刀补,用 G42 表示,如图 4.21 所示轮廓外部虚线轨迹。当不需要进行刀具半径补偿时,用 G40 表示。G41 和 G42 均属于模态代码,也就是它们一旦被执行,则一直有效,直到用 G40 取消刀补。

1. B 刀具半径补偿

在早期的硬件数控系统中,由于其内存容量和计算处理能力都相当有限,不可能完成很复杂的大量计算,相应的刀具半径补偿功能较为简单,一般采用 B 功能刀具补偿方法。B 刀具半径补偿为基本的刀具半径补偿,它根据程序段中零件轮廓尺寸和刀具半径计算出刀具中心的运动轨迹。对于一般的 CNC 装置,所能实现的轮廓控制仅限于直线和圆弧。对直线而言刀具补偿后的刀具中心规迹是与原直线相平行的直线,因此刀具补偿计算只要计算出刀具中心轨迹的起点和终点坐标值。对于圆弧而言,刀具补偿后的刀具中心轨迹是与原圆弧同心的一段圆弧,因此对圆弧的刀具补偿计算只需要计算出刀具补偿后圆弧的起点和终点坐标值以及

刀具补偿后的圆弧半径值。这种方法能对一段轮廓尺寸进行刀具半径补偿,不能解决轮廓段之间的过渡问题。编程人员必须事先估计出刀补后可能出现的间断点和交叉点的情况,进行人为处理,将工件轮廓转接处处理成圆弧过渡形式。如图 4.21 所示,G42 刀补后出现间断点时,可以在二个间断点之间增加一个半径为刀具半径的过渡圆弧 $\overset{\frown}{A'B'}$。而在 G41 刀补后出现交叉点时,可事先在两个程序段之间增加一个过渡圆弧 $\overset{\frown}{A''B''}$。显然,这种 B 刀具半径补偿对于编程员来讲是很不方便的。

这种方法的缺点还在于当刀具加工到过渡圆弧段时,虽然刀具中心在运动,但其切削边缘相对零件来讲是没有相对运动的,而这种停顿现象会造成工艺性变差,在加工尖角轮廓零件时这个问题显得尤其突出。理想的过渡形式应是直线。如图 4.21 所示,进行 G42 刀补时,在间断点处用两段直线 $A'C'$ 和 $C'B'$ 来过渡连接。进行 G41 刀补时,在交叉点 C'' 处进行轮廓过渡连接。可见,这种刀具半径补偿方法则可避免刀具在尖角处的停顿现象。

2. C 刀具半径补偿

硬件数控系统(NC)中的 B 刀具半径补偿采用读一段,算一段,再走一段的数据流控制方式,因此无法考虑两个轮廓段之间刀具中心轨迹的转接问题。随着 CNC 系统计算处理能力的增强,人们开始采用一种更为完善的 C 功能刀具半径补偿方法。这种方法能够根据相邻轮廓段的信息自动处理两个轮廓段刀具中心轨迹的转接,自动在转接点处插入过渡圆弧或过渡直线,避免刀具干涉现象的发生。

在 CNC 系统的 C 刀具半径补偿处理过程中,比 NC 系统增加了两组刀具半径补偿缓冲器(DS 和 CS),共有 3 组寄存器。这样可以保证总是同时存储有连续 3 个程序段的信息,并能够在 CNC 系统内部进行处理。

3 组寄存器分别为工作寄存器(AS)、刀具补偿寄存器(CS)和零件程序缓冲寄存器(DS)。其中工作寄存器(AS)存放正在加工的程序段信息;刀补寄存器(CS)存放下一个加工程序段信息;缓冲寄存器(DS)存放着再下一个加工程序段的信息;输出寄存器(OS)存放运算结果,作为伺服系统的控制信号。具体工作过程如图 4.22 所示。

当 CNC 系统启动后,第一段程序首先被读入 DS,在 DS 中算得的第一段编程轨迹被送到 CS 暂存,又将第二段程序读入 DS,算出第二段的编程轨迹。接着,对第一、二段编程轨迹的连接方式进行判别,根据判别结果再对 CS 中的第一段编程轨迹作相应的修正,修正结束后,顺序地将修正后的第一段编程轨迹由 CS 送到 AS,第二段编程轨迹由 DS 送入 CS。随后,由 CPU 将 AS 中的内容送到 OS 进行插补运算,运算结果送往伺服机构以完成驱动动作。当修正了的第一段编程轨迹开始被执行后,利用插补间隙,CPU 又命令第三段程序读入 DS,随后又

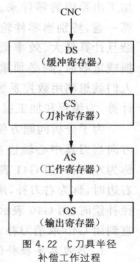

CNC

DS
(缓冲寄存器)

CS
(刀补寄存器)

AS
(工作寄存器)

OS
(输出寄存器)

图 4.22　C 刀具半径
补偿工作过程

根据 DS、CS 中的第三、第二段编程轨迹的连接方式,对 CS 中的第二段编程轨迹进行修正。如此往复,可见 C 刀补工作状态 CNC 装置内总是同时存有 3 个程序段的信息,以保证刀补的实现。

在切削过程中,C 刀具半径补偿的执行过程分为 3 个步骤。

① 刀补建立——刀具从起刀点接近工件过程中,根据指令 G41 或 G42 所指定的刀补方向,控制刀具中心轨迹相对原来的轮廓轨迹法线方向外扩或内收一个刀具半径值的距离。

② 刀补进行——控制刀具中心轨迹始终沿轮廓轨迹法线方向偏移一个刀具半径值的距离。

③ 刀补撤销——控制刀具撤离工作表面,确保返回到起刀点。

刀具半径补偿仅在指定的二维坐标平面内进行,因此需要和指定平面的 G 代码配合使用,它们是 G17(*XY* 平面)、G18(*YZ* 平面)和 G19(*ZX* 平面)。系统默认为 *XY* 平面,下面的分析和计算均假设在 *XY* 平面内。

3. C 刀具半径补偿类型

一般 CNC 系统所处理的基本轮廓线型是直线和圆弧,根据它们的相互连接关系可组成 4 种连接形式,即直线到直线相接、直线到圆弧相接、圆弧到直线相接、圆弧到圆弧相接。

C 刀具半径补偿中一个关键的判定依据就是转接角。转接角 α 定义为两个相邻零件轮廓段交点位于工件侧的夹角,如图 4.23 所示,其变化范围为 $0° \leqslant \alpha < 360°$。图 4.23 所示为直线接直线的情形,如果轮廓段为圆弧,则用其在交点处的切线作为转接角定义的对应直线。

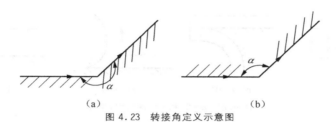

图 4.23　转接角定义示意图

依据转接角 α 的大小将 C 刀补的各种转接过渡形式划分为 3 类。

① 当 $180° < \alpha < 360°$ 时,定义为缩短型。

② 当 $90° \leqslant \alpha < 180°$ 时,定义为伸长型。

③ 当 $0° < \alpha < 90°$ 时,定义为插入型。

这三种转接过渡类型出现在刀具半径补偿的三个步骤中。图 4.24 所示为刀补建立过程中可能出现的 3 种转接形式。图 4.25 所示为刀补进行过程中可能出现的 3 种转接形式。图 4.26 所示为刀补撤销过程中可能出现的 3 种转接形式。

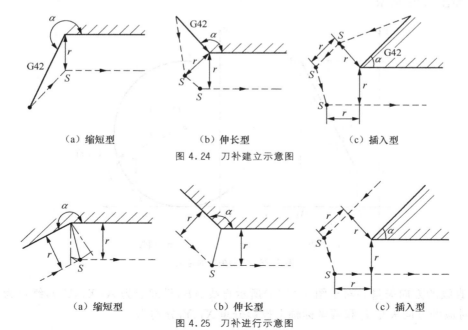

（a）缩短型　　　　　　（b）伸长型　　　　　　（c）插入型

图 4.24　刀补建立示意图

（a）缩短型　　　　　　（b）伸长型　　　　　　（c）插入型

图 4.25　刀补进行示意图

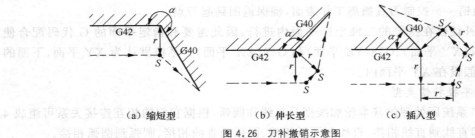

（a）缩短型　　　　　　　　（b）伸长型　　　　　　　　（c）插入型

图 4.26　刀补撤销示意图

为了使算法简单有效，C 刀具半径补偿不允许在圆弧轮廓上进行刀补的建立与撤销。另外，将 $\alpha = 0°$ 和 $\alpha = 180°$ 的转接情况作为特例来单独处理（图 4.27）。

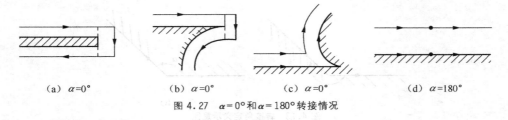

（a）$\alpha = 0°$　　　（b）$\alpha = 0°$　　　（c）$\alpha = 0°$　　　（d）$\alpha = 180°$

图 4.27　$\alpha = 0°$ 和 $\alpha = 180°$ 转接情况

4. 方向矢量和刀具半径矢量

由上述分析可以看出，零件轮廓是各种各样的。根据线型、转换角以及顺/逆圆、左/右刀补等不同，可以组合出很多刀补形式来，如果全部列举出来，并加以分析推导显然是不现实的。为了便于对各种编程情况进行综合分析，从中找出内在规律来，C 刀补计算选择用矢量运算方法。

（1）方向矢量

方向矢量指与运动方向一致的单位矢量，用 l_d 表示。方向矢量的求法又分直线和圆弧两种情况，如图 4.28 所示。

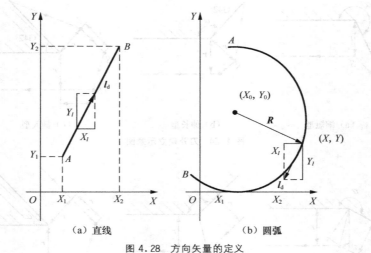

（a）直线　　　　　　　　　　　　（b）圆弧

图 4.28　方向矢量的定义

① 直线的方向矢量。对于图 4.28(a)所示直线 AB，设起点为 $A(X_1, Y_1)$，终点为 $B(X_2, Y_2)$，则对应的方向矢量 l_d 和两坐标轴上投影分量 X_l、Y_l 分别为

$$\boldsymbol{l}_d = X_l \boldsymbol{i} + Y_l \boldsymbol{j} \tag{4-4}$$

$$\begin{cases} X_l = \dfrac{X_2 - X_1}{\sqrt{(X_2 - X_1)^2 + (Y_2 - Y_1)^2}} \\ Y_l = \dfrac{Y_2 - Y_1}{\sqrt{(X_2 - X_1)^2 + (Y_2 - Y_1)^2}} \end{cases} \tag{4-5}$$

② 圆弧的方向矢量。圆弧的方向矢量是指圆弧上某一动点(X,Y)的切线方向上的单位矢量,圆弧分顺圆和逆圆两种情况。如图 4.28(b)所示,圆心为(X_0,Y_0),圆弧上动点为(X,Y),圆弧半径为R,顺圆和逆圆的方向矢量的投影分量分别为

顺圆(G02)
$$\begin{cases} X_l = \dfrac{Y - Y_0}{|\boldsymbol{R}|} \\ Y_l = \dfrac{-(X - X_0)}{|\boldsymbol{R}|} \end{cases} \tag{4-6}$$

逆圆(G03)
$$\begin{cases} X_l = \dfrac{-(Y - Y_0)}{|\boldsymbol{R}|} \\ Y_l = \dfrac{X - X_0}{|\boldsymbol{R}|} \end{cases} \tag{4-7}$$

引入参数R,且规定顺圆(G02)时$R>0$,逆圆(G03)时$R<0$,则定义R为

$$R = \begin{cases} |\boldsymbol{R}| & (顺圆) \\ -|\boldsymbol{R}| & (逆圆) \end{cases} \tag{4-8}$$

将式(4-6)和式(4-7)合并,得圆弧上任一点的方向矢量及其投影分量的表达式为

$$\begin{cases} \boldsymbol{l}_d = X_l \boldsymbol{i} + Y_l \boldsymbol{j} \\ X_l = \dfrac{Y - Y_0}{R} \\ Y_l = \dfrac{-(X - X_0)}{R} \end{cases} \tag{4-9}$$

(2)刀具半径矢量

所谓刀具半径矢量,是指在加工过程中,始终垂直于编程轨迹、大小等于刀具半径值、方向指向刀具中心的一个矢量。在加工直线轮廓过程中,刀具半径矢量始终垂直于刀具移动方向。在加工圆弧轮廓过程中,刀具半径矢量始终垂直于编程圆弧的瞬时切削点的切线,它的矢量方向随着切削的进行一直在不断地改变。刀具半径矢量用$\boldsymbol{r}_d$表示。

如图 4.29 所示,设运动轨迹相对于X轴的倾角为α,直线AB的方向矢量为$\boldsymbol{l}_d = X_l \boldsymbol{i} + Y_l \boldsymbol{j}$,刀具半径为$r$,刀具半径矢量为$\boldsymbol{r}_d = X_d \boldsymbol{i} + Y_d \boldsymbol{j}$,根据图 4.29 中几何关系可推得

$$\begin{aligned} \sin\alpha &= Y_l \\ \cos\alpha &= X_l \end{aligned} \tag{4-10}$$

引入参数r且规定左刀补(G41)时$r>0$,右刀补(G42)时$r<0$,即

$$r = \begin{cases} |\boldsymbol{r}| & (左刀补) \\ -|\boldsymbol{r}| & (右刀补) \end{cases} \tag{4-11}$$

进一步可推得刀具半径矢量$\boldsymbol{r}_d$的投影分量与直线方向矢量的投影分量之间的关系式为

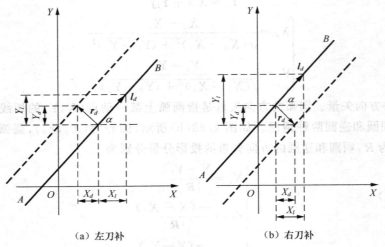

(a) 左刀补   (b) 右刀补

图 4.29 刀具半径矢量与方向矢量

$$\begin{cases} X_d = -rY_l \\ Y_d = rX_l \end{cases} \tag{4-12}$$

5. 转接类型的判别

转接类型的定义与转接角 α 有着直接的关系。通过两个相接数控加工程序段的方向矢量判断出 $\sin\alpha$ 和 $\cos\alpha$ 符号的正负，就可以确定 α 角的范围，进而判断出转接类型。

如图 4.30 所示，设坐标系 XOY 平面内有直线零件轮廓 $\overrightarrow{AB}$ 和 $\overrightarrow{BC}$，且三点坐标为 $A(X_0,Y_0),B(X_1,Y_1),C(X_2,Y_2)$，采用坐标平移和坐标旋转方式在 B 点获得另一个坐标系 UBV，并且定义 $\Delta X_1 = X_1 - X_0$，$\Delta Y_1 = Y_1 - Y_0$，$\Delta X_2 = X_2 - X_1$，$\Delta Y_2 = Y_2 - Y_1$。由图 4.30 可推得 XOY 坐标系到 UBV 坐标系的转换关系为

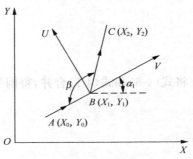

图 4.30 转接类型差别示意图

$$\begin{cases} U = \Delta Y_2 \cos\alpha_1 - \Delta X_2 \sin\alpha_1 \\ V = \Delta Y_2 \sin\alpha_1 + \Delta X_2 \cos\alpha_1 \end{cases} \tag{4-13}$$

根据转接角 α 的定义，由图 4.30 可以看出，对于左刀补时 $r>0$，且转接角 $\alpha = 360° - \beta$，在 UBV 坐标系中，有

$$\begin{cases} \sin\alpha = -\sin\beta = -U/d_2 \\ \cos\alpha = \cos\beta = V/d_2 \end{cases} \tag{4-14}$$

右刀补时，$r<0$，转接角 $\alpha = \beta$，则有

$$\begin{cases} \sin\alpha = \sin\beta = U/d_2 \\ \cos\alpha = \cos\beta = V/d_2 \end{cases} \tag{4-15}$$

式中，$d_2 = \sqrt{\Delta X_2^2 + \Delta Y_2^2}$。

在 XOY 坐标系中，有

$$\begin{cases} \sin\alpha_1 = \Delta Y_1/d_1 \\ \cos\alpha_1 = \Delta X_1/d_1 \end{cases} \tag{4-16}$$

式中，$d_1 = \sqrt{\Delta X_1^2 + \Delta Y_1^2}$ 。

将式(4-16)代入式(4-13)、式(4-14)和式(4-15)中，并整理合并，得到

$$\begin{cases} \sin\alpha = -\,\text{sgn}(r)\,(\Delta Y_2 \Delta X_1 - \Delta X_2 \Delta Y_1)\,/(d_1 d_2) \\ \cos\alpha = (\Delta Y_2 \Delta X_1 + \Delta X_2 \Delta Y_1)\,/(d_1 d_2) \end{cases} \tag{4-17}$$

由于直线 $\overrightarrow{AB}$ (l_1)和 $\overrightarrow{BC}$ (l_2)的方向矢量的投影分量分别为

$$\begin{cases} X_{l_1} = \dfrac{X_1 - X_0}{d_1} = \dfrac{\Delta X_1}{d_1} \\ Y_{l_1} = \dfrac{Y_1 - Y_0}{d_1} = \dfrac{\Delta Y_1}{d_1} \end{cases} \tag{4-18}$$

$$\begin{cases} X_{l_2} = \dfrac{X_2 - X_1}{d_2} = \dfrac{\Delta X_2}{d_2} \\ Y_{l_2} = \dfrac{Y_2 - Y_1}{d_2} = \dfrac{\Delta Y_2}{d_2} \end{cases} \tag{4-19}$$

将式(4-18)、式(4-19)代入式(4-17)中可得

$$\begin{cases} \sin\alpha = -\,\text{sgn}(r)(Y_{l_2} X_{l_1} - Y_{l_1} X_{l_2}) \\ \cos\alpha = Y_{l_2} X_{l_1} + Y_{l_1} X_{l_2} \end{cases} \tag{4-20}$$

式中，sgn (r)为符号函数，定义为

$$\text{sgn}(r) = \begin{cases} +1 & (r > 0) \\ -1 & (r < 0) \end{cases}$$

由此可获得零件轮廓转接类型的判别条件如下。

① 缩短型条件：$180° < \alpha < 360°$，即 $\sin\alpha < 0$，即

$$\text{sgn}(r)(Y_{l_2} X_{l_1} - Y_{l_1} X_{l_2}) > 0 \tag{4-21}$$

② 伸长型条件：$90° \leqslant \alpha < 180°$，即 $\sin\alpha > 0$，且 $\cos\alpha \leqslant 0$，即

$$\text{sgn}(r)(Y_{l_2} X_{l_1} - Y_{l_1} X_{l_2}) < 0 \text{ 且 } Y_{l_2} X_{l_1} + Y_{l_1} X_{l_2} \leqslant 0 \tag{4-22}$$

③ 插入型条件：$0° < \alpha < 90°$，即 $\sin\alpha > 0$，且 $\cos\alpha > 0$，即

$$\text{sgn}(r)(Y_{l_2} X_{l_1} - Y_{l_1} X_{l_2}) < 0 \text{ 且 } Y_{l_2} X_{l_1} + Y_{l_1} X_{l_2} > 0 \tag{4-23}$$

这样通过式(4-21)～式(4-23)三个判别条件即可判别出相邻零件轮廓刀补过程中的转接类型。

4.5.3　刀具半径补偿算法

刀具半径补偿算法就是运用矢量方法求出刀补轨迹上的各个转接点坐标值。下面按照直线接直线、直线接圆弧、圆弧接直线、圆弧接圆弧共 4 种轮廓连接情况分别加以讨论。

4.5.3.1　直线接直线

现假设第一个直线轮廓段 l_1 起点为 (X_0, Y_0) ，终点为 (X_1, Y_1) ，第二个直线轮廓段 l_2 的起点为 (X_1, Y_1) ，终点为 (X_2, Y_2) ，则对应方向矢量的投影分量 X_{l_1}、Y_{l_1}、X_{l_2}、Y_{l_2} 和直线长度 d_1、d_2 的定义同式(4-18)、式(4-19)、式(4-15)和式(4-16)。

1. 缩短型

(1)刀补建立

直线接直线的缩短型刀补建立如图 4.31(a)所示，核心内容是计算转接点 (X_{S1}, Y_{S1}) 。转接点 (X_{S1}, Y_{S1}) 距离直线 l_2 一个刀具半径的距离，因此，其相对于点 (X_1, Y_1) 仅相差一个刀

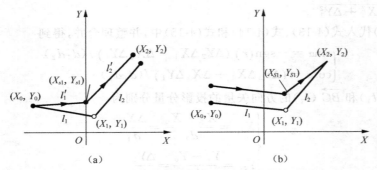

图 4.31 直线接直线缩短型刀补建立和刀补撤销示意图

具半径矢量,依据矢量算法可得

$$\begin{cases} X_{S1} = X_1 - rY_{l_2} \\ Y_{S1} = Y_1 + rX_{l_2} \end{cases} \tag{4-24}$$

(2)刀补撤销

直线接直线缩短型刀补撤销如图 4.31(b)所示,与刀补建立过程相类似,核心内容是计算转接点 (X_{S1}, Y_{S1})。转接点 (X_{S1}, Y_{S1}) 距离直线 l_1 一个刀具半径的距离,转接点 (X_{S1}, Y_{S1}) 相对于 (X_1, Y_1) 偏移一个刀具半径矢量,故有

$$\begin{cases} X_{S1} = X_1 - rY_{l_1} \\ Y_{S1} = Y_1 + rX_{l_1} \end{cases} \tag{4-25}$$

(3)刀补进行

直线接直线缩短型刀补进行如图 4.32 所示。设程编直线轮廓 l_1 和 l_2 的单位方向矢量 l_{d1} 和 l_{d2} 分别为

$$\begin{cases} \boldsymbol{l}_{d1} = X_{l_1}\boldsymbol{i} + Y_{l_1}\boldsymbol{j} \\ \boldsymbol{l}_{d2} = X_{l_2}\boldsymbol{i} + Y_{l_2}\boldsymbol{j} \end{cases} \tag{4-26}$$

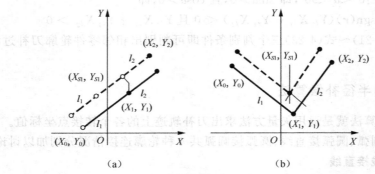

图 4.32 直线接直线缩短型刀补进行示意图

进一步 l'_1 和 l'_2 分别为 l_1 和 l_2 的等距线,且其间的法向距离为 r,则如果将 XOY 坐标系原点平移到点 (X_1, Y_1) 后,可求得和 l'_1 和 l'_2 的直线方程分别为

$$\begin{cases} -Y_{l_1}X + X_{l_1}Y = r \\ -Y_{l_2}X + X_{l_2}Y = r \end{cases} \tag{4-27}$$

现联立这个方程组,并解得交点坐标为

$$
\begin{cases}
X = \dfrac{(X_{l_2} - X_{l_1})r}{X_{l_1}Y_{l_2} - X_{l_2}Y_{l_1}} \\[3mm]
Y = \dfrac{(Y_{l_2} - Y_{l_1})r}{X_{l_1}Y_{l_2} - X_{l_2}Y_{l_1}}
\end{cases}
\tag{4-28}
$$

上式即为平移坐标系后转接点的坐标值。下面将其转换到 XOY 坐标系下,并考虑到特殊情况后,可求得交点(X_{S1}, Y_{S1})的坐标值。

① 当 $X_{l_1}Y_{l_2} - X_{l_2}Y_{l_1} = 0$ 时,对应于图 4.32(a)的情况,即转换角为 $\alpha = 180°$,此时

$$
\begin{cases}
X_{S1} = X_1 - rY_{l_1} \\
Y_{S1} = Y_1 + rX_{l_1}
\end{cases}
\tag{4-29}
$$

② 当 $X_{l_1}Y_{l_2} - X_{l_2}Y_{l_1} \neq 0$ 时,对应于图 4.32(b)的情况,即 $180° < \alpha < 360°$,此时

$$
\begin{cases}
X_{S1} = X_1 + \dfrac{(X_{l_2} - X_{l_1})r}{X_{l_1}Y_{l_2} - X_{l_2}Y_{l_1}} \\[3mm]
Y_{S1} = Y_1 + \dfrac{(Y_{l_2} - Y_{l_1})r}{X_{l_1}Y_{l_2} - X_{l_2}Y_{l_1}}
\end{cases}
\tag{4-30}
$$

2. 伸长型

(1)刀补建立

直线接直线伸长型刀补建立如图 4.33(a)所示,核心内容是计算转接点 (X_{S2}, Y_{S2}) 和 (X_{S1}, Y_{S1})。转接点(X_{S1}, Y_{S1})距离直线 l_1 一个刀具半径的距离,点 (X_{S2}, Y_{S2}) 是刀具中心轨迹 l_1' 和 l_2' 的交点。依据方向矢量和刀具半径矢量的运算方法,可算得

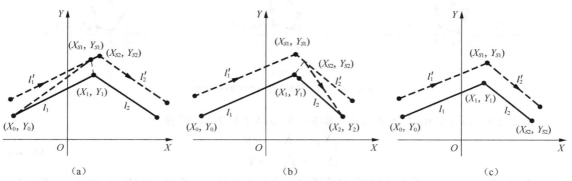

图 4.33 直线接直线伸长型刀补示意图

$$
\begin{cases}
X_{S1} = X_1 - rY_{l_1} \\
Y_{S1} = Y_1 + rX_{l_1}
\end{cases}
\tag{4-31}
$$

由于(X_{S2}, Y_{S2})是 l'_1、l'_2 的交点,因此有

$$
\begin{cases}
X_{S2} = X_1 + \dfrac{(X_{l_2} - X_{l_1})r}{X_{l_1}Y_{l_2} - X_{l_2}Y_{l_1}} \\[3mm]
Y_{S2} = Y_1 + \dfrac{(Y_{l_2} - Y_{l_1})r}{X_{l_1}Y_{l_2} - X_{l_2}Y_{l_1}}
\end{cases}
\tag{4-32}
$$

(2)刀补撤销

直线接直线伸长型刀补撤销如图 4.33(b)所示,同样,需要求出两个点 (X_{S1}, Y_{S1}) 和

(X_{S2}, Y_{S2}) 的坐标,结果分别为

$$\begin{cases} X_{S1} = X_1 + \dfrac{(X_{l_2} - X_{l_1})r}{X_{l_1}Y_{l_2} - X_{l_2}Y_{l_1}} \\ Y_{S1} = Y_1 + \dfrac{(Y_{l_2} - Y_{l_1})r}{X_{l_1}Y_{l_2} - X_{l_2}Y_{l_1}} \end{cases} \tag{4-33}$$

$$\begin{cases} X_{S2} = X_1 - rY_{l_2} \\ Y_{S2} = Y_1 + rX_{l_2} \end{cases} \tag{4-34}$$

（3）刀补进行

直线接直线伸长型刀补进行如图 4.33（c）所示,这时只需计算一个转接点 (X_{S1}, Y_{S1}) 的坐标值,其计算结果与式（4-33）完全相同。

3. 插入型

（1）刀补建立

直线接直线插入型刀补建立如图 4.34（a）所示,显然这里需要求出三个转接点 (X_{S1}, Y_{S1})、(X_{S2}, Y_{S2})、(X_{S3}, Y_{S3}) 的坐标值。

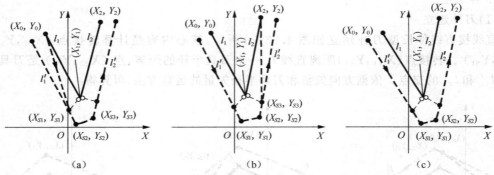

图 4.34　直线接直线插入型刀补示意图

由于 (X_{S1}, Y_{S1}) 相对于 (X_1, Y_1) 偏移一个刀具半径矢量,则有

$$\begin{cases} X_{S1} = X_1 - rY_{l_1} \\ Y_{S1} = Y_1 + rX_{l_1} \end{cases} \tag{4-35}$$

由于 (X_{S2}, Y_{S2}) 是沿 l'_1 的方向向前延伸一个刀具半径 r 的距离对应的点,因此,可表示为

$$\begin{cases} X_{S2} = X_{S1} + |r|X_{l_1} = X_1 - rY_{l_1} + |r|X_{l_1} \\ Y_{S2} = Y_{S1} + |r|Y_{l_1} = Y_1 + rX_{l_1} + |r|Y_{l_1} \end{cases} \tag{4-36}$$

对于 (X_{S3}, Y_{S3}) 的求取与 (X_{S2}, Y_{S2}) 相类似,只是这时是沿 l'_2 的反方向后退一个刀具半径 r 的距离而已,因此有

$$\begin{cases} X_{S3} = X_1 - rY_{l_2} - |r|X_{l_2} \\ Y_{S3} = Y_1 + rX_{l_2} - |r|Y_{l_2} \end{cases} \tag{4-37}$$

（2）刀补撤销

直线接直线插入型刀补撤销如图 4.34（b）所示,同样需要求出三个转接点 (X_{S1}, Y_{S1})、(X_{S2}, Y_{S2})、(X_{S3}, Y_{S3}) 的坐标值,与刀补建立情况相类似,可以推得

$$\begin{cases} X_{S1} = X_1 - rY_{l_1} + |r|X_{l_1} \\ Y_{S1} = Y_1 + rX_{l_1} + |r|Y_{l_1} \end{cases} \tag{4-38}$$

$$\begin{cases} X_{S2} = X_1 - rY_{l_2} - |r|X_{l_2} \\ Y_{S2} = Y_1 + rX_{l_2} - |r|Y_{l_2} \end{cases} \tag{4-39}$$

$$\begin{cases} X_{S3} = X_1 - rY_{l_2} \\ Y_{S3} = Y_1 + rX_{l_2} \end{cases} \tag{4-40}$$

（3）刀补进行

直线接直线插入型刀补进行如图 4.34(c)所示。这时只需求出两个转接点 (X_{S1},Y_{S1}) 和 (X_{S2},Y_{S2}) 的坐标值。其计算公式同式(4-38)和式(4-39)。

4.5.3.2　直线接圆弧

假设零件的第一个直线轮廓段 l 起点为 (X_0,Y_0)，终点为 (X_1,Y_1)；第二个圆弧轮廓段 c 起点(转接点)为 (X_1,Y_1)，终点为 (X_2,Y_2)，圆心相对圆弧起点坐标为 (I,J)。这样第一段直线方向矢量的投影分量同式(4-18)，而第二段圆弧在起点 (X_1,Y_1) 处方向矢量的投影分量为

$$\begin{cases} X_{l_2} = -J/R \\ Y_{l_2} = I/R \end{cases} \tag{4-41}$$

式中，R 的定义为

$$R = \begin{cases} \sqrt{I^2 + J^2} & (\text{顺圆}/\text{G02}) \\ -\sqrt{I^2 + J^2} & (\text{逆圆}/\text{G03}) \end{cases} \tag{4-42}$$

由于在圆弧轮廓上不允许进行刀补撤销，因此，直线接圆弧这种类型只有刀补建立和刀补进行两种情况。下面就分别予以分析和推导。

1. 缩短型

（1）刀补建立

直线接圆弧缩短型刀补建立如图 4.35(a)所示，核心内容是计算点 (X_{S1},Y_{S1})。显然，转接点 (X_{S1},Y_{S1}) 的计算公式为

$$\begin{cases} X_{S1} = X_1 - rY_{l_2} \\ Y_{S1} = Y_1 + rX_{l_2} \end{cases} \tag{4-43}$$

（2）刀补进行

直线接圆弧缩短型刀补进行如图 4.35(b)所示，l 表示零件的直线轮廓，c 表示零件的圆弧轮廓，l' 和 c' 分别对应刀补后刀具中心轨迹。现将 XOY 坐标系的原点 O 平移到点 (X_1,Y_1) 处，则在该坐标系下直线 l' 的法线式方程为

$$-Y_{l_1}X + X_{l_1}Y = r \tag{4-44}$$

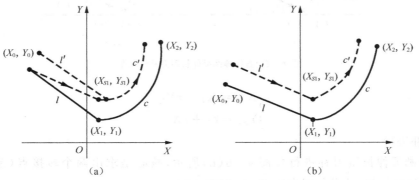

图 4.35　直线接圆弧缩短型刀补示意图

在新坐标系下圆弧 c' 的表达式为

$$(X - X'_0)^2 + (Y - Y'_0)^2 = (R + r)^2 \tag{4-45}$$

式中，(X'_0, Y'_0) 为新坐标系下圆心坐标，R 的定义见式(4-42)，r 的定义见式(4-11)。现联立式(4-44)和式(4-45)，可求得新坐标系下 l' 和 c' 的交点坐标值为

$$\begin{cases} X = X_{l_1}(Y_{l_1}J + X_{l_1}I) - rY_{l_1} - \mathrm{sgn}(X_{l_1}I + Y_{l_1}J)X_{l_1}f \\ Y = Y_{l_1}(Y_{l_1}J + X_{l_1}I) - rX_{l_1} - \mathrm{sgn}(X_{l_1}I + Y_{l_1}J)Y_{l_1}f \end{cases} \tag{4-46}$$

式中，$f = \sqrt{(R + r)^2 - (X_{l_1}J - Y_{l_1}I - r)^2}$。

然后，通过坐标平移就可以求得在原来 XOY 坐标系下转接点 (X_{S1}, Y_{S1}) 的坐标值。现分两种情况讨论如下。

① 当 $X_{l_1}Y_{l_2} - X_{l_2}Y_{l_1} = 0$ 时，即 $\alpha = 180°$，此时转接点 (X_{S1}, Y_{S1}) 坐标值为式(4-43)。

② 当 $X_{l_1}Y_{l_2} - X_{l_2}Y_{l_1} \neq 0$ 时，即 $180° < \alpha < 360°$，此时转接点 (X_{S1}, Y_{S1}) 的坐标值为

$$\begin{cases} X_{S1} = X_1 + X_{l_1}(Y_{l_1}J + X_{l_1}I) - rY_{l_1} - \mathrm{sgn}(X_{l_1}I + Y_{l_1}J)X_{l_1}f \\ Y_{S1} = Y_1 + Y_{l_1}(Y_{l_1}J + X_{l_1}I) - rX_{l_1} - \mathrm{sgn}(X_{l_1}I + Y_{l_1}J)Y_{l_1}f \end{cases} \tag{4-47}$$

2. 伸长型

(1)刀补建立

直线接圆弧伸长型刀补建立如图 4.36(a)所示，核心是要求出三个转接点坐标值 (X_{S1}, Y_{S1})、(X_{S2}, X_{S2})、(X_{S3}, Y_{S3})，结果分别为

$$\begin{cases} X_{S1} = X_1 - rY_{l_1} \\ Y_{S1} = Y_1 + rX_{l_1} \end{cases} \tag{4-48}$$

$$\begin{cases} X_{S2} = X_1 + \dfrac{(X_{l_2} - X_{l_1})r}{X_{l_1}Y_{l_2} - X_{l_2}Y_{l_1}} \\ Y_{S2} = Y_1 + \dfrac{(Y_{l_2} - Y_{l_1})r}{X_{l_1}Y_{l_2} - X_{l_2}Y_{l_1}} \end{cases} \tag{4-49}$$

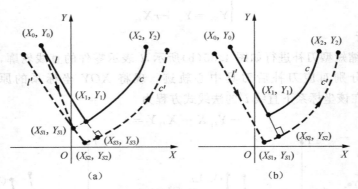

图 4.36 直线接圆弧伸长型刀补示意图

$$\begin{cases} X_{S3} = X_1 - rY_{l_2} \\ Y_{S3} = Y_1 + rX_{l_2} \end{cases} \tag{4-50}$$

(2)刀补进行

直线接圆弧伸长型刀补进行如图 4.36(b)所示，核心是求出两个转接点 (X_{S1}, Y_{S1}) 和 (X_{S2}, Y_{S2}) 的坐标值，结果分别为

$$\begin{cases} X_{S1} = X_1 + \dfrac{(X_{l_2} - X_{l_1})r}{X_{l_1}Y_{l_2} - X_{l_2}Y_{l_1}} \\[3mm] Y_{S1} = Y_1 + \dfrac{(Y_{l_2} - Y_{l_1})r}{X_{l_1}Y_{l_2} - X_{l_2}Y_{l_1}} \end{cases} \tag{4-51}$$

$$\begin{cases} X_{S2} = X_1 - rY_{l2} \\ Y_{S2} = Y_1 + rX_{l2} \end{cases} \tag{4-52}$$

3．插入型

(1)刀补建立

直线接圆弧插入型刀补建立如图 4.37(a)所示,需推算出四个转接点(X_{S1}, Y_{S1})、(X_{S2}, Y_{S2})、(X_{S3}, Y_{S3})和(X_{S4}, Y_{S4})的坐标值,结果分别为

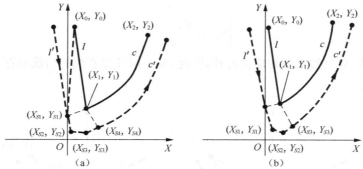

图 4.37　直线接圆弧插入型刀补示意图

$$\begin{cases} X_{S1} = X_1 - rY_{l_1} \\ Y_{S1} = Y_1 + rX_{l_1} \end{cases} \tag{4-53}$$

$$\begin{cases} X_{S2} = X_{S1} + |r|X_{l_1} = X_1 - rY_{l_1} + |r|X_{l_1} \\ Y_{S2} = Y_{S1} + |r|Y_{l_1} = Y_1 + rX_{l_1} + |r|Y_{l_1} \end{cases} \tag{4-54}$$

$$\begin{cases} X_{S3} = X_1 - rY_{l_2} - |r|X_{l_2} \\ Y_{S3} = Y_1 + rX_{l_2} - |r|Y_{l_2} \end{cases} \tag{4-55}$$

$$\begin{cases} X_{S4} = X_1 - rY_{l_2} \\ Y_{S4} = Y_1 + rX_{l_2} \end{cases} \tag{4-56}$$

(2)刀补进行

直线接圆弧插入型刀补进行情况如图 4.37(b)所示,需求出三个转接点(X_{S1}, Y_{S1})、(X_{S2}, Y_{S2})和(X_{S3}, Y_{S3})的坐标值,结果分别为

$$\begin{cases} X_{S1} = X_1 - rY_{l_1} + |r|X_{l_1} \\ Y_{S1} = Y_1 + rX_{l_1} + |r|Y_{l_1} \end{cases} \tag{4-57}$$

$$\begin{cases} X_{S2} = X_1 - rY_{l_2} - |r|X_{l_2} \\ Y_{S2} = Y_1 + rX_{l_2} - |r|Y_{l_2} \end{cases} \tag{4-58}$$

$$\begin{cases} X_{S3} = X_1 - rY_{l_2} \\ Y_{S3} = Y_1 + rX_{l_2} \end{cases} \tag{4-59}$$

4.5.3.3　圆弧接直线

假设零件的第一段圆弧轮廓 c 起点为(X_0, Y_0),终点为(X_1, Y_1),圆弧半径为 R,圆心相

对圆弧起点坐标为 (I,J);第二段直线轮廓起点为 (X_1,Y_1),终点为 (X_2,Y_2)。根据前面的约定,圆弧在终点 (X_1,Y_1) 处方向矢量的投影分量为

$$\begin{cases} X_{l_1} = -Y_{01}/R \\ Y_{l_1} = X_{01}/R \end{cases} \tag{4-60}$$

式中,R 的定义见式(4-42),X_{01} 和 Y_{01} 代表的是圆心相对于圆弧终点在 X 和 Y 方向的增量,因此

$$\begin{cases} X_{01} = X_0 + I - X_1 \\ Y_{01} = Y_0 + J - Y_1 \end{cases} \tag{4-61}$$

直线段的方向矢量的投影分量为

$$\begin{cases} X_{l_2} = \dfrac{X_2 - X_1}{d_1} \\ Y_{l_2} = \dfrac{Y_2 - Y_1}{d_1} \end{cases} \tag{4-62}$$

由于在圆弧轮廓上约定不能建立刀补,因此,对于圆弧接直线的情况只存在刀补进行和刀补撤销两种情况。

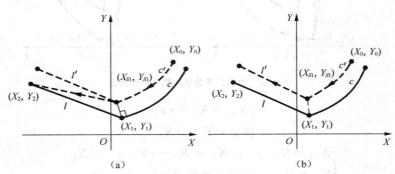

图 4.38 圆弧接直线缩短型刀补示意图

1. 缩短型

(1)刀补撤销

圆弧接直线缩短型刀补撤销情况如图 4.38(a)所示,需推算出转接点 (X_{S1},Y_{S1}) 的坐标值,结果为

$$\begin{cases} X_{S1} = X_1 - rY_{l_1} \\ Y_{S1} = Y_1 + rX_{l_1} \end{cases} \tag{4-63}$$

(2)刀补进行

圆弧接直线缩短型刀补进行情况如图 4.38(b)所示,需推算出转接点 (X_{S1},Y_{S1}) 的坐标值。

① 当 $X_{l_1}Y_{l_2} - X_{l_2}Y_{l_1} = 0$ 时,即 $\alpha = 180°$,此时有

$$\begin{cases} X_{S1} = X_1 - rY_{l_2} \\ Y_{S1} = Y_1 + rX_{l_2} \end{cases} \tag{4-64}$$

② 当 $X_{l_1}Y_{l_2} - X_{l_2}Y_{l_1} \neq 0$ 时,即 $180° < \alpha < 360°$,此时

$$\begin{cases} X_{S1} = X_1 + X_{l_2}(Y_{l_2}Y_{01} + X_{l_2}X_{01}) - rY_{l_2} - \mathrm{sgn}(X_{l_2}X_{01} + Y_{l_2}Y_{01})X_{l_2}f \\ Y_{S1} = Y_1 + Y_{l_2}(Y_{l_2}Y_{01} + X_{l_2}X_{01}) - rX_{l_2} - \mathrm{sgn}(X_{l_2}X_{01} + Y_{l_2}Y_{01})Y_{l_2}f \end{cases} \tag{4-65}$$

式中, f 的表达式为

$$f = \sqrt{(R+r)^2 - (X_{l_2}Y_{01} - Y_{l_2}X_{01} - r)^2} \tag{4-66}$$

2. 伸长型

(1)刀补撤销

圆弧接直线伸长型刀补撤销如图 4.39(a)所示,需要求出三个转接点 (X_{S_1}, Y_{S_1})、(X_{S_2}, Y_{S_2}) 和 (X_{S_3}, Y_{S_3}) 的坐标值,结果分别为

$$\begin{cases} X_{S1} = X_1 - rY_{l_1} \\ Y_{S1} = Y_1 + rX_{l_1} \end{cases} \tag{4-67}$$

$$\begin{cases} X_{S2} = X_1 + \dfrac{(X_{l_2} - X_{l_1})r}{X_{l_1}Y_{l_2} - X_{l_2}Y_{l_1}} \\ Y_{S2} = Y_1 + \dfrac{(Y_{l_2} - Y_{l_1})r}{X_{l_1}Y_{l_2} - X_{l_2}Y_{l_1}} \end{cases} \tag{4-68}$$

$$\begin{cases} X_{S3} = X_1 - rY_{l_2} \\ Y_{S3} = Y_1 + rX_{l_2} \end{cases} \tag{4-69}$$

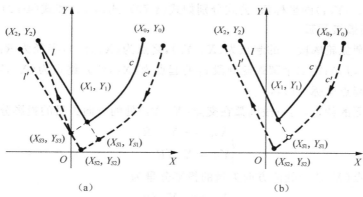

图 4.39　圆弧接直线伸长型刀补示意图

(2)刀补进行

圆弧接直线伸长型刀补进行如图 4.39(b)所示,需要求出二个转接点 (X_{S_1}, Y_{S_1}) 和 (X_{S_2}, Y_{S_2}) 的坐标值,公式分别如式(4-67)和式(4-68)所示。

3. 插入型

(1)刀补撤销

圆弧接直线插入型刀补撤销的情况如图 4.40(a)所示,需要求出四个转接点 (X_{S_1}, Y_{S_1})、(X_{S_2}, Y_{S_2})、(X_{S_3}, Y_{S_3}) 和 (X_{S_4}, Y_{S_4}) 的坐标值,结果分别为

$$\begin{cases} X_{S1} = X_1 - rY_{l_1} \\ Y_{S1} = Y_1 + rX_{l_1} \end{cases} \tag{4-70}$$

$$\begin{cases} X_{S2} = X_1 - rY_{l_2} + |r|X_{l_2} \\ Y_{S2} = Y_1 + rX_{l_2} + |r|Y_{l_2} \end{cases} \tag{4-71}$$

$$\begin{cases} X_{S3} = X_1 - rY_{l_2} - |r|X_{l_2} \\ Y_{S3} = Y_1 + rX_{l_2} - |r|Y_{l_2} \end{cases} \tag{4-72}$$

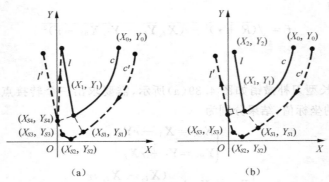

图 4.40　圆弧接直线插入型刀补示意图

$$\begin{cases} X_{S4} = X_1 - rY_{l_2} \\ Y_{S4} = Y_1 + rX_{l_2} \end{cases} \tag{4-73}$$

（2）刀补进行

圆弧接直线插入型刀补进行的情况如图 4.40(b)所示,需求出三个转接点(X_{S1}, Y_{S1})、(X_{S2}, Y_{S2}) 和 (X_{S3}, Y_{S3}) 的坐标值,公式分别如式(4-70)、式(4-71)和式(4-72)。

4.5.3.4　圆弧接圆弧

假设第一个圆弧轮廓段 c_1 的起点为(X_0, Y_0),终点为(X_1, Y_1),半径为 R_1,圆心坐标相对于起点坐标为(I_1, J_1);第二个圆弧轮廓段 c_2 的起点为(X_1, Y_1),终点为(X_2, Y_2),半径为 R_2,圆心坐标相对于起点坐标为(I_2, J_2)。

同样根据前面的约定,第一段圆弧在交点(X_1, Y_1)处的方向矢量的投影分量为

$$\begin{cases} X_{l_1} = -Y_{01}/R_1 \\ Y_{l_1} = X_{01}/R_1 \end{cases} \tag{4-74}$$

第二段圆弧在交点(X_1, Y_1)处的方向矢量的投影分量为

$$\begin{cases} X_{l_2} = -Y_{02}/R_2 \\ Y_{l_2} = X_{02}/R_2 \end{cases} \tag{4-75}$$

式中,R_1 和 R_2 的定义见式(4-42),X_{01}、Y_{01} 和 X_{02}、Y_{02} 的定义分别为

$$\begin{cases} X_{01} = (X_0 + I_1) - X_1 \\ Y_{01} = (Y_0 + J_1) - Y_1 \end{cases} \tag{4-76}$$

$$\begin{cases} X_{02} = X_1 + I_2 - X_1 = I_2 \\ Y_{02} = Y_1 + J_2 - Y_1 = J_2 \end{cases} \tag{4-77}$$

圆弧接圆弧时约定不能进行刀补建立和刀补撤销,所以只存在刀补进行一种情况。

1. 缩短型

圆弧接圆弧缩短型刀补如图 4.41(a)所示,根据前面的定义,需求得交点(X_{S1}, Y_{S1})的坐标值,结果为

$$\begin{cases} X_{S1} = X_1 + X'(Y'Y_{01} + X'X_{01}) - rY' - \mathrm{sgn}(X'X_{01} + Y'Y_{01})X'f \\ Y_{S1} = Y_1 + Y'(Y'Y_{01} + X'X_{01}) - rX' - \mathrm{sgn}(X'X_{01} + Y'Y_{01})Y'f \end{cases} \tag{4-78}$$

式中,f、X'、Y' 的定义分别为

$$f = \sqrt{(R+r)^2 - (X_1 Y_{01} - Y_1 X_{01} - d_2)^2} \tag{4-79}$$

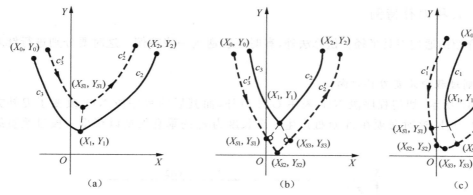

图 4.41 圆弧接圆弧刀补示意图

$$\begin{cases} X' = (X_{02} - X_{01})/d_1 \\ Y' = (Y_{02} - Y_{01})/d_1 \end{cases} \tag{4-80}$$

d_1、d_2 的定义分别为

$$\begin{cases} d_1 = \sqrt{(X_{02} - X_{01})^2 + (Y_{02} - Y_{01})^2} \\ d_2 = r(R_1 - R_2)/d_1 \end{cases} \tag{4-81}$$

2. 伸长型

圆弧接圆弧伸长型刀补如图 4.41(b)所示,需推算三个转接点(X_{S1}, Y_{S1})、(X_{S2}, Y_{S2}) 和 (X_{S3}, Y_{S3})的坐标值,结果分别为

$$\begin{cases} X_{S1} = X_1 - rY_{l_1} \\ Y_{S1} = Y_1 + rX_{l_1} \end{cases} \tag{4-82}$$

$$\begin{cases} X_{S2} = X_1 + \dfrac{(X_{l_2} - X_{l_1})r}{X_{l_1}Y_{l_2} - X_{l_2}Y_{l_1}} \\ Y_{S2} = Y_1 + \dfrac{(Y_{l_2} - Y_{l_1})r}{X_{l_1}Y_{l_2} - X_{l_2}Y_{l_1}} \end{cases} \tag{4-83}$$

$$\begin{cases} X_{S3} = X_1 - rY_{l_2} \\ Y_{S3} = Y_1 + rX_{l_2} \end{cases} \tag{4-84}$$

3. 插入型

圆弧接圆弧插入型刀补如图 4.41(c)所示,需推算四个转接点(X_{S1}, Y_{S1})、(X_{S2}, Y_{S2})、(X_{S3}, Y_{S3})和(X_{S4}, Y_{S4})的坐标值,结果分别为

$$\begin{cases} X_{S1} = X_1 - rY_{l_1} \\ Y_{S1} = Y_1 + rX_{l_1} \end{cases} \tag{4-85}$$

$$\begin{cases} X_{S2} = X_1 - rY_{l_1} + |r|X_{l_1} \\ Y_{S2} = Y_1 + rX_{l_1} + |r|Y_{l_1} \end{cases} \tag{4-86}$$

$$\begin{cases} X_{S3} = X_1 - rY_{l_2} - |r|X_{l_2} \\ Y_{S3} = Y_1 + rX_{l_2} - |r|Y_{l_2} \end{cases} \tag{4-87}$$

$$\begin{cases} X_{S4} = X_1 - rY_{l_2} \\ Y_{S4} = Y_1 + rX_{l_2} \end{cases} \tag{4-88}$$

4.5.4 几种刀补特例

除上面介绍的通用刀具半径补偿算法外,有时还会遇到一些特例。这时要分别进行针对性处理。

1. 在切削过程中改变刀补方向

如图4.42所示,切削程序段N10采用G42刀补,而其后的程序段N11改变了刀补方向,采用G41刀补,这时必须在A点处产生一个长度为r_d的垂直矢量以获得一段过渡直线轮廓。

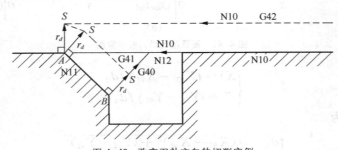

图4.42 改变刀补方向的切削实例

2. 改变刀具半径值

在零件切削过程中如果改变了刀具半径值,则新的补偿值在下个程序段中产生影响。如图4.43所示,N8段补偿用刀具半径为r_1,N9段被改变为r_2后,则开始建立新的刀补,进入N10段后即按新刀具半径r_2进行补偿。刀具半径的改变可通过改变刀具号或通过操作面板来实现。

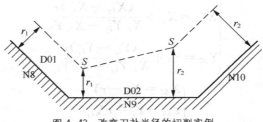

图4.43 改变刀补半径的切削实例

3. 过切问题

如果编程不当也可能会导致零件被过切的现象,常见情况有如下几种。

(1)在两个运动指令之间有两个辅助功能程序段

刀补处理过程中一般同时有3个程序段在流动,如果其中含有两个辅助功能程序段,那么在刀补计算时就无法获得两个相邻轮廓段的信息,因此就可能造成过切现象。现假设有如下数控加工程序:

N3	G91 G01 X150 LF	
N4	M08 LF	(雾状冷却)
N5	M09 LF	(关切削液)
N6	Y-50 LF	
N7	X50 LF	

其对应加工过程如图 4.44 所示,可见在 S 处执行程序段 N4、N5 后就可能造成过切现象。

(2)在两个运动指令之间有一个位移为零的运动指令

由于运动位移为零的程序段没有零件轮廓信息,因此刀补时就可能造成过切现象。现假设有如下数控加工程序

N3　　　　　　　　　G91 G01 X150 LF

N4　　　　　　　　　X0 LF

N5　　　　　　　　　Y−50 LF

其对应的加工过程如图 4.45 所示,可见在 S 执行程序段 N4 后就会产生过切现象。

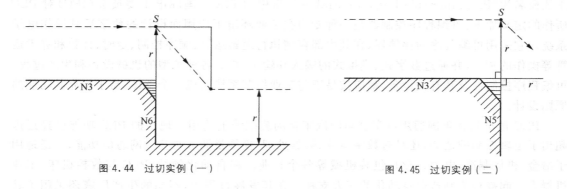

图 4.44　过切实例(一)　　　　　　　　　　图 4.45　过切实例(二)

(3)在两个运动指令之间有一条辅助功能指令和一条位移为零的运动指令

其分析过程与前面类似,这里就不再重复。

针对这些过切现象产生的原因,可以从两个方面来加以预防。一方面在数控加工程序诊断过程中检查这种隐患,一旦发现就提示用户进行修改。另一方面是在刀补处理时进行检查,一旦发现则可针对这种情况来改进刀补处理方法。

如图 4.46 所示,要求加工的零件轮廓为 $ABCDEFGHIJA$,起刀点选在 O_1 处,采用 C 功能刀具补偿处理后,获得如虚线所示的刀具中心轨迹,其中 O_1A_1 为刀补建立段,A_2O_1 为刀补撤销段,其他各段均为刀补进行段。

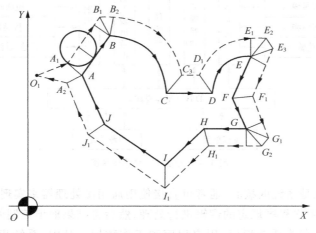

图 4.46　C 刀补零件加工实例

4.6 CNC 系统中的可编程序控制器

4.6.1 可编程序控制器工作原理

可编程序控制器是 20 世纪 60 年代发展起来的一种新型自动化控制装置。最早是用于替代传统的继电器控制装置（Relay Logic Circuit,RLC）,功能上只有逻辑运算、定时、计数以及顺序控制等,而且只能进行开关量控制。随着技术的进步,在 RLC 的基础上,与先进的微机控制技术相结合而发展起来的一种崭新的工业控制器,其控制功能已远远超出逻辑控制的范畴,正式命名为"Programmable Logic Controller",简称为 PLC。国际电工委员会（IEC）对 PLC 所作的定义如下:可编程序控制器是一种专为在工业环境下应用而设计的数字运算操作电子系统。它采用可编程序的存储器,在其内部存储执行逻辑运算、顺序控制、定时、计数和算术运算等操作的指令,并通过数字式、模拟式的输入和输出,控制各种类型的机械设备和生产过程。可编程序控制器及其有关设备,都应按易于与工业控制系统联成一个整体、易于扩充其功能的原则设计。

PLC 最早是在美国通用汽车公司的汽车自动装配线上使用。现在的 PLC 功能已经远远超出了逻辑控制的范畴,还具有数字运算、数据处理、模拟量调节与互联网通信功能,广泛地用于冶金、机械制造、电力、纺织、包装机械等各个行业。在自动化领域,PLC 与数控机床、工业机器人一起被誉为制造业自动化的三大支柱。在其发展过程中,不同的生产厂家还采用了其他名称,例如 MPC（Microprpcessor Programmable Controller）、PIC（Programmable Interface Controller）、PMC（Programmable Machine Controller）、PSC（Programmable Sequence Controller）等,用得最多的是 PLC 和 PMC。

图 4.47 所示为一个小型 PLC 内部结构示意图。它由中央处理器（CPU）、存储器、输入/输出单元、编程单元、电源和外部设备等组成,并且内部通过总线相连。

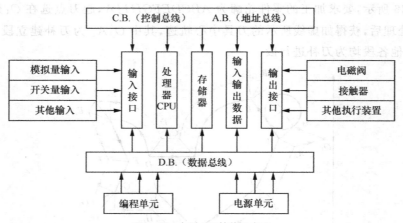

图 4.47 小型 PLC 结构示意图

中央处理器单元是系统的核心,通常可直接使用通用微处理器来实现,它通过输入模块将现场信息输入,并按用户程序规定的逻辑进行处理,然后将结果输出控制外部设备。

存储器主要用于存放系统程序、用户程序和工作数据。其中,系统程序是指控制和完成

PLC 各种功能的程序,包括监控程序、模块化应用功能子程序、指令解释程序、故障自诊断程序和各种管理程序等,并且在出厂时由制造厂家固化在 PROM 型存储器中。用户程序是指用户根据工程现场的生产过程和工艺要求而编写的应用程序,在修改调试完成后,可由用户固化在 EPROM 中或存储在磁带、磁盘中。为了适应随机存取的要求,它们一般存放在 RAM 中。可见,PLC 所用存储器基本上由 PROM、EPROM 和 RAM 三种形式组成,而存储器总容量随 PLC 类型或规模的不同而改变。

输入输出模块是 PLC 内部与现场之间的桥梁,它一方面将现场信号转换成标准的逻辑电平信号,另一方面将 PLC 内部逻辑信号电平转换成外部执行元件所要求的信号。根据信号特点又可分为直流开关量输入模块、直流开关量输出模块、交流开关量输入模块、交流开关量输出模块、继电器输出模块、模拟量输入模块和模拟量输出模块等。

编程单元是用来开发、调试、运行应用程序的特殊工具,一般由键盘、显示屏、智能处理器、外部设备组成,通过通信接口与 PLC 相连。

电源单元的作用是将外部提供的交流电转换为可编程序控制器内部所需要的直流电源,有的还提供了 DC 24V 输出。一般来讲,电源单元有三路输出:一路供给 CPU 模块使用,一路供给编程单元接口使用,还有一路供给各种接口模块使用。对电源单元的要求是很高的,不但要求具有较好的电磁兼容性能,而且还要求工作电源稳定,并且有过电流、过电压保护功能。另外,电源单元一般还装有后备电池,用于掉电时能及时保护 RAM 区中重要的信息和标志。

此外,在大、中型 PLC 中大多还配置有扩展接口和智能 I/O 模板。扩展接口主要用于连接扩展 PLC 单元,从而扩大 PLC 的规模。所谓智能 I/O 模块就是它本身含有单独的 CPU,能够独立完成某种专用的功能,由于它和主 PLC 是并行工作的,从而大大提高了 PLC 的运行速度和效率。这类智能 I/O 模块有计数和位置编码器模块、温度控制模块、阀控制模块、闭环控制模块等。

PLC 在上述硬件环境下,还必须要有相应的执行软件配合工作。PLC 基本软件包括系统软件和用户应用软件。系统软件一般包括操作系统、语言编译系统、各种功能软件等。其中操作系统管理 PLC 的各种资源,协调系统各部分之间、系统与用户之间的关系,为用户应用软件提供了一系列管理手段,以使用户应用程序能正确地进入系统,正常工作。用户应用软件是用户根据电气控制线路图采用梯形图语言编写的逻辑处理软件。

PLC 内部一般采用循环扫描工作方式,在大、中型 PLC 中还增加了中断工作方式。当用户将应用软件设计、调试完成后,用编程器写入 PLC 的用户程序存储器中,并将现场的输入信号和被控制的执行元件相应地连接在输入模块的输入端和输出模块的输出端上,然后通过 PLC 的控制开关使其处于运行工作方式,接着 PLC 就以循环顺序扫描的工作方式进行工作。在输入信号和用户程序的控制下,产生相应的输出信号,完成预定的控制任务。如图 4.48 所示,从 PLC 的典型循环顺序扫描工作流程图可以看出,它在一个扫描周期中要完成如下六个模块的处理过程。

(1)自诊断模块

在 PLC 的每个扫描周期内首先要执行自诊断程序,其中主要包括软件系统的校验、硬件 RAM 的测试、CPU 的测试、总线的动态测试等。如果发现异常现象,PLC 在作出相应保护处理后停止运行,并显示出错信息;否则将继续顺序执行下面的模块功能。

(2)编程器处理模块

该模块主要完成与编程单元进行信息交换的扫描过程。如果 PLC 控制开关已经拨向编

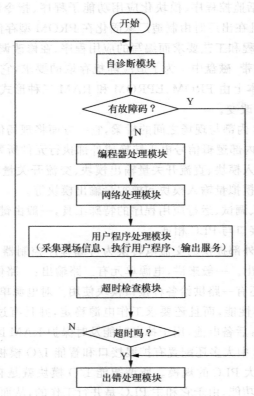

图 4.48 PLC 循环顺序扫描工作流程图

程工作方式,则当 CPU 执行到这里时马上将总线控制权交给编程器。这时用户可以通过编程器进行在线监视和修改内存中用户程序,启动或停止 CPU,读出 CPU 状态,封锁或开放输入/输出,对逻辑变量和数字变量进行读写等。当编程器完成处理工作或达到所规定的信息交换时间后,CPU 将重新获得总线的控制权。

(3)网络处理模块

该模块主要完成与网络进行信息交换的扫描过程。只有当 PLC 配置了网络功能时,才执行该扫描过程,它主要用于 PLC 之间、PLC 与磁带机或 PLC 与计算机之间进行信息交换。

(4)用户程序处理模块

在该模块中,PLC 中的 CPU 采用查询方式,首先通过输入模块采样现场的状态数据,并传送到输入映像区。当 PLC 按照梯形图先左后右、先上后下的顺序执行用户程序的过程中,根据需要可在输入映像区提取有关现场信息,在输出映像区中提取历史信息,并在处理后可将其结果存入输出映像区,供下次处理时使用或者以备输出。在用户程序执行完后就进入输出服务扫描过程,CPU 将输出映像区中要输出的状态值按顺序传送到输出数据寄存器,然后通过输出模块的转换去控制现场的有关执行元件。用户程序扫描过程如图 4.49 所示。

(5)超时检查模块

超时检查模块是由 PLC 内部的看门狗定时器(Watch Dog Timer,WDT)来完成。若扫描周期时间没有超过 WTD 的设定时间,则继续执行下一个扫描周期;若超时了,则 CPU 将停止运行,复位输入/输出,并在进行报警后转入停机扫描过程。由于超时大多是硬件或软件故障而引起系统死机,或者是用户程序执行时间过长而造成,它的危害性很大,所以要加以监视和防患。

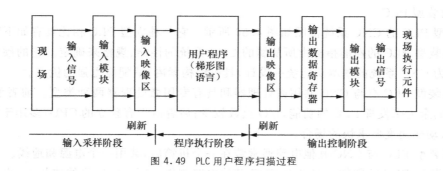

图 4.49　PLC 用户程序扫描过程

（6）出错处理模块

当自诊断出错或超时出错时，就进行报警，出错显示，并作出相应处理（例如，将全部输出端口置为 OFF 状态，保留目前执行状态等），然后停止扫描过程。

4.6.2　PLC 的特点

（1）可靠性高

PLC 针对恶劣的工业环境设计，在其硬件和软件方面均采取了很多有效措施来提高其可靠性。例如，在硬件方面采用了屏蔽、滤波、隔离、电源保护、模块化设计等措施；在软件方面采取了自诊断、故障检测、信息保护与恢复等手段。另外，PLC 没有了中间继电器那样的接触不良、触点烧毛、触点磨损、线圈烧坏等故障现象，从而可将其应用于工业现场环境。

（2）编程简单，使用方便

PLC 沿用了梯形图编程方式，具有编程简单的优点，从事继电器控制工作的计数人员都能在很短的时间内学会使用 PLC。

（3）灵活性好

由于 PLC 是利用软件来处理各种逻辑关系，当在现场装配和调试过程中需要改变控制逻辑时就不必改变外部线路，只要改写程序重新固化即可。另外，产品也易于系列化、通用化，稍作修改就可应用于不同的控制对象。所以，PLC 除用于单台机床的控制外，在 FMC、FMS 中也被大量采用。

（4）直接驱动负载能力强

PLC 输出模块中大多采用了大功率晶体管和控制继电器的形式进行输出，具有较强的驱动能力，一般都能直接驱动执行电器的线圈，接通或断开强电线路。

（5）便于实现机电一体化

PLC 结构紧凑，体积小，质量小，功耗低，效率高，很容易将其装入控制柜内，实现机电一体化。

（6）具有网络控制功能

利用 PLC 通信网络可实现计算机网络控制。

4.6.3　PLC 在 CNC 系统中的应用

PLC 在数控系统中是介于数控装置与机床之间的中间环节，根据输入的离散信息，在内部进行逻辑运算，并完成输入/输出控制功能，PLC 用在 CNC 系统中有内装型和独立型之分。

（1）内装型 PLC

内装型 PLC 的 CNC 系统框图如图 4.50 所示。它与独立型 PLC 相比具有如下特点。

① 内装型 PLC 的性能指标由所从属的 CNC 系统的性能、规格来确定。它的硬件和软件部分被作为 CNC 系统的基本功能统一设计，具有结构紧凑、适配能力强的优点。

② 内装型 PLC 有与 CNC 共用微处理器和具有专用微处理器两种类型。前者利用 CNC 微处理器的余力来发挥 PLC 的功能，I/O 点数较少；后者由于有独立的 CPU，多用于顺序控制程序复杂、动作速度要求快的场合。

③ 内装型 PLC 与 CNC 其他电路通常装在一个机箱内，共用一个电源和地线。

④ 内装型 PLC 的硬件电路可与 CNC 其他电路制作在同一块印刷线路板上，也可以单独制成附加印刷电路板，供用户选择。

⑤ 内装型 PLC 对外没有单独配置的输入/输出电路，而使用 CNC 系统本身的输入/输出电路。

⑥ 内装型 PLC 扩大了 CNC 内部直接处理的串口通信功能，可以使用梯形图编辑和传送高级控制功能，且造价低，提高了 CNC 的性能价格比。

内装型 PLC 与 RLC（继电器逻辑电路）相比，具有响应速度快、控制精度高、可靠性高、柔性好、易与计算机联网等优点。

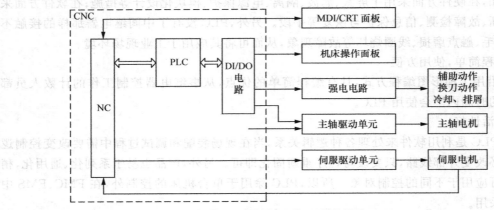

图 4.50　内装型 PLC 的 CNC 系统框图

（2）独立型 PLC

独立型 PLC 与 CNC 机床的关系如图 4.51 所示。独立型 PLC 的特点如下。

① 根据数控机床对控制功能的要求可以灵活选购或自行开发通用型 PLC。一般来说，单机数控设备所需 PLC 的 I/O 点数多在 128 点以下，少数设备在 128 点以上，选用微型和小型 PLC 即可。而大型数控机床、FMC、FMS、FA、CIMS，则选用中型和大型 PLC。

② 要进行 PLC 与 CNC 装置的 I/O 连接，PLC 与机床的 I/O 连接。CNC 和 PLC 装置均有自己的 I/O 接口电路，需将对应的 I/O 信号的接口电路连接起来。通用型 PLC 一般采用模块化结构，装在插板式机箱内，I/O 点数可通过 I/O 模块或者插板的增减灵活配置，使得 PLC 与 CNC 的 I/O 信号的连接变得简单。

③ 可以扩大 CNC 的控制功能。在闭环（或半闭环）数控机床中，采用 D/A 和 A/D 模块，由 CNC 控制的坐标运动称为插补坐标，而由 PLC 控制的坐标运动称为辅助坐标，从而扩大了 CNC 的控制功能。

④ 在性能/价格比上不如内装型 PLC。

总的来看,单微处理器的 CNC 系统采用内装型 PLC 为多,而独立型 PLC 主要用在多微处理器 CNC 系统、FMC、FMS、FA、CIMS 中,具有较强的数据处理、通信和诊断功能,成为 CNC 与上级计算机联网的重要设备。单机 CNC 系统中的内装型和独立型 PLC 的作用是一样的,主要是协助 CNC 装置实现刀具轨迹和机床顺序控制。

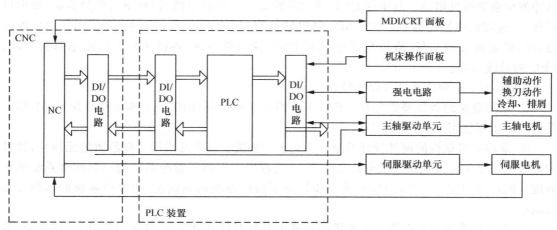

图 4.51 独立型 PLC 的 CNC 机床系统框图

4.7 典型的 CNC 系统

本节将介绍在数控机床行业占据主导地位的日本 FANUC 公司和德国 SIEMENS 公司的数控系统及相关产品。

4.7.1 FANUC 公司的主要数控系统

FANUC 数控系统以其高质量、低成本、高性能、较全的功能、适用于各种机床和生产机械等特点,在市场的占有率远远超过其他的数控系统。

① 高可靠性的 PowerMate 0 系列:用于控制 2 轴的小型车床,取代步进电动机的伺服系统;可配画面清晰、操作方便、中文显示的 CRT/MDI,也可配性能/价格比高的 DPL/MDI。

② 普及型 CNC 0-D 系列:0-TD 用于车床,0-MD 用于铣床及小型加工中心,0-GCD 用于圆柱磨床,0-GSD 用于平面磨床,0-PD 用于冲床。

③ 全功能型的 0-C 系列:0-TC 用于通用车床、自动车床,0-MC 用于铣床、钻床、加工中心,0-GCC 用于内、外圆磨床,0-GSC 用于平面磨床,0-TTC 用于双刀架 4 轴车床。

④ 高性能/价格比的 0i 系列:整体软件功能包,高速、高精度加工,并具有网络功能。0i-MB/MA 用于加工中心和铣床,4 轴 4 联动;0i-TB/TA 用于车床,4 轴 2 联动;0i-MateMA 用于铣床,3 轴 3 联动;0i-MateTA 用于车床,2 轴 2 联动。

⑤ 具有网络功能的超小型、超薄型 CNC 16i/18i/21i 系列:控制单元与 LCD 集成于一体,具有网络功能,超高速串行数据通信。其中 FS16i-μB 的插补、位置检测和伺服控制以纳米为单位。16i 最大可控 8 轴,6 轴联动;18i 最大可控 6 轴,4 轴联动;21i 最大可控 4 轴,4 轴联动。

除此之外,还有实现机床个性化的 CNC 16/18/160/180 系列。

(1)FANUC 0 系列

FANUC 0 系列分别有 A、B、C、D 等产品,各产品又有不同。在这四种产品中,目前在国内使用最多的是普及型 FANUC 0-D 和全功能型 FANUC 0-C 两个系列。

FANUC 0 系统由 CNC 基本配置、主轴和进给伺服单元以及相应的主轴电动机和进给电动机、CRT 显示器、系统操作面板、机床操作面板、附加的输入/输出接口板(B2)、电池盒、手摇脉冲发生器等部件组成。其中的 CNC 基本配置又由主印制电路板(PCB)、存储器板、图形显示板、可编程机床控制器板(PMC-M)、伺服轴控制板、输入/输出接口板、子 CPU(中央处理器)板、扩展的轴控制板、数控单元电源和 DNC 控制板组成,各板插在主印制电路板上,与 CPU 的总线相连。

FANUC 0 系列产品具有以下特点。

① 采用高速的微处理器芯片。FANUC 的 0 系列产品使用 Intel 80386 芯片,1988 年以后的产品改用使用 Intel 80486DX2。

② 采用高可靠性的硬件设计及全自动化生产制造。该产品采用了高品质的元器件,并且大量采用了专用超大规模集成电路芯片,在一定程度上提高了数控系统的可靠性和系统的集成度。使用表面安装元件(SMD),进一步提高了数控系统的集成度,使数控系统的体积大幅度减小。

③ 丰富的系统控制功能。在系统的功能上具有刀具寿命管理、极坐标插补、圆柱插补、多边形加工、简易同步控制、Cf 轴控制(主轴回转由进给伺服电动机实现,回转位置可与其他进给轴一起参与插补)和 Cs 轴控制(主轴电动机不是进给伺服电动机,而是 FANUC 主轴电动机,由装在主轴上的编码器检测主轴位置,可与其他进给轴一起参与插补)、串行和模拟的主轴控制、主轴刚性攻丝、多主轴控制功能、主轴同步控制功能、PLC 梯形图显示和 PLC 梯形图编辑功能(需要编程卡)、PLC 轴控制功能等。该系统除了通用的宏程序功能以外,还增加了定制型用户宏程序,这样为用户提供了更大的个性化设计的空间。用户可以通过编程对显示屏幕、处理过程控制等进行编辑,以实现个性化机床的设计。

④ 高速高精度的控制。FANUC 0-C 数控系统采用了多 CPU 方式进行分散处理,实现了高速连续的切削。为了实现在切削路径中的高速、高精度,在系统功能中增加了自动拐角倍率、伺服前馈控制等,大大地减少了伺服系统的误差。对 PLC 的接口增加了高速 M、S、T 接口功能,进一步缩短了执行时间,提高了系统的运行速度。为了提高系统处理外部数据的速度,FANUC 0-C 系统在硬件上增加了远程缓冲控制,系统可以实现高速的 DNC 操作。

⑤ 全数字伺服控制结构。FANUC 0-C 系统采用全数字伺服控制结构,实现伺服控制的数字化,大大地提高了伺服运行的可靠性和自适应性,改善了伺服的性能。由于实现了全数字的伺服控制,可以实现高速、高精度的伺服控制功能。可以实现伺服波形(位置、偏差、电流)的 CRT 显示,用于伺服系统的诊断调试。

⑥ 全数字的主轴控制。FANUC 0-C 系统除了模拟主轴接口以外,还提供了串行主轴控制(仅限于使用 FANUC 的主轴放大器)。主轴控制信号通过光缆与主轴放大器连接,连接方便、简洁、可靠。可以实现主轴的刚性攻丝、定位,双主轴的速度、相位同步以及主轴的 Cs 轮廓控制。

FANUC 的 0 系列产品自 1985 年开发成功以来,在车床、铣床、加工中心、圆柱/平面磨床、冲床等机床中得到广泛应用。目前,国内很多机床生产厂家都可以根据用户要求,选用 FANUC 0 系列数控系统。

（2）FANUC 0i 系列

FANUC 0i 系列目前在国内已成为主流产品，各机床生产厂家已大量采用。FANUC 0i 系统由主板和 I/O 两个模块构成。主板模块包括主 CPU、内存、PMC 控制、I/O Link 控制、伺服控制、主轴控制、内存卡 I/F、LED 显示等；I/O 模块包括电源、I/O 接口、通信接口、MDI 控制、显示控制、手摇脉冲发生器控制和高速串行总线等。

FANUC 0i 系列产品有以下特点。

① FANUC 0i 系统的结构为模块化结构。主 CPU 板上除了主 CPU 及外围电路之外，还集成了 FROMalSRAM 模块、PMC 控制模块、存储器和主轴模块、伺服模块等。其集成度较 FANUC 0 系统的集成度更高，因此 0i 控制单元的体积更小，便于安装排布。

② 采用全字符键盘，可用 B 类宏程序编程，使用方便。

③ 用户程序区容量比 0MD 大一倍，有利于较大程序的加工。

④ 使用编辑卡编写或修改梯形图，携带与操作都很方便，特别是在用户现场扩充功能或实施技术改造时更为便利。

⑤ 使用存储卡存储或输入机床参数、PMC 程序以及加工程序，操作简单方便。使复制参数、梯形图和机床调试程序过程十分快捷，缩短了机床调试时间，可明显提高数控机床的生产效率。

⑥ 系统具有 HRV（高速矢量响应）功能，伺服增益设定比 0MD 系统高一倍，理论上可使轮廓加工误差减少一半。以切削圆为例，同一型号机床 0MD 系统的圆度误差通常为 $0.02\sim 0.03\mathrm{mm}$，换用 0i 系统后圆度误差通常为 $0.01\sim 0.02\mathrm{mm}$。

⑦ 机床运动轴的反向间隙，在快速移动或进给移动过程中由不同的间隙补偿参数自动补偿。该功能可以使机床在快速定位和切削进给不同工作状态下，反向间隙补偿效果更为理想，这有利于提高零件加工精度。

⑧ 0i 系统可预读 12 个程序段，比 0MD 系统多。结合预读控制及前馈控制等功能的应用，可减少轮廓加工误差。小线段高速加工的效率、效果优于 0MD 系统，对模具三维立体加工有利。

⑨ 与 0MD 系统相比，0i 系统的 PMC 程序基本指令执行周期短，容量大，功能指令更丰富，使用更方便。

⑩ 0i 系统的界面、操作、参数等与 18i、16i、21i 基本相同。熟悉 0i 系统后，自然会方便地使用上述其他系统。

⑪ 0i 系统比 0M、0T 等产品配备了更强大的诊断功能和操作信息显示功能，给机床用户使用和维修带来了极大方便。

⑫ 在软件方面 0i 系统比 0 系统也有很大提高，特别在数据传输上有很大改进，如 RS232 串口通信波特率达 19200bit/s，可以通过 HSSB（高速串行总线）与 PC 机相连，使用存储卡实现数据的输入/输出。

（3）FANUC 16i/18i/21i 系列

FANUC 16i/18i/21i 系列产品比 0i 系统体积进一步缩小，将液晶显示器与 CNC 控制部分合为一体，实现了超小型化和超薄型化（无扩展槽时厚度只有 60mm）。FANUC 16i/18i/21i 系统由液晶显示器一体型 CNC、机床操作面板、伺服放大器、强电盘用 I/O 模块、I/O Linkβ 放大器、便携式机床操作面板及适配器、αi 系列 AC 伺服电动机、αi 系列 AC 主轴电动机、应用软件包等部分组成。

FANUC 16i/18i/21i 系列产品有以下特点。

① 纳米插补。以纳米为单位计算发送到数字伺服控制器的位置指令,极为稳定,在与高速、高精度的伺服控制部分配合下,能够实现高精度加工。通过使用高速 RISC 处理器,可以在进行纳米插补的同时,以适合于机床性能的最佳进给速度进行加工。

② 超高速串行通信。利用光导纤维将 CNC 控制单元和多个伺服放大器之间连接起来的高速串行总线,可以实现高速度的数据通信并减少连接电缆。

③ 伺服 HRV(High Response Vector,高响应向量)控制。通过组合借助于纳米 CNC 的稳定指令和高响应伺服 HRV 控制的高增益伺服系统以及高分辨率的脉冲编码器(16000000r⁻¹)实现高速、高精度加工。

④ 丰富的网络功能。FANUC 16i/18i/21i 系统具有内嵌式以太网控制板(21i 为选购件),可以与多台电脑同时进行高速数据传输,适合于构建在加工线和工厂主机之间进行交换的生产系统。并配以集中管理软件包,以一台电脑控制多台机床,便于进行监控、运转作业和NC 程序传送的管理。

⑤ 远程诊断。通过因特网对数控系统进行远程诊断,将维护信息发送到服务中心。

⑥ 操作与维护。可以通过触摸画面上所显示的按键进行操作;可以利用存储卡进行各类数据的输入/输出;可以以对话方式诊断发生报警的原因,显示出报警的详细内容和处置办法;显示出随附在机床上的易损件的剩余寿命;存储机床维护时所需的信息;通过波形方式显示伺服的各类数据,便于进行伺服的调节;可以存储报警记录和操作人员的操作记录,便于发生故障时查找原因。

⑦ 控制个性化。通过 C 语言编程,实现画面显示和操作的个性化;用宏语言编程,实现CNC 功能的高度定制;通过 C 语言编程,可以构建与由梯形图控制的机器处理密切相关的应用功能。

⑧ 高性能的开放式 CNC。FANUC 系列 160i/180i/210i 是与 Windows 2000 对应的高功能开放式 CNC。这些型号的 CNC 与 Windows 2000 对应,可以使用多种应用软件,不仅支持机床制造商的机床个性化和智能化,而且还可以与终端用户自身的个性化相对应。

⑨ 软件环境。为了与 CNC/PMC 进行数据交换,提供可以从 C 语言或 BASIC 语言调用的 FOCASl 驱动器和库函数;提供 CNC 基本操作软件包,它是在电脑进行 CNC/PMC 的显示、输入、维护的应用软件,通过用户界面向操作人员提供"状态显示、位置显示、程序编辑、数据设定"等操作画面;CNC 画面显示功能软件,是在电脑上显示出与标准的 i 系列 CNC 相同画面的应用软件;DNC 运转管理软件包,可以从电脑上的硬盘高速地向 CNC 传输 NC 程序并加以运转。

4.7.2 SIEMENS 公司的主要数控系统

SIEMENS 数控系统,以较好的稳定性和较优的性能价格比,在我国数控机床行业被广泛应用。SIEMENS 数控系统的产品类型主要包括 802、810、840 等系列。

(1)SINUMERIK 802S/C

该系列用于车床、铣床等,可控 3 个进给轴和 1 个主轴,802S 适于步进电动机驱动,802C适于伺服电动机驱动,具有数字 I/O 接口。

(2)SINUMERIK 802D

802D 系统控制 4 个数字进给轴和 1 个主轴,具有图形式循环编程,车削、铣削/钻削工艺循环,FRAME(包括移动、旋转和缩放)等功能,为复杂加工任务提供智能控制。

(3)SINUMERIK 810D

810D 系统用于数字闭环驱动控制,最多可控 6 轴(包括 1 个主轴和 1 个辅助主轴),紧凑型可编程输入/输出。

(4)SINUMERIK 840D

840D 系统全数字模块化数控设计,用于复杂机床、模块化旋转加工机床和传送机,最大可控 31 个坐标轴。

SINUMERIK 840D 数控系统已被大量机床生产厂家所采用。SINUMERIK 840D 是 20 世纪 90 年代中期设计的全数字化数控系统,具有高度模块化及规范化的结构,它将 CNC 和驱动控制集成在一块板子上,将闭环控制的全部硬件和软件集成在 1cm² 的空间中,便于操作、编程和监控。SINUMERIK 840D 与西门子 611D 伺服驱动模块及西门子 S7-300PLC 模块构成的全数字化数控系统,能实现钻削、车削、铣削、磨削等数控功能,也能应用于剪切、冲压、激光加工等数控加工领域。SINUMERIK 840D 数控系统主要由数控单元电源、主电路板、基本轴控制板、存储器板、伺服系统、位置检测系统、操作面板、机床控制面板、显示器、I/O 接口组成。840D 系统的特点有以下几个方面。

① 控制类型。采用 32 位微处理器,实现 CNC 控制,可用于完成 CNC 连续轨迹控制以及内部集成式 PLC 控制。

② 机床配置。可实现钻、车、铣、磨、切割、冲、激光加工和搬运设备的控制,备有全数字化的 SIMODRIVE 611 数字驱动模块。最多可控制 31 个进给轴和主轴,进给和快速进给的速度范围为 100～9999mm/min。其插补功能有样条插补、三阶多项式插补、控制值互联和曲线表插补,这些功能为加工各类曲线曲面零件提供了便利条件。此外还具备进给轴和主轴同步操作的功能。

③ 操作方式。其操作方式主要有 AUTOMATIC(自动)、JOG(手动)、TEACH IN(示教编程)、MDA(手动数据自动化)。

④ 轮廓和补偿。840D 可根据用户程序进行轮廓的冲突检测、刀具半径补偿的接近和退出策略及交点计算、刀具长度补偿、螺距误差补偿和测量系统误差补偿、反向间隙补偿、过象限误差补偿等。

⑤ 安全保护功能。数控系统可通过预先设置软极限开关的方法,进行工作区域的限制,对主轴的运行还可以进行监控。

⑥ NC 编程。840D 系统的 NC 编程符合 DIN 66025 标准(德国工业标准),具有高级语言编程特色的程序编辑器,可进行公制尺寸、英制尺寸或混合尺寸的编程,程序编制与加工可同时进行,系统具备 1.5MB 的用户内存,用于零件程序、刀具偏置、补偿的存储。

⑦ PLC 编程。840D 的集成式 PLC 完全以标准 SIMATICS7 模块为基础,PLC 程序和数据内存可扩展到 288KB,I/O 模块可扩展到 2048 个输入/输出点,PLC 程序能以极高的采样速率监视数字输入,向数控机床发送运动停止/启动等命令。

⑧ 操作部分硬件。840D 系统提供有标准的 PC 软件、硬盘、奔腾处理器,用户可在 MS—Windows 98/2000 下开发自定义的界面。此外,2 个通用接口 RS232 可使主机与外设进行通信,用户还可通过磁盘驱动器接口和打印机并行接口完成程序存储、读入及打印工作。

⑨ 显示部分。840D 提供了多语种的显示功能,用户只需按一下按钮,即可将用户界面从一种语言转换为另一种语言,系统提供的语言有中文、英语、德语、西班牙语、法语、意大利语。

显示屏上可显示程序块、电动机轴位置、操作状态等信息。

⑩ 数据通信。840D 系统配有 RS232C/TTY 通用操作员接口,加工过程中可同时通过通用接口进行数据输入/输出。此外,用 PCIN 软件可以进行串行数据通信,通过 RS232 接口可方便地使 840D 与西门子编程器或普通的个人电脑连接起来,进行加工程序、PLC 程序、加工参数等各种信息的双向通信。用 SINDNC 软件可以通过标准网络进行数据传送,还可以用 CNC 高级编程语言进行程序的协调。

思考题和习题

4-1 计算机数控系统中的 PLC 模块起什么作用?

4-2 计算机数控系统中的主要软件有哪些?

4-3 刀具半径补偿的过程分哪几步? 什么是 C 刀补?

4-4 简述刀具半径补偿中转接角的定义以及作用。

4-5 插入型、缩短型和伸长型刀补是怎么定义的?

4-6 输入数据处理程序的作用有哪些?

4-7 计算机数控系统的硬件结构有哪几类?

4-8 多微处理器结构的计算机数控系统有哪些功能模块?

4-9 计算机数控系统有哪些接口功能?

4-10 开放式数控系统有哪几种类型?

第 5 章　位置检测装置 Position Detecting Device

【目标】

　　通过对数控机床上常用位置检测装置类型的讨论,了解闭环和半闭环数控机床采用的位置检测装置。掌握直线感应同步器的结构和工作原理。掌握光栅的结构、工作原理以及其信号处理方法。掌握编码器的类型以及接触式编码盘和光电编码盘的工作原理。

【学习任务】

　　通过本章的学习,你需要掌握以下的知识。

* 位置检测装置的要求和分类
* 感应同步器的结构和工作原理
* 光栅的分类和结构
* 光栅的工作原理
* 编码盘的分类和结构
* 编码盘的工作原理

　　位置检测装置是数控机床的重要组成部分。在闭环、半闭环控制系统中,它的主要作用是检测位移和速度,发出反馈信号并与数控装置发出的指令信号进行比较,若有偏差,经过放大后控制执行部件,使其向着消除偏差的方向运动。它们通常安装在机床的工作台或丝杠上,不断地将工作台的位移量检测出来并反馈给控制系统。大量事实证明,对于设计完善的高精度数控机床,它的加工精度和定位精度将主要取决于检测装置。因此,精密检测装置是高精度数控机床的重要保证。为了提高数控机床的加工精度,必须提高位置检测装置和检测系统的精度。一般来说,数控机床上使用的检测装置应该满足以下要求。

　　① 工作可靠,抗干扰性强。

　　② 能满足精度和速度的要求。

　　③ 使用维护方便,适合机床的工作环境。

　　④ 成本低。

　　通常,检测装置的检测精度为 $\pm(0.001 \sim 0.02)$ mm/m,分辨率为 $0.0001 \sim 0.01$ mm/m,能满足机床工作台以 $1 \sim 24$ m/min 的速度移动。

　　表 5.1 是目前在数控机床上经常使用的位置检测装置。本章就其中常用的几种作一介绍。

5.1　感应同步器

　　感应同步器是一种电磁式位置检测元件,按其结构特点一般分为直线式和旋转式两种。直线式感应同步器由定尺和滑尺组成,旋转式感应同步器由转子和定子组成。前者用于直线位移测量,后者用于角位移测量。感应同步器具有检测精度比较高、抗干扰性强、寿命长、维护方便、成本低、工艺性好等优点,广泛应用于数控机床及各类机床数控改造。本节仅以直线式感应同步器为例,对其结构特点和工作原理进行介绍。

表 5.1 数控机床的位置检测装置分类

	数字式		模拟式	
	增量式	绝对式	增量式	绝对式
回转形	圆光栅	编码盘	旋转变压器、圆感应同步器、圆形磁栅	多极旋转变压器
直线形	长光栅激光干涉仪	编码尺	直线感应同步器、磁栅	绝对值式磁尺

5.1.1 结构特点

感应同步器的结构如图 5.1 所示,其定尺和滑尺基板由与机床热膨胀系数相近的钢板做成。钢板上用绝缘黏结剂贴以铜箔,并利用照相腐蚀的办法做成图示的印制绕组。感应同步器定尺和滑尺绕组的节距相等,均为 2τ ,这是衡量感应同步器精度的主要参数,工艺上要保证其节距的精度。一块标准型感应同步器定尺长度为 250mm,节距为 2mm,其绝对精度可达 2.5 μm,分辨率可达 0.25 μm。

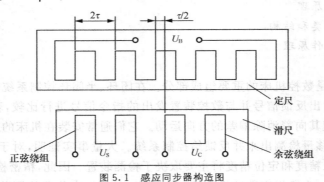

图 5.1 感应同步器构造图

从图 5.1 可以看出,如果把定尺绕组和滑尺绕组的正弦绕组对准,那么滑尺绕组的余弦绕组正好和定尺绕组相差 1/4 节距。也就是说,A 绕组与 B 绕组在空间上相差 $\left(m + \dfrac{1}{4}\right) \cdot 2\tau$ 节距。

感应同步器的定尺和滑尺是通过定尺尺座和滑尺尺座分别安装在机床上两个相对移动的部件上(如工作台和床身),当工作台移动时,滑尺在定尺上移动。滑尺和定尺要用防护罩罩住,以防止铁屑、油污和切削液等东西落到器件上,从而影响正常工作。由于感应同步器的检测精度比较高,故对安装有一定的要求,如在安装时要保证定尺安装面与机床导轨面的平行度要求,若这两个平面不平行,将引起定尺、滑尺之间的间隙变化,从而影响检测灵敏度和检测精度。

5.1.2 工作原理及应用

1. 感应同步器的工作原理

从图 5.1 可以看出,滑尺的两个绕组中的任一绕组通以交变激磁电压时,由于电磁感应,定尺绕组上必然产生相应的感应电动势。感应电动势的大小取决于滑尺相对于定尺的位置。图

5.2 给出了滑尺绕组(滑尺)相对于定尺绕组(定尺)运动处于不同的位置时,定尺绕组中感应电动势的变化情况。图中 A 点表示滑尺绕组与定尺绕组完全对准重合,这时定尺绕组线圈中穿入的磁通量最大,因此,定尺绕组中的感应电势最大;如果滑尺相对于定尺从 A 点逐渐向右(或左)平行移动,定尺绕组穿入的磁通量逐渐减小,感应电势就随之减小。当滑尺绕组移动到两绕组刚好错开 1/4 节距的位置 B 点时,感应电势减为零。若再继续移动,移到 1/2 节距的 C 点处,定尺绕组中穿出的磁通量最多,感应电势相应地变为与 A 位置相同,但极性相反。运动到 3/4 节距的 D 点时,感应电动势再一次变为零;最后移动了一个节距到达 E 点时,又恢复到与 A 点相同,相当于又回到了 A 点。这样,滑尺在移动一个节距的过程中,感应同步器定尺绕组的感应电动势近似于余弦函数变化了一个周期,如图 5.2 中的 $ABCDE$。

若用数学公式描述,设 U_S 是加在滑尺任一绕组上的励磁交变电压

$$U_S = U_m \sin\omega t \tag{5-1}$$

依据电磁感应原理,定尺绕组上的感应电动势 U_B 为

$$U_B = KU_S\cos\theta = KU_m\sin\omega t \; \cos\theta \tag{5-2}$$

式中,K 为耦合系数;U_m 为 U_S 的幅值;θ 是感应电动势的相位,它反映了定尺和滑尺的相对移动的距离 x,其关系为

$$\theta = \frac{2\pi x}{2\tau} = \frac{\pi}{\tau}x \tag{5-3}$$

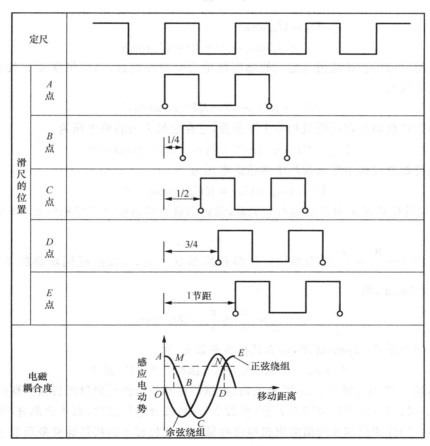

图 5.2 感应同步器的工作原理

由式(5-2)和式(5-3)可知,感应同步器的工作原理与两极式旋转变压器的工作原理一样,只要测量出 U_B 的值,便可求出相位 θ ,进而求得滑尺相对于定尺移动的距离 x 。

定尺绕组中的感应电动势的幅值变化规律就是一个周期性的余弦函数。在一个周期内,感应电动势的某一幅值对应着两个位移点,如图 5.2 中的 M 和 N 点。为了能确定唯一的位移值,为此,在滑尺上与正弦绕组错开 $\left(m+\dfrac{1}{4}\right)\cdot 2\tau$ 节距处配置了余弦绕组。同样,若在滑尺的余弦绕组中通以交流励磁电压,也能在定尺绕组中感应出电动势,且为正弦函数曲线(见图 5.2)。滑尺上的正弦和余弦绕组同时励磁就可以分辨出感应电动势值所对应的唯一确定的位移。

由感应同步器组成的检测系统,可采用不同的励磁方式,并对输出信号作不同的处理。按励磁方式可以分为两类,一类是对滑尺绕组励磁,从定尺绕组输出电动势;另一类是对定尺绕组励磁,从滑尺绕组输出电动势,目前多采用第一类励磁方式。感应同步器作为位置检测装置其对感应电动势信号的处理方式,通常采用两种不同的工作方式来进行位置的测量,它们分别是鉴相工作方式和鉴幅工作方式。它们的特征是用输出感应电动势的相位和幅值来进行处理。

(1)鉴相工作方式(相位工作方式)

给滑尺的正弦绕组和余弦绕组分别通以同频率、同幅值,但相位相差 $\pi/2$ 的交流励磁电压,即

$$U_S = U_m \sin\omega t$$
$$U_C = U_m \sin(\omega t + \pi/2) = U_m \cos\omega t \tag{5-4}$$

若起始时滑尺的正弦绕组与定尺的感应绕组完全对齐重合,当滑尺移动 x 距离时,则在定尺上感应电压为

$$U_{BS} = K U_S \cos\theta = K U_m \sin\omega t \cos\theta$$

滑尺的余弦绕组和定尺绕组相差 1/4 节距,它在定尺上的感应电压为

$$U_{BC} = K U_C \cos(\pi/2 + \theta) = -K U_m \cos\omega t \sin\theta$$

按线性叠加原理得出定尺绕组中的感应电压为

$$U_B = U_{BS} + U_{BC} = K U_m \sin(\omega t - \theta) \tag{5-5}$$

θ 与滑尺的位移量 x 有严格的对应关系,通过测量定尺感应电压的相位 θ ,即可测得滑尺的位移量 x 。

通常又将 $\beta = \dfrac{\theta}{x} = \dfrac{\pi}{\tau}$ 称为相位—位移转换系数。例如,设感应同步器的节距为 $2\tau = 2\text{mm}$,即 $\tau = 1\text{mm}$,则

$$\beta = \frac{\theta}{x} = \frac{\pi}{\tau} = \frac{\pi}{1} = 180°/\text{mm}$$

如果脉冲当量 $\delta = 2\mu\text{m}/\text{脉冲}$,那么其相位系数 θ_ρ 为

$$\theta_\rho = \delta\beta = 0.002 \times 180°/\text{脉冲} = 0.36°/\text{脉冲} \tag{5-6}$$

在位移量 $x \leqslant 2\tau$,即 $\theta \leqslant 2\pi$ 的范围内,根据相位移 θ 的值可测量出机械位移的值。当位移量 $x > 2\tau$ 时,增量式测量系统对大数(整数个节距)部分进行计数,而小数部分(在一个节距以内的位移),仍以相位移 θ 的值测出机械位移量 x 。相位移 θ 的测量通常采用数字鉴相器来实现。数字鉴相器可以比较 U_B 和 U_S 的相位,测得 θ ,由式(5-6)可以获得定尺和滑尺之间的相对位移值。

（2）鉴幅工作方式（幅值工作方式）

给滑尺的正弦绕组和余弦绕组分别通以同相位、同频率但幅值不同的激磁电压，这是用改变正、余弦绕组各自的励磁电压的幅值，来得到合成感应电动势的一种测量方法。加到滑尺绕组的两个交流励磁电压为

$$U_S = U_{Sm} \sin\omega t$$

$$U_C = U_{Cm} \sin\omega t$$

当给定电气角为 α 时，交流激磁电压 U_S、U_C 的幅值分别为

$$U_{Sm} = U_m \sin\alpha$$

$$U_{Cm} = U_m \cos\alpha$$

与相位工作状态的情况一样，根据叠加原理，可以得到定尺绕组中的感应电压为

$$U_B = K\,(U_S \cos\theta - U_C \sin\theta) = KU_m \sin(\alpha - \theta)\, \sin\omega t \tag{5-7}$$

由上式可见，定尺绕组中的感应电压 U_B 的幅值为 $KU_m \sin(\alpha - \theta)$，若电气角 α 已知，则只要测量出 U_B 的幅值，便可间接地求出 θ 值，从而求出被测位移 x 的大小。特别是当定尺绕组中的感应电压 $U_B = 0$ 时，$\theta = \alpha$，因此，只要逐渐改变 α 值，使 $U_B = 0$，便可求出 θ 值，从而求出被测位移 x。

令 $\Delta\theta = \alpha - \theta$，当 $\Delta\theta$ 很小时，$\sin(\alpha - \theta) = \sin\Delta\theta \approx \Delta\theta$，式（5-7）可近似表示为

$$U_B \approx KU_m \Delta\theta \sin\omega t \tag{5-8}$$

将式（5-3）代入式（5-8）得

$$U_B \approx KU_m \Delta x\, \frac{\pi}{\tau} \sin\omega t$$

由此可见，当位移量 Δx 很小时，感应电压 U_B 的幅值与 Δx 成正比。因此，可以通过测量 U_B 的幅值来测定位移量 Δx 的大小。据此，可以实现对位移增量的高精度细分。每当改变一个 Δx 的位移增量时，就有电压 U_B。

但是，Δx 较大时，式（5-8）的近似等式将存在较大误差，这时再根据感应电动势 U_B 的幅值测量 Δx 的大小是不可行的。为此在设计测量系统时可以预先设定某一门槛电平，当 U_B 值达到该门槛电平时，就产生一个脉冲信号，代表一个较小的位移量 Δx。同时利用该脉冲信号自动控制修正励磁电压线路，使其产生合适的 U_S、U_C，从而使 U_B 重新降低到门槛电平以下，这样就把位移量转化为数字量——脉冲，实现了对位移的测量。

2. 感应同步器的应用

在感应同步器的应用过程中，θ 角须限定在 $[-\pi, \pi]$ 内。直线式感应同步器还常常会遇到有关接长的问题。例如，当感应同步器用于检测机床工作台的位移时，一般地，由于行程较长，一块感应同步器常常难以满足检测长度的要求，需要将两块或多块感应同步器的定尺拼接起来，即感应同步器接长。

接长时精度的确定方法：滑尺沿着定尺由一块向另一块移动经过接缝时，由感应同步器定尺绕组输出感应电势信号，它所表示的位移与用更高精度的位移检测器（如激光干涉仪）所检测出的位移相互之间要满足一定的误差要求，否则，应重新调整接缝，直到满足这种误差要求为止。

5.2　光栅

在高精度的数控机床上，目前大量使用光栅作为反馈检测元件。光栅与感应同步器不同，

它不是依靠电磁学原理进行工作的,不需要激磁电压,而是利用光学原理进行工作,因而不需要复杂的电子系统。常见的光栅从形状上可分为圆光栅和长光栅。圆光栅用于角位移的检测,长光栅用于直线位移的检测。光栅的检测精度较高,可达 $1\mu m$ 以上,在数控机床上得到广泛应用。

5.2.1 光栅的构造

光栅是利用光的透射(反射)、衍射现象制成的光电检测元件,它主要由标尺光栅和光栅读数头两部分组成。在玻璃的表面上制成透明与不透明间隔相等的线纹,称透射光栅。在金属的镜面上制成全反射与漫反射间隔相等的线纹,称反射光栅。透射光栅的分辨率较反射光栅高。直线光栅通常为一长一短两块配套使用,其中长的称为标尺光栅或长光栅,短的为指示光栅或短光栅。通常,标尺光栅固定在机床的活动部件上(如工作台或丝杠),光栅读数头安装在机床的固定部件上(如机床底座),二者随着工作台的移动而相对移动。在光栅读数头中,安装着一个指示光栅,当光栅读数头相对于标尺光栅移动时,指示光栅便在标尺光栅上移动。当安装光栅时,要严格保证标尺光栅和指示光栅的平行度以及两者之间的间隙(一般保持在 0.05~0.1mm)要求。

(1)光栅尺的构造和种类

光栅尺中的标尺光栅和指示光栅用真空镀膜的方法光刻上均匀密集的线纹。对于长光栅,这些线纹相互平行,各线纹之间的距离相等,称此距离为栅距。对于圆光栅,这些线纹是等栅距角的向心条纹。栅距和栅距角是决定光栅光学性质的基本参数。常见的长光栅的线纹密度为 25、50、100、125、250 条/mm。对于圆光栅,若直径为 70mm,一周内刻线 100~768 条;若直径为 110mm,一周内刻线达 600~1024 条,甚至更高。

同一个光栅元件,其标尺光栅和指示光栅的线纹密度必须相同。

(2)光栅读数头

图 5.3 是光栅读数头的构成图,它由光源、透镜、标尺光栅、指示光栅、光敏元件和驱动线路组成。读数头的光源一般采用白炽灯泡。白炽灯泡发出的辐射光线,经过透镜后变成平行光束,照射在光栅尺上。光敏元件是一种将光强信号转换为电信号的光电转换元件,它接收透过光栅尺的光强信号,并将其转换成与之成比例的电压信号。由于光敏元件产生

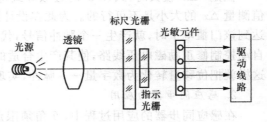

图 5.3 光栅读数头

的电压信号一般比较微弱,在长距离传递时很容易被各种干扰信号所淹没、覆盖,造成传送失真。为了保证光敏元件输出的信号在传送中不失真,应首先将该电压信号进行功率和电压放大,然后再进行传送。驱动线路就是实现对光敏元件输出信号进行功率和电压放大的线路。

根据不同的要求,读数头内常安装 2 个或 4 个光敏元件。

光栅读数头的结构形式,除了图 5.3 的垂直入射式之外,按光路分,常见的还有分光读数头、反射读数头和镜像读数头等。图 5.4(a)、(b)、(c)分别给出了它们的结构原理图,图中 Q 表示光源,L 表示透镜,G 表示光栅尺,P 表示光敏元件,Pr 表示棱镜。

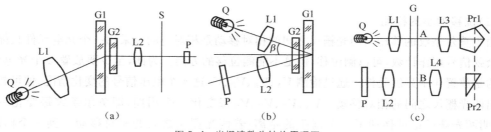

图 5.4   光栅读数头结构原理图

5.2.2   工作原理

常见光栅都是根据物理上莫尔条纹的形成原理进行工作的。图 5.5 是其工作原理图。当使指示光栅上的线纹与标尺光栅上的线纹成一角度 θ 来放置两光栅尺时,必然会造成两光栅尺上的线纹互相交叉。在光源的照射下,交叉点近旁的小区域内由于黑色线纹重叠,因而遮光面积最小,遮光效应最弱,光的累积作用使得这个区域出现亮带。相反,距交叉点较远的区域,因两光栅尺不透明的黑色线纹的重叠部分变得越来越少,不透明区域面积逐渐变大,即遮光面积逐渐变大,使得挡光效应变强,只有较少的光线能通过这个区域透过光栅,使这个区域出现暗带。这些与光栅线纹几乎垂直,相间出现的亮、暗带就是莫尔条纹。莫尔条纹具有以下性质。

① 当用平行光束照射光栅时,透过莫尔条纹的光强度分布近似于余弦函数。

② 莫尔条纹的放大作用。若用 W 表示莫尔条纹的宽度,d 表示光栅的栅距,θ 表示两光栅尺线纹之间的夹角,则

$$W = d / \sin\theta \tag{5-9}$$

当 θ 角很小时,取 $\sin\theta \approx \theta$,上式可近似写成

$$W \approx d / \theta \tag{5-10}$$

若取 $d = 0.01\text{mm}$,$\theta = 0.01\text{rad}$,则由式(5-10)可得 $W = 1\text{mm}$。这说明,无须复杂的光学系统和电子系统,利用光的干涉现象,就能把光栅的栅距转换成放大 100 倍的莫尔条纹的宽度。由于莫尔条纹清晰可见、便于测量,大大提高了光栅测量装置的分辨率。

③ 匀化误差作用。由于莫尔条纹是由若干条光栅线纹共同干涉形成的。例如,200 条/mm 的光栅,其 100mm 宽度内就有 20000 条线纹,因此莫尔条纹对光栅个别线纹之间的栅距误差具有平均化效应,能消除光栅栅距不均匀所造成的影响。

④ 莫尔条纹的移动与两光栅尺之间的相对移动成比例。两光栅尺相对移动一个栅距 d,莫尔条纹便相应移动一个莫尔条纹宽度 W,其方向与两光栅尺相对移动的方向垂直,且当两光栅尺相对移动的方向改变时,莫尔条纹移动的方向也随之改变。若标尺光栅不动,改变指示光栅倾斜角度的方向,则莫尔条纹的移动方向也发生改变。

根据莫尔条纹的上述特性,假如在莫尔条纹移动的方向上设置 4 个光敏元件 A、B、C、D,且使这 4 个光敏元件两两相距 1/4 莫尔条纹宽度,即 $W/4$。由上述讨论可知,当两光栅尺相对移动时,莫尔条纹随之移动,从 4 个光敏元件 A、B、C、D 可以得到 4 个在相位上依次超前或滞后(取决于两光栅尺相对移动的方向)1/4 周期($\pi/2$)的近似于余弦函数的光强度变化过程,用 L_A、L_B、L_C、L_D 表示,如图 5.5(c)所示。光敏元件把光强度变化 L_A、L_B、L_C、L_D 转换成相应的电压信号,设为 V_A、V_B、V_C、V_D。根据这 4 个电压信号,可以检测出光栅尺的相对

移动。

(1)位移大小的检测

由于莫尔条纹的移动与两光栅尺之间的相对移动是相对应的。采用一个光电元件只能产生一个余弦信号用作计数,可以测位移,但是不能测位移的方向。为此,至少要放置 2 个光电元件。常用的是放置 4 个光敏元件。通过检测 V_A、V_B、V_C、V_D 这 4 个电压信号的变化情况,便可相应地检测出两光栅尺之间的相对移动。V_A、V_B、V_C、V_D 每变化一个周期,即莫尔条纹每变化一个周期,表明两光栅尺相对移动了一个栅距的距离;若两光栅尺之间的相对移动不到一个栅距,因 V_A、V_B、V_C、V_D 是余弦函数,故根据 V_A、V_B、V_C、V_D 的值也可以计算出其相对移动的距离。

(2)位移方向的检测

在图 5.5(a)中,若标尺光栅固定不动,指示光栅沿正方向移动,这时,莫尔条纹相应地沿向下的方向移动,透过观察窗口 A 和 B,光敏元件检测到的光强度变化过程 L_A 和 L_B 及输出的相应的电压信号 V_A 和 V_B 如图 5.6(a)所示,在这种情况下,V_A 滞后 V_B 的相位为 $\pi/2$;反之,若标尺光栅固定不动,指示光栅沿负方向移动,这时,莫尔条纹则相应地沿向上的方向移动,透过观察窗口 A 和 B,光敏元件检测到的光强度变化过程 L_A 和 L_B 及输出的相应的电压信号 V_A 和 V_B 如图 5.6(b)所示,在这种情况下,V_A 超前 V_B 的相位为 $\pi/2$。因此,根据 V_A 和 V_B 两信号相互间的超前和滞后关系,便可确定出两光栅尺之间的相对移动方向。

(3)速度的检测

两光栅尺的相对移动速度决定着莫尔条纹的移动速度,即决定着光强度的频率,因此,通过检测 V_A、V_B、V_C、V_D 的变化频率就可以推断出两光栅尺的相对移动速度。

5.2.3　光栅信息处理及应用

如前所述,当两光栅尺有相对位移时,光栅读数头中的光敏元件根据透过莫尔条纹的光强度变化,将两光栅尺的相对位移即工作台的机械位移转换成了四路两两相差 $\pi/2$ 的电压信号 V_A、V_B、V_C、V_D,这四路电压信号的变化频率代表了两光栅尺相对移动的速度;它们每变化一个周期,表示两光栅尺相对移动了一个栅距;四路信号的超前滞后关系反映了两光栅尺的相对移动方向。但在实际应用中,常常需要将两光栅尺的相对位移表达成易于辨识和应用的数字

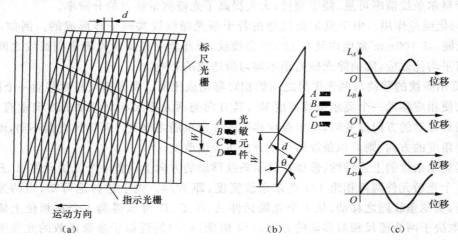

图 5.5　光栅工作原理图

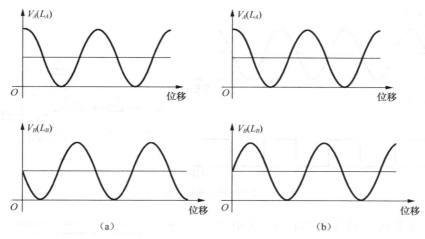

图 5.6　光栅的位移方向检测原理

脉冲量,因此,光栅读数头输出的四路电压信号还必须经过进一步的信息处理,转换成所需的数字脉冲形式。

　　图 5.7 给出了一种用于光栅信息处理的线路框图。它由三个部分组成,即放大环节、整形环节和鉴向倍频线路。

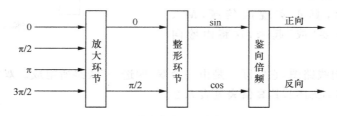

图 5.7　光栅信息处理线路框图

　　(1)放大与整形

　　放大与整形环节与一般系统中采用的原理及结构无多大差别,主要是用以求得电压与功率的放大以及波形的规整。这里的放大环节主要采用的是差动放大器,以抑制各种共模干扰信号的影响及矫正因光栅尺和光栅读数头的机械误差造成的光栅读数头输出信号的相位误差,经过放大环节后,V_A、V_B、V_C、V_D(其初相位分别对应于图 5.7 中的 0、$\pi/2$、π 和 $3\pi/2$)四路电压信号变成两路,一路其初始相位和频率同 V_A 一样,一路同 V_B 一样,分别记为 V_A 和 V_B(对应于图 5.7 中放大环节输出的 0 和 $\pi/2$)。整形环节采用的是电压比较器,其作用是将 V_A 和 V_B 转换成同频率同相位的两路方波信号 A 和 B(分别对应于图 5.7 中的 sin 和 cos),如图 5.8 所示。电压比较器可选用 LM311。

　　(2)鉴向倍频

　　顾名思义,鉴向倍频线路的功能有两个:一是鉴别方向,即根据整形环节输出的两路方波信号 A 和 B 的相位关系确定出工作台的移动方向;二是将 A 和 B 两路信号进行脉冲倍频,即将一个周期内的一个脉冲(方波)变为 4 个脉冲,这 4 个脉冲两两相距 1/4 周期。因一个周期内的一个脉冲表示工作台移动了一个栅距,这一个周期内的 4 个脉冲中的每一个则表示了工作台移动了 1/4 栅距,这样就提高了光栅测量装置的分辨率。

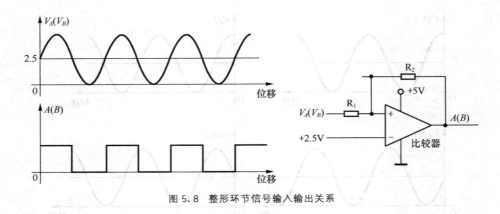

图 5.8　整形环节信号输入输出关系

图 5.9 是鉴向倍频线路的框图,图中实现四倍频的线路如图 5.10 所示,其波形图如图 5.11 所示。这种倍频线路产生的脉冲信号与时钟 CP 同步,应用比较方便,工作也十分可靠。在该四倍频线路中,时钟脉冲信号的频率要远远高于方波信号 A 和 B 的频率,以减少倍频后的相移误差。此外,从图 5.11 也可以看出,真正实现四倍频,M_1、M_2、M_3 和 M_4 还需要"或"起来,这将由鉴向线路来完成。

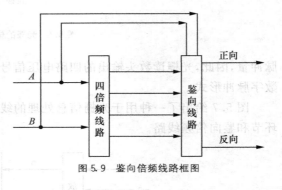

图 5.9　鉴向倍频线路框图

图 5.12 是鉴向线路图,它实际上是由一个双"四选一"线路所组成。双"四选一"线路有专用的集成电路,如 74LS153,其真值表见表 5.2。

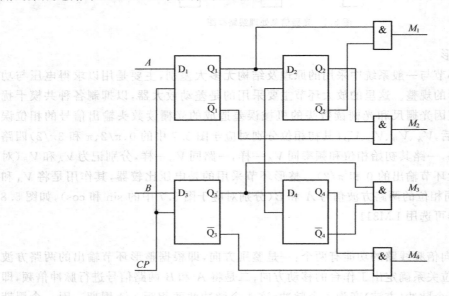

图 5.10　四倍频线路逻辑图

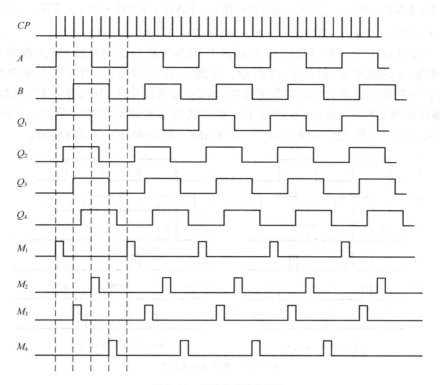

图 5.11　四倍频线路波形图

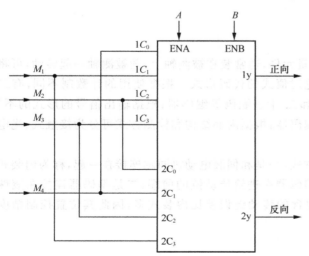

图 5.12　74LS153 鉴向线路图

表 5.2　双"四选一"线路真值表

数　据　选　择		输　出
ENB	ENA	y
0	0	$y=C_0$
0	1	$y=C_1$
1	0	$y=C_2$
1	1	$y=C_3$

如果用 $1y$ 表示正向脉冲输出端，$2y$ 表示反向脉冲输出端，根据双"四选一"线路的真值表，可以得到 $1y$ 和 $2y$ 的表达式

$$1y=\overline{ENA}\cdot\overline{ENB}\cdot1C_0+ENA\cdot\overline{ENB}\cdot1C_1+\overline{ENA}\cdot ENB\cdot1C_2+ENA\cdot ENB\cdot1C_3$$
$$=\overline{B}\cdot\overline{A}\cdot M_4+\overline{B}\cdot A\cdot M_1+B\cdot\overline{A}\cdot M_2+B\cdot A\cdot M_3 \tag{5-11}$$

$$2y = \overline{ENA} \cdot \overline{ENB} \cdot 2C_0 + ENA \cdot \overline{ENB} \cdot 2C_1 + \overline{ENA} \cdot ENB \cdot 2C_2 + ENA \cdot ENB \cdot 2C_3$$

$$= \overline{B} \cdot \overline{A} \cdot M_2 + \overline{B} \cdot A \cdot M_4 + B \cdot \overline{A} \cdot M_3 + B \cdot A \cdot M_1 \tag{5-12}$$

由式(5-11)和式(5-12)可画出方波 A 超前于 B(即工作台正向移动)和 A 滞后于 B(即工作台反向移动)时的波形图,如图 5.13 所示。由图 5.13 可以看出,当工作台正向移动时,在 $1y$ 端输出了一系列代表移动距离的数字脉冲,而 $2y$ 端为低电平;反过来,当工作台反向移动时,$1y$ 端输出的是低电平,而 $2y$ 端输出了一系列代表移动距离的数字脉冲。因此,只要 $1y$ 端有脉冲,就表示了工作台正向移动;若 $2y$ 端有脉冲,则表示工作台反向移动。

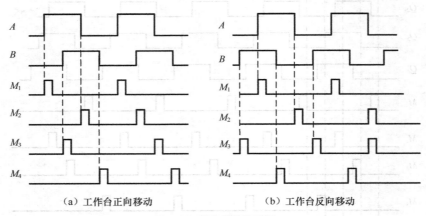

(a) 工作台正向移动　　　　　　(b) 工作台反向移动

图 5.13　鉴向线路波形图

5.3　编码器

编码器又称码盘,是一种旋转式测量元件,通常装在被测轴上,随被测轴一起转动,可将被测轴的角位移转换成增量脉冲形式或绝对值式的代码形式。根据使用的计数制不同,有二进制码、二进制循环码(格雷码)、余三码和二-十进制码等编码器;根据输出信号的形式的不同,可分为绝对值式编码器和脉冲增量式编码器;根据内部结构和检测方式可分为接触式、光电式和电磁式编码器。

编码器在数控机床中有两种安装方式:一是和伺服电动机同轴连接在一起,称为内装式编码器,伺服电动机再和滚珠丝杠连接,编码器在进给传动链的前端;二是编码器连接在滚珠丝杠末端,称为外装式编码器。外装式包含的传动链误差比内装式多,因此其位置控制精度较高,但内装式安装方便。

5.3.1　接触式编码器

接触式编码器是一种绝对值式的检测装置,可直接把被测转角用数字代码表示出来,且每一个角度位置均有表示该位置的唯一对应的代码,因此这种测量方式即使断电或切断电源,也能读出转动角度。

图 5.14(a)所示为 4 位二进制码盘。它在一个不导电基体上做成许多同心圆形码道和周向等分扇区,其中涂黑部分为导电区,用"1"表示;其他部分为绝缘区,用"0"表示。这样,在每一个扇区,都有由"1"、"0"组成的二进制代码,即每个扇区都可由 4 位二进制码表示。最里一圈是公共圈,它和各码道所有导电部分连在一起,经电刷和电阻接电源正极。除公共圈以外,4

位二进制码盘的四圈码道上也都装有电刷,电刷经电阻接地。码盘是与被测转轴连在一起的,而电刷位置是固定的。码盘随被测轴一起转动时,电刷和码盘的位置发生相对变化,若电刷接触的是导电区域,则经电刷、码盘、电阻和电源形成回路,该回路中的电阻上有电流流过,为"1";反之,若电刷接触的是绝缘区域,则不能形成回路,电阻上无电流流过,为"0",由此可根据电刷的位置得到由"1"、"0"组成的 4 位二进制码。通过图 5.14(a)可看出电刷位置与输出二进制代码的对应关系。

由此可见,码道的圈数就是二进制的位数,且高位在内,低位在外。由此可以推断出,若是 n 位二进制码盘,就有 n 圈码道,且圆周均分 2^n 等分,即共有 2^n 个数据来分别表示其不同位置,所能分辨的最小角度为 $\alpha = 360°/2^n$。

显然,位数 n 越大,所能分辨的角度越小,测量精度就越高。若要提高分辨力,就必须提高码道圈数,即二进制位数。目前接触式码盘一般可以做到 8～14 位二进制数。若要求的位数更多,则可采用组合码盘,由一个粗计码盘和一个精计码盘组成。精计码盘转一圈,粗计码盘依次转一格。如果一个组合码盘是由两个 8 位二进制码盘组合而成的,那么便可得到相当于 16 位的二进制码盘。这样使测量精度大大提高,但结构却相当复杂。

另外,在实际应用中对码盘制作和电刷安装要求十分严格,否则就会产生非单值性误差。若电刷恰好位于两位码的中间或电刷接触不良,则电刷的检测读数可能会是任意的数字,例如,当电刷由位置 0111 向位置 1000 过渡时,可能会出现 8 到 15 之间的任一十进制数,这种误差称为非单值误差。为了消除这种误差一般采用循环码,即格雷码。图 5.14(b)为一个 4 位格雷码盘。比较它与图 5.14(a)所示码盘的不同之处,发现它的各码道的数码并不同时改变,任何两个相邻数码间只有一位是变化的,所以每次只切换一位数,把误差控制在最小单位内。

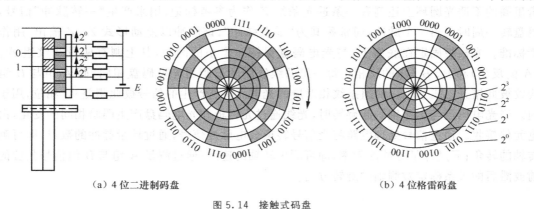

(a) 4 位二进制码盘　　　　　　　　　　　　　(b) 4 位格雷码盘

图 5.14　接触式码盘

接触式绝对值编码器优点是简单、体积小、输出信号强,缺点是电刷磨损会造成寿命降低,转速不能太高(每分钟几十转),精度受外圈(最低位)码道宽度限制,因此使用范围有限。

5.3.2　光电式编码器

常用的光电式编码器为增量式光电编码器,亦称光电码盘、光电脉冲发生器、光电脉冲编码器等。它是一种旋转式脉冲发生器,它把机械转角变成电脉冲,是数控机床上常用的一种角位移检测元件,也可用于角速度检测。增量式光电编码器按每转发出的脉冲数的多少来分有多种型号,但数控机床最常用的如表 5.3 所示,根据数控机床滚珠丝杠的螺距来选用。

表5.3 光电脉冲编码器

脉冲编码器	每转脉冲移动量/mm
2000 脉冲/r	2,3,4,6,8
2500 脉冲/r	5,10
3000 脉冲/r	3,6,12

为了适应高速、高精度数字伺服系统的需要,先后又发展了高分辨率的脉冲编码器,见表5.4。现在已有使用每转发出 10 万乃至几百万个脉冲的编码器,该类脉冲编码器装置内部应用了微处理器。

表5.4 高分辨率脉冲编码器

脉冲编码器	每转脉冲移动量/mm
20000 脉冲/r	2,3,4,6,8
25000 脉冲/r	5,10
30000 脉冲/r	3,6,12

增量式光电脉冲编码器由光源、聚光镜、光栅板、光电码盘、光电元件及信号处理电路组成,如图 5.15 所示。其中,光电码盘是在一块玻璃圆盘上用真空镀膜的方法镀上一层不透光的金属薄膜,再涂上一层均匀的感光材料,然后用精密照相腐蚀工艺,制成沿圆周等距的透光和不透光部分相间的辐射状线纹,一个相邻的透光或不透光线纹构成一个节距 P。在光电码盘里圈的不透光圆环上还刻有一条透光条纹 Z 作为参考标记,用来产生"一转脉冲"信号,即码盘转一周时发出一个脉冲,通常称其为"零点脉冲",该脉冲以差动形式 Z、$\bar{Z}$ 输出,用作测量标准。光栅板固定在底座上,与光电码盘保持一个小的间距,其上制有两段线纹组 A、$\bar{A}$ (A 的反相)和 B、$\bar{B}$ (B 的反相),每一组的线纹间的节距与光电码盘相同,而 A 组与 B 组的线纹彼此错开1/4 节距。两组条纹相对应的光电元件所产生的信号彼此相差90°相位,用于鉴向。当光电码盘与工作轴一起旋转时,光线通过光栅板和光电码盘产生明暗相间的变化,由光电元件接收。通过信号处理电路将光信号转换成电脉冲信号,通过计量脉冲的数目,即可测出转轴的转角;通过计量脉冲的频率,即可测出转轴的速度;通过测量 A 组与 B 组信号相位的超前或滞后的关系确定被测轴的旋转方向。

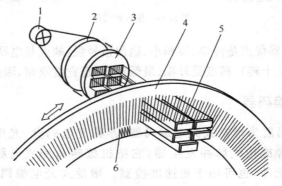

图 5.15 增量式光电脉冲编码器结构示意图

1—光源;2—透镜;3—光栅板;4—光电码盘;5—光电元件;6—参考标记

光电编码器的测量精度取决于它所能分辨的最小角度,这与码盘圆周的条纹数有关,即最小分辨角 α＝360°/狭缝数。如条纹数为 1024,则分辨角 α＝360°/1024＝0.352°。光电编码器的输出信号 A、$\bar{A}$ 和 B、$\bar{B}$ 为差动信号。差动信号大大提高了传输的抗干扰能力。在数控系统中,常对上述信号进行倍频处理,以进一步提高分辨力。例如,配置 2000 脉冲/r 光电编码器的伺服电动机直接驱动 8mm 螺距的滚珠丝杠,经数控系统 4 倍频处理后,相当于 8000 脉冲/r 的角度分辨力,对应工作台的直线分辨力由倍频前的 0.004mm 提高到 0.001mm。

光电式编码器的优点是没有接触磨损,码盘寿命长,允许转速高,而且最外圈每片宽度可做得很小,因而精度高;缺点是结构复杂,价格高,光源寿命短。

除了上述介绍的增量式光电编码器,目前,还有一种混合式绝对值脉冲编码器,它是将增量制码与绝对制码做在同一块码盘上。在码盘的最外圈是高密度的增量式条纹,中间有 4 个码道组成绝对值式的 4 位循环码。以二进制码为例,每 1/4 同心圆被循环码分割为 16 个等分段。圆盘最里面有发一转信号的狭缝。该码盘的工作原理是粗、中、精三级计数,码盘转的转数由对"一转脉冲"的计数表示,在一转以内的角度位置由循环码的 4×16 个不同数值表示,每 1/4 圆循环码的细分由最外圈增量制码完成。绝对编码盘或编码尺是一种通过直接编码进行测量的元件,它直接把被测转角或直线位移转换成相应的代码,指示其绝对位置。这种测量方式没有积累误差,电源切除后位置信息也不丢失。

5.3.3 编码盘在数控机床中的应用

1. 位移测量

当光电编码盘与工作轴一起旋转时,光线通过光栅板和光电码盘产生明暗相间的变化,由光电元件接收。通过信号处理电路将光信号转换成电脉冲信号,通过计量脉冲的数目,即可测出转轴的转角;通过计量脉冲的频率,即可测出转轴的速度;通过测量 A 组与 B 组信号相位的超前或滞后的关系确定被测轴的旋转方向。

2. 主轴控制

主运动(主轴控制)中采用编码器,则成为具有位置控制功能的主轴控制系统,或者叫作"C"轴控制。主轴位置脉冲编码器的作用主要有以下几方面。

(1)主轴旋转与坐标轴进给的同步控制

在螺纹加工中,为了保证切削螺纹的螺距,必须有固定的进刀点和退刀点。安装在主轴上的光电脉冲编码器在切削螺纹时主要解决两个问题。

① 通过对编码器输出脉冲的计数,保证主轴每转一周,刀具准确地移动一个螺距(导程)。

② 一般的螺纹加工要经过几次切削才能完成,每次重复切削,开始进刀的位置必须相同。为了保证重复切削不乱扣,数控系统在接收到光电编码器中的一转脉冲(零点脉冲)后才开始螺纹切削的计算。

(2)主轴定向准停控制

加工中心换刀时,为了使机械手对准刀柄,主轴必须停在固定的径向位置。在固定切削循环中,如精镗孔,要求刀具必须停在某一径向位置才能退出。这就要求主轴能准确地停在某一固定位置上,这就是主轴定向准停功能。

(3)恒线速切削控制

车床和磨床进行端面或锥形面切削时,为了保证加工面粗糙度保持一定的值,要求刀具与工件接触点的线速度为恒值。随着刀具的径向进给及切削直径的逐渐减小或增大,应不断提高或降低主轴转速,保持 $v = 2\pi D n$ 为常值,式中 v 是切削线速度;D 为工件的切削直径,随刀具进给不断变化;n 为主轴转速。D 由坐标轴的位移检测装置,如光电编码器检测获得。上述数据经软件处理后即得主轴转速 n,转换成速度控制信号后送至主轴驱动装置。

3. 测速

光电编码器输出脉冲的频率与其转速成正比。因此,光电编码器可代替测速发电机的模拟测速而成为数字测速装置。当利用光电编码器的脉冲信号进行速度反馈时,若伺服驱动装置为模拟式的,则脉冲信号需经过频率—电压转换器,转换成正比于频率的电压信号;若伺服驱动装置为数字式的,可直接进行数字测速反馈。

4. 零标志脉冲用于回参考点控制

当数控机床采用增量式的位置检测装置时,数控机床在接通电源后要首先做手动回参考点的操作。这是因为机床断电后,系统就失去了对各坐标轴位置的记忆。在接通电源后,必须让各坐标轴回到机床某一固定点上,这一固定点就是机床坐标系的原点或零点,也称机床参考点。使机床回到这一固定点的操作称回参考点或回零操作。参考点位置是否正确与检测装置中的零标志脉冲有相当大的关系。在回参考点方式时,数控机床坐标轴先以快速向参考点方向运动,当碰到减速挡块后,坐标轴再以慢速趋近,当编码器产生零标志信号(一转脉冲信号)后,坐标轴再移动一设定距离而停止于参考点。

思考题和习题

5-1 数控机床上的位置检测装置有哪些类别?

5-2 简述直线感应同步器的结构特点。

5-3 简述直线感应同步器鉴相方式的工作原理。

5-4 简述直线感应同步器鉴幅方式的工作原理。

5-5 简述光栅尺的结构和种类。

5-6 光栅的工作原理是什么?

5-7 莫尔条纹的性质有哪些?

5-8 什么是编码盘? 编码盘的种类有哪些?

5-9 简述接触式编码盘的结构和工作原理。

5-10 简述光电编码盘的结构和工作原理。

5-11 编码盘在数控机床上有哪些应用?

5-12 简述光栅信号处理系统的组成及各部分的作用。

5-13 若光栅刻线密度为 50 线/mm,指示光栅和标尺光栅的夹角为 1.14°,其莫尔条纹的宽度为多少?

【目标】

通过讨论伺服系统的概念和数控机床对伺服系统的要求，掌握步进电动机的工作原理以及其驱动系统的组成和各部分的功能。掌握直流和交流伺服电动机的工作原理。掌握直流和交流伺服电动机的调速方法。

【学习任务】

通过本章的学习，你需要掌握以下的知识。

- 伺服的概念
- 数控机床进给伺服系统的要求
- 步进电动机及其驱动控制系统
- 直流伺服电动机及其速度控制
- 交流伺服电动机及其速度控制
- 直线电动机及其在数控机床中的应用
- 常用位置控制系统

6.1　概述

数控机床伺服系统是以机床移动部件的位置和速度为控制量的自动控制系统，又称随动系统、拖动系统或伺服机构。在数控机床上，伺服驱动系统接收来自 CNC 装置（插补装置或插补软件）的进给指令脉冲，经过一定的信号变换及电压、功率放大，再驱动各加工坐标轴按指令脉冲运动，这些轴有的带动工作台，有的带动刀架，通过几个坐标轴的综合联动，使刀具相对于工件产生各种复杂的机械运动，加工出所要求的形状复杂的工件。

进给伺服系统是数控装置和机床机械传动部件间的联系环节，是数控机床的重要组成部分。图 6.1 所示为数控机床闭环进给伺服系统的五个主要组成部分。它包含机械、电子、电机（早期产品还包含液压）等各种部件，并涉及强电与弱电控制，是一个比较复杂的控制系统，要使它成为一个既能使各部件互相配合协调工作、又能满足相当高的技术性能指标的控制系统是一个相当复杂的任务。在现有技术条件下，CNC 装置的性能已相当优异，并正在迅速向更高水平发展，而数控机床的最高运动速度、跟踪及定位精度、加工表面质量、生产率及工作可靠性等技术指标，往往又主要决定于伺服系统的动态和静态性能，数控机床的故障也主要出现在伺服系统上，可见，提高伺服系统的技术性能和可靠性，对于数控机床具有重大意义，研究与开发高性能的伺服系统一直是现代数控机床的关键技术之一。

数控机床运动中，主轴运动和伺服进给运动是机床的基本成形运动。主轴驱动控制主要

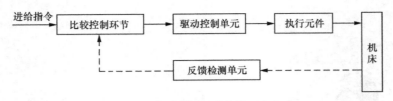

图 6.1 进给伺服系统组成

实现主轴的旋转运动,提供切削过程中的转矩和功率,一般只要满足主轴无级变速及正、反转。当要求机床有螺纹加工、准停和恒线加工等功能时,就对主轴提出了相应的位置控制要求,称为 C 轴控制。此时,主轴驱动控制系统可称为主轴伺服系统。此外,加工中心刀库的位置控制是为了在刀库的不同位置选择刀具,与进给坐标轴的位置控制相比,控制性能较为简单,故称为简易位置伺服系统。本章主要讨论进给伺服系统。进给伺服系统按照执行元件的不同又可以分为步进伺服系统、直流伺服系统和交流伺服系统。

由于各种数控机床所完成的加工任务不同,它们对进给伺服系统的要求也不尽相同,通常可概括为以下几个方面。

(1)高精度

数控机床伺服系统的精度是指机床工作的实际位置复现插补器指令信号的精确程度。为了满足数控加工精度的要求,关键是保证数控机床的定位精度和进给跟踪精度。这也是伺服系统静态特性与动态特性指标是否优良的具体表现。在数控加工过程中一般位置伺服系统的定位精度要达到 $1\mu m$,高的要求达到 $\pm 0.01\sim\pm 0.005\mu m$。轮廓加工与速度控制和联动坐标的协调控制有关,这种协调控制,对速度调节系统的抗负载干扰能力和静动态性能指标都有较高的要求。

(2)稳定性好

伺服系统的稳定性是指系统在突变的指令信号或外界扰动的作用下,能够以最大的速度达到新的或恢复到原有的平衡位置的能力。稳定性是直接影响数控加工精度和表面粗糙度的重要指示。较强的抗干扰能力是获得均匀进给速度的重要保证。通常要求承受额定力矩变化时,静态速降应小于 5%,动态速降应小于 10%。

(3)响应速度快并无超调

快速响应是伺服系统动态品质的一项重要指标,它反映了系统对插补指令的跟踪精度。在加工过程中,为了保证轮廓的加工精度,降低表面粗糙度,要求系统跟踪指令信号的速度要快,过渡时间尽可能短,而且无超调。一般电机速度由 0 到最大,或从最大减少到 0,时间应控制在 200ms 以下,甚至少于几十毫秒。另一方面是当负载突变时,过渡过程前沿要陡,恢复时间要短,且无振荡,这样才能得到光滑的加工表面。

(4)电动机调速范围宽

调速范围是指数控机床要求电动机能提供的最高转速和最低转速之比。此最高转速和最低转速一般是指额定负载时的转速,对于少数负载很轻的数控机床,也可以是实际负载时的转速。

在数控加工过程中,切削速度因加工刀具、被加工材料以及零件加工要求的不同而不同。为保证在任何条件下都能获得最佳的切削速度,要求进给系统必须提供较大的调速范围,一般要求调速范围应达到 1:1000,而性能较高的数控系统调速范围已能达到 1:100000。

主轴伺服系统主要是速度控制，它要求低速（额定转速以下）恒转矩调速具有 1∶100～1000 调速范围，高速（额定转速以上）恒功率调速具有 1∶10 以上的调速范围。

（5）低速大转矩

机床加工的特点是低速时进行重切削，这就要求伺服系统在低速时提供较大的输出转矩。

（6）可靠性高

对环境（如温度、湿度、粉尘、油污、振动、电磁干扰等）的适应性强，性能稳定，使用寿命长，平均无故障时间间隔长。

对主轴伺服系统，除上述要求外，还应满足如下要求。

① 主轴与进给驱动的同步控制。为使数控机床具有螺纹和螺旋槽加工的能力，要求主轴驱动与进给驱动实现同步控制。

② 准停控制。在加工中心上，为了实现自动换刀，要求主轴能进行高精确位置的停止。

③ 角度分度控制。角度分度控制有两种类型：一是固定的等分角度控制；二是连续的任意角度控制。任意角度控制是带有角位移反馈的位置伺服系统，这种主轴坐标具有进给坐标的功能，称为"C"轴控制。"C"轴控制可以用一般主轴控制与"C"控制切换的方法实现，也可以用大功率的进给伺服系统代替主轴系统。

6.2　步进电动机及其驱动控制系统

步进电动机是开环伺服系统（亦叫步进式伺服系统）的执行元件。功率步进电动机盛行于 20 世纪 70 年代，且控制系统的结构简单、控制容易、维修方便，控制为全数字化（即数字化的输入指令脉冲对应着数字化的位置输出）。随着计算机技术的发展，除功率驱动电路之外，其他硬件电路均可由软件实现，从而简化了系统结构，降低了成本，提高了系统的可靠性。

步进电动机是一种用电脉冲信号进行控制、并将电脉冲信号转换成相应的角位移的执行器，也称脉冲电动机。每给步进电动机输入一个电脉冲信号，其转轴就转过一个角度，称为步距角，其角位移量与电脉冲数成正比，其转速与电脉冲信号输入的频率成正比，通过改变频率就可以调节电动机的转速。如果步进电动机停机后某些相的绕组保持某种通电状态，则还具有自锁能力。步进电动机每转一周都有固定的步数，从理论上说其步距误差不会累积。

步进电动机的最大缺点在于其容易失步，特别是在大负载和速度较高的情况下失步更容易发生。此外，步进电动机的耗能太多，速度也不高，目前的步进电动机在脉冲当量为 $1\mu m$ 时，最高移动速度仅有 $2m/min$，且功率越大，移动速度越低，故主要用于速度与精度要求不高的经济型数控机床及旧机床设备的改造中。

但是，近年来发展起来的恒流斩波驱动、PWM 驱动、细分驱动及它们的综合运用，使得步进电动机的高频出力得到很大提高，低频振荡得到显著改善，特别是随着智能超微步驱动技术的发展，步进电动机的性能将提高到一个新的水平，将以极佳的性能价格比获得更为广泛的应用。

6.2.1　步进电动机的工作原理

步进电动机的工作方式和一般电动机的不同，步进电动机是按电磁吸引的原理采用脉冲控制方式工作的。只有按一定规律对各相绕组轮流通电，步进电动机才能实现转动。现以反应式步进电动机为例说明其工作原理。反应式步进电动机的定子上有磁极，每个磁极上有激磁绕组。转子无绕组,但有周向均布的齿。步进电动机是依靠磁极对齿的吸合来工作。图6.2所示为三相反应式步进电动机。定子有 6 个均匀的磁极,每两个相对的磁极组成一组相,分别为 A、B、C 三相。为简化分析,假设转子只有 4 个齿。

(1)三相三拍工作方式

在图 6.2 中,设 A 相通电,电动机中产生沿 A 极轴线方向的磁场。因磁通要按磁阻最小的路径闭合,A 相绕组的磁力线为保持磁阻最小,给转子施加电磁力矩,转子收到反应转矩的作用而转动,一直转到磁极 A 与相邻的转子的 1、3 齿对齐为止;接下来若 B 相通电,A 相断电,磁极 B 又将距它最近的 2、4 齿吸引过来与之对齐,使转子按逆时针方向旋转 30°;下一步 C 相通电,B 相断电,磁极 C 又将吸引转子的 1、3 齿与之对齐,使转子又按逆时针旋转 30°,依此类推。通常规定从一相绕组通电转换到另一相绕组通电为一拍。若定子绕组按 A→B→C→A→…的顺序通电,转子就一步步地按逆时针转动,每步 30°。若定子绕组按 A→C→B→A→…的顺序通电,则转子就一步步地按顺时针转动,每步仍然 30°。这种控制方式叫三相三拍方式,又称三相单三拍方式。

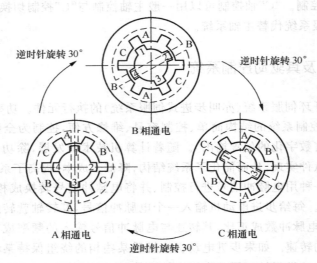

图 6.2 三相反应式步进电动机三相三拍工作原理示意图

(2)三相六拍工作方式

如果按 A→AB→B→BC→C→CA→A…(逆时针转动)或 A→AC→C→BC→B→BA→A…(顺时针转动)的顺序通电,步进电动机就工作在三相六拍工作方式,每步转过 15°,步距角是三相三拍工作方式步距角的一半,如图 6.3 所示。因为在这种工作方式中,电动机运转中始终有一相定子绕组通电,因此电动机运转比较平稳。

(3)双三拍工作方式

由于前述的单三拍通电方式每次定子绕组只有一相通电,且在切换瞬间失去自锁转矩,容易产生失步。此外,只有一绕组产生力矩吸引转子,在平衡位置易产生振荡,故在实际工作过程中多采用双三拍工作方式,即定子绕组的通电顺序为 AB→BC→CA→AB…或 AC→CB→BA→AC…。前一种通电顺序转子按逆时针旋转,后一种通电顺序转子按顺时针旋转,此时有两对磁极同时对转子的两对齿进行吸引,每步仍然旋转 30°。由于在步进电动机工作过程中始终保持有一相定子绕组通电,所以工作比较平稳。

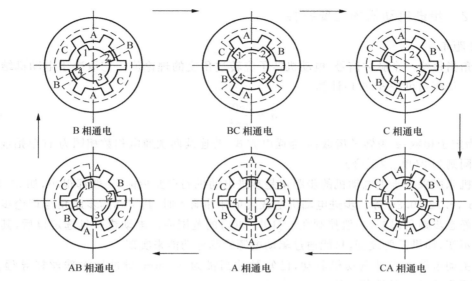

图 6.3　三相反应式步进电动机三相六拍工作原理示意图

对于 m 相步进电动机,其工作方式有单 m 拍、双 m 拍、$3m$ 拍及 $2×m$ 拍等。单 m 拍是指每拍只有一相通电,循环拍数为 m;双 m 拍是指每拍同时有两相通电,循环拍数为 m;三 m 拍是指每拍同时有三相通电,循环拍数为 m;$2×m$ 拍是指既有单相通电,也有两相或三相通电,通常为 $1～2$ 相通电或 $2～3$ 相通电,循环拍数为 $2m$。一般步进电动机的相数越多,工作方式也越多。

实际上步进电动机的转子的齿数很多,因为齿数越多步距角越小。两个齿中心线之间的距离为齿距。为了改善运行性能,定子磁极上也有齿,这些齿的齿距与转子的齿距相同,但各磁极的齿依次与转子的齿错开齿距的 $1/m$(m 为电动机相数)。这样,每次定子绕组通电状态改变时,转子只转过齿距的 $1/m$(如三相三拍)或 $1/(2m)$(如三相六拍)即达到新的平衡位置。如图 6.4 所示,转子有 40 个齿,故齿距为 $360°/40＝9°$,若通电为三相三拍,当转子齿与 A 相定子齿对齐时,转子齿与 B 相定子齿相差 1/3 齿距,即 $3°$,与 C 相定子齿相差 2/3 齿距,即 $6°$。

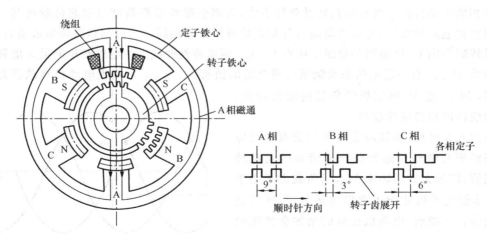

图 6.4　三相反应式步进电动机的结构示意图和展开后步进电动机齿距

6.2.2 步进电动机的主要特性

(1)步距角 α

步距角指每给一个脉冲信号,电动机转子应转过角度的理论值。它取决于电动机结构和控制方式。步距角可按式(6-1)计算

$$\alpha = \frac{360°}{mzk} \qquad\qquad (6\text{-}1)$$

式中,m 为定子相数;z 为转子齿数;k 为通电方式,若连续两次通电相数相同为1(单拍或纯双拍),若不同则为2(单、双混合)。

数控机床所采用步进电动机的步距角是步进电动机的重要指标,一般都很小,如3°/1.5°,1.5°/0.75°,0.72°/0.36°等。步进电动机空载且单脉冲输入时,其实际的步距角与理论步距角之差称为静态步距角误差,一般控制在±($10'\sim30'$)的范围内。电动机一旦选定以后,其步距角就固定不变,如果需要改变,只能通过驱动电源的细分功能来实现。

假定主动齿轮由步进电动机驱动,已知脉冲当量为 δ(mm/脉冲),滚珠丝杠导程为 P_h(mm),则可用下式来计算传动比

$$i = \frac{\alpha P_h}{360 \cdot \delta}$$

(2)矩角特性、最大静态转矩 M_{jmax} 和启动转矩 M_q

静态是步进电动机不改变通电状态、转子不动时的状态。步进电动机的静态特性主要指静态矩角特性和最大静转矩特性。

当步进电动机某相通以直流电流时,该相对应的定子和转子齿对齐,这时转子上没有转矩输出。如果在电动机轴上施加一个负载转矩 M,则转子会在载荷方向上转过一个小角度 θ 再重新稳定。这时转子因而受到一个电磁转矩 M_j 的作用以平衡负载转矩。电磁转矩 M_j 称为静态转矩,转过的这个角度 θ 称为失调角。描述步进电动机单相通电时静态转矩 M_j 与失调角 θ 之间关系的特性曲线称为矩角特性。当转子转过一个齿距,矩角特性就变化一个周期,相当于 2π 电角度。

图 6.5 所示为定、转子齿形均为矩形的三相步进电动机按 A→B→C→A…方式通电时 A、B、C 各相的矩角特性。各相矩角特性差异不大,否则会影响步距精度及引起低频振荡。可以通过调整相电流的方法,使步进电动机各相矩角特性大致相同。当外加负载转矩取消后,转子在电磁转矩作用下,仍能回到稳定平衡点 $\theta=0$。矩角特性曲线上的电磁转矩的最大值称为最大静转矩 M_{jmax},它与通电状态及绕组内的电流的值有关。M_{jmax} 是代表电动机承载能力的重要指标,M_{jmax} 越大,电动机带负载的能力越强,运行的快速性和稳定性越好。

由图 6.5 可见,相邻两条曲线的交点所对应的静态转矩是电动机运行状态能带动的负载转矩极限值,即最大启动转距 M_q,当负载力矩小于 M_q 时,步进电动机才能正常启动运行,否则将会造成失步。一般地,电动机相数的增加会使矩角特性曲线变密,相邻两条曲线的交点上移,会使 M_q 增加;采用多相通电方式,即变 m 相 m 拍通

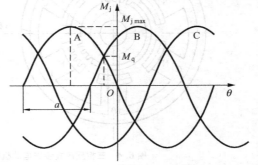

图 6.5 三相步进电动机的各相矩角特性

电方式为 m 相 $2 \times m$ 拍通电方式,也会使启动转距 M_q 增加。

(3)启动频率 f_q 和启动时的惯频特性

空载时,步进电动机由静止突然启动、并进入不失步的正常运行状态所允许的最高频率,称为启动频率或突跳频率 f_q,它是反映步进电动机快速性能的重要指标。空载启动时,步进电动机定子绕组通电状态变化的频率不能高于该启动频率。原因是频率越高,电动机绕组的感抗($x_L = 2\pi fL$)越大,使绕组中的电流脉冲变尖,幅值下降,从而使电动机输出力矩下降。步进电动机不失步地工作是指一个脉冲就转动一个步距角。失步包括丢步和越步,丢步是指转子转过的步数小于脉冲数,越步则指转子转过的步数多于脉冲数。

启动时的惯频特性定义了步进电动机带动纯惯性负载时启动频率和负载转动惯量之间的关系。一般来说,随着负载惯量的增加,启动频率会下降。如果除了惯性负载外还有转矩负载,则启动频率将进一步下降。

(4)运行矩频特性

步进电动机启动后,其运行速度能跟踪指令脉冲频率连续上升而不失步的最高工作频率,称为连续运行频率,其值远大于启动频率。运行矩频特性是描述步进电动机在连续运行时,输出转矩与脉冲频率之间的关系,它是衡量步进电动机运转时承载能力的动态指标,如图 6.6 所示。图中每一脉冲频率所对应的转矩称为动态转矩。从图中可以看出,随着脉冲频率的上升,输出转矩下降,承载能

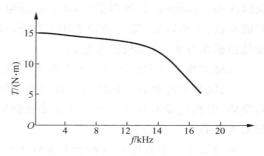

图 6.6　步进电动机的运行矩频特性

力下降。当脉冲频率超过最高工作频率时,步进电动机便无法正常工作。图 6.6 表明,在步进电动机运行时,对应于某一个频率,只有当负载转矩小于它在该频率的最大动态转矩时,步进电动机才能正常运行。

步进电动机的工作频率通常分为启动频率、制动频率及连续工作频率。对同样的负载转矩来说,正、反向的启动频率和制动频率都是一样的,而连续工作频率要高得多。一般步进电动机的技术参数中只给出启动频率和连续工作频率。

(5)加减速特性

步进电动机的加减速特性是描述步进电动机由静止到工作频率和由工作频率到静止的加、减速过程中,定子绕组通电状态的变化频率与时间的关系。当要求步进电动机启动到大于启动频率的工作频率时,变化速度必须逐渐上升。同样,从最高工作频率或高于启动频率的工作频率停止时,变化速度必须逐渐下降。逐渐上升和逐渐下降的加速时间、减速时间不能过小,否则会出现失步。目前,主要通过软件实现步进电动机的加减速控制。常用的加减速控制实现方法有指数规律和直线规律加减速控制,指数规律加减速控制一般适用于跟踪响应要求较高的切削加工中;直线规律加减速控制一般适用于速度变化范围较大的快速定位方式中。

6.2.3　步进电动机的分类

为了提高步进电动机的性能和结构工艺性,步进电动机有许多的结构类型,主要是根据相数、产生力矩的原理、输出力矩的大小和结构进行分类。

(1)按相数分类

常用的步进电动机有三、四、五、六相等几种。相数越多,步距角越小,而且还可采用多相通电,提高步进电动机的输出转矩。根据前面分析,步进电动机的通电方式一般采用 m 相 m 拍、双 m 拍和 m 相 $2 \times m$ 拍通电方式,在 m 相 m 拍和 m 相 $2 \times m$ 拍通电方式中,除采用一/二相转换通电外,还可采用二/三相转换通电,如五相步进电动机,各相用 A、B、C、D、E 表示,其五相十拍的二/三相转换方式为 AB→ABC→BC→BCD→CD→CDE→DE→DEA→EA→EAB→AB。

(2)按产生力矩的原理分类

步进电动机是采用定子与转子间电磁吸合原理工作的。根据磁场建立方式,主要可分为反应式、永磁式和永磁反应式(也称混合式)三类。

反应式步进电动机定子和转子不含永久磁铁,定子上绕有一定数量的绕组线圈,而转子无绕组,用软磁材料制成。线圈轮流通电时,便产生一个旋转的磁场,吸引转子一步一步地转动。绕组线圈一旦断电,磁场即消失,该种步进电动机掉电后不能自锁。此类电动机结构简单、材料成本低、驱动容易,定子和转子加工方便,步距角可以做得较小,但动态性能差一些,容易出现低频振荡现象,电动机温升较高。

永磁式步进电动机转子由永久磁钢制成,定子上的绕组线圈在换相通电时,不需要太大的电流,绕组断电时具有自锁能力。该类电动机动态性能好、输出转矩大、驱动电流小、电动机不易发热,但制造成本较高。由于转子受磁钢加工的限制,步距角较大,与之配套的驱动电源一般要求具有细分功能。

永磁反应式步进电动机转子上嵌有永久磁钢,可以说是永磁型,但是从定子和转子的导磁体来看,又和反应式相似,所以是永磁式和反应式的结合。这样可提高电动机的输出转矩,减少定子绕组的电流。该类电动机输出转矩大、动态性能好、步距角小、驱动电源电流小、功耗低,但结构稍复杂,成本相对较高,转子容易失磁,导致电磁转矩下降。永磁反应式步进电动机的定子绕组一般有两相、四相或五相。

(3)按结构分类

步进电动机可制成轴向分相式和径向分相式,轴向分相式又称为多段式,径向分相式又称为单段式。前面介绍的反应式步进电动机是按径向分相的,也称为单段反应式步进电动机,它是目前步进电动机中使用最多的一种结构形式。除此之外,还有一种反应式步进电动机是按轴向分相的,这种步进电动机也称为多段反应式步进电动机。多段反应式步进电动机沿着它的轴向长度分成磁性能上独立的几段,每一段都用一组绕组励磁,形成一相,因此,三相电动机有三段。电动机的每一段都有一个定子,它们固定在外壳上。转子制成一体,由电动机两端的轴承支承。每段定子上都有许多磁极,绕组绕在这些磁极上。沿电动机的轴向长度看,转子齿与每段定子齿之间有不同的相对位置。如图 6.7 所示,设一三相多段反应式步进电动机的三相分别为 A、B、C,则 A 段里的定子齿和转子齿是对齐的,B 段和 C 段里的定子齿和转子齿则不对齐,一般错开齿距的 $1/m$(m 为定子相数),齿距为 360°/转子齿数。若从 A 相通电变化到 B 相通电,则使 B 段里的定子齿和转子齿对齐,转子转动一步。使 B 相断开,C 相通电,则电动机以同一方向再走一步。再使 A 相单独通电,则再走一步,A 段里的定子齿和转子齿再一次完全对齐。不断按顺序改变通电状态,电动机就可连续旋转。若通电方式为 A→B→C→A→…,则通电状态的 3 次变化使转子转动一个齿距;若通电方式为 A→AB→B→BC→C→CA→A…,则通电状态的 6 次变化使转子转动一个齿距。

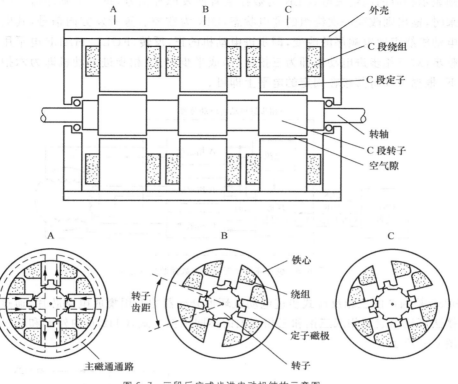

图 6.7　三段反应式步进电动机结构示意图

6.2.4　步进电动机的环形分配器

步进电动机的驱动控制由环形分配器、光电隔离电路和功率放大器组成。步进电动机是通过电动机绕组按一定顺序通、断电来进行工作的。环形分配器的主要功能是将数控装置送来的一串指令脉冲,按步进电动机所要求的通电顺序分配给步进电动机的驱动电源的各相输入端,以控制励磁绕组的通断,实现步进电动机的运行及换向。当步进电动机在一个方向上连续运行时,其各相通、断的脉冲分配是一个循环,因此称为环形分配器。环形分配器的输出不仅是周期性的,又是可逆的。

环形分配的功能可由硬件或软件的方法来实现,分别称为硬件环形分配器和软件环形分配器。

（1）硬件环形分配器

硬件环形分配器的种类很多,它可由 D 触发器或 JK 触发器构成,亦可采用专用集成芯片或通用可编程逻辑器件。目前市场上有许多专用的集成电路环形分配器出售,集成度高,可靠性好,有的还有可编程功能。如国产的 PM 系列步进电动机专用集成电路有 PM03、PM04、PM05 和 PM06,分别用于三相、四相、五相和六相步进电动机的控制。进口的步进电动机专用集成芯片 PM8713、PM8714 可分别用于四相（或三相）、五相步进电动机的控制。而 PPM101B 则是可编程的专用步进电动机控制芯片,通过编程可用于三相、四相、五相步进电动机的控制。

以三相步进电动机为例,硬件环形分配驱动与数控装置的连接如图 6.8 所示,环形分配器的输入、输出信号一般均为 TTL 电平,输出信号 A、B、C 变为高电平则表示相应的绕组通电,低电平则表示相应的绕组失电,CLK 为数控装置所发脉冲信号,每一个脉冲信号的上升或下降沿到来时,输出则改变一次绕组的通电状态,DIR 为数控装置所发方向信号,其电平的高低即对应电动机绕组通电顺序的改变,即步进电动机的正、反转,FULL/HALF 电平用于控制电动机的整步(对三相步进电动机即为三拍运行)或半步(对三相步进电动机即为六拍运行),一般情况下,根据需要将其接在固定的电平上即可。

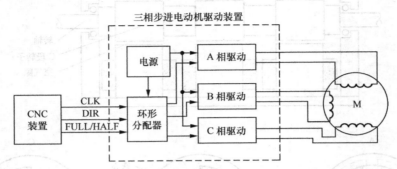

图 6.8 硬件环形分配驱动与数控装置的连接

CH250 是国产的三相反应式步进电动机环形分配器的专用集成电路芯片,通过其控制端的不同接法可以组成三相双三拍和三相六拍的不同工作方式,CH250 的外形和其三相六拍接线图如图 6.9 所示。

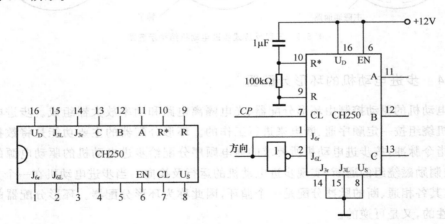

图 6.9 CH250 外形和三相六拍接线图

CH250 主要管脚的作用如下。

A、B、C——环形分配器的 3 个输出端,经功率放大后接到电动机的三相绕组上。

R、R*——复位端,R 为三相双三拍复位端,R* 为三相六拍复位端,先将对应的复位端接入高电平,使其进入工作状态,若为"10",则为三相双三拍工作方式;若为"01",则为三相六拍工作方式。

CL、EN——进给脉冲输入端和使能端。进给脉冲由 CL 输入,当 $EN=1$ 时,采用脉冲上升沿使环形分配器工作;CH250 也允许以 EN 端作脉冲输入端。此时,必须保证 $CL=0$,采用脉冲下降沿使环形分配器工作。如果不符合上述规定,则为环形分配器状态锁定(保持)。

J_{3r}、J_{3L}、J_{6r}、J_{6L}——分别为三相双三拍、三相六拍工作方式时步进电动机正、反转的控制端。

U_D、U_S——电源端。

（2）软件环形分配器

软件环形分配指由数控装置中的计算机软件完成环形分配的任务,直接驱动步进电动机各绕组的通、断电。用软件环形分配器只需编制不同的环形分配程序,将其存入数控装置的EPROM 中即可。用软件环形分配器可以使线路简化,成本下降,并可灵活地改变步进电动机的控制方案。

软件环形分配器的设计方法有多种,如查表法、比较法、移位寄存器法等,最常用的是查表法。下面以三相反应式步进电动机的软件环形分配器为例,说明查表法软件环形分配器的工作原理。

图 6.10 所示为数控车床的两个坐标方向步进电动机伺服进给系统框图。X 向和 Z 向的三相定子绕组分别为 A、B、C 相和 a、b、c 相,分别经各自的功率放大器、光电耦合器(光电隔离)与计算机的 PIO(并行输入/输出接口)的 $PA_0 \sim PA_5$ 相连。

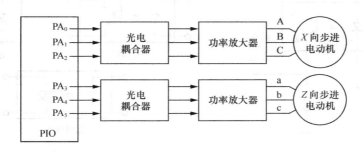

图 6.10　两坐标步进电动机伺服进给系统框图

首先根据 PIO 接口的接线方式并结合驱动电源线路,按步进电动机运转时绕组励磁状态转换方式得出环形分配器输出状态表,如表 6.1 所示。将表示步进电动机各个绕组励磁状态的二进制数存入存储单元地址 2A00H～2A05H(存储单元地址由用户设定)中。然后编写 X 向和 Z 向正、反方向进给的子程序。步进电动机运行时,都要调用该子程序。根据步进电动机的运转方向按表地址的正向(表头→表尾)或反向(表尾→表头)顺序依次取出存储单元地址的内容并输出,即依次输出表示步进电动机各个绕组励磁状态的二进制数,则电动机就正转或反转运行。

表 6.1　　　　　　　两坐标步进电动机环形分配器的输出状态表

节　拍	C PA2	B PA1	A PA0	存储单元 地址	存储单元 内容	方向	节　拍	c PA5	b PA4	a PA3	存储单元 地址	存储单元 内容	方向
						X 向步进电动机							Z 向步进电动机
1	0	0	1	2A00H	01H	正转↓反转↑	1	0	0	1	2A10H	08H	正转↓反转↑
2	0	1	1	2A01H	03H		2	0	1	1	2A11H	18H	
3	0	1	0	2A02H	02H		3	0	1	0	2A12H	10H	
4	1	1	0	2A03H	06H		4	1	1	0	2A13H	30H	
5	1	0	0	2A04H	04H		5	1	0	0	2A14H	20H	
6	1	0	1	2A05H	05H		6	1	0	1	2A15H	28H	

6.2.5 光电隔离电路

光电隔离电路主要是为了在接口电路和功率放大电路之间实现电气隔离。它以光为媒介传输信号,确保输入输出在电气上是完全隔离的。图 6.11(a)所示为光电隔离电路的组成和基本原理,输入为环形分配的脉冲,输出脉冲则和功率放大器相连。图 6.11(b)列出了市场上常用的光电隔离电路。

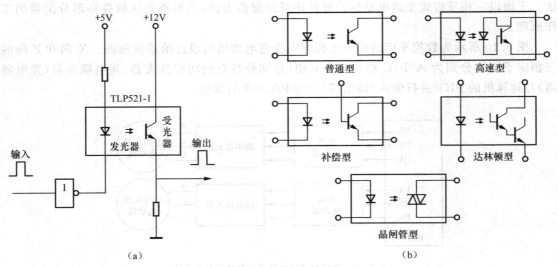

普通型

高速型

补偿型

达林顿型

晶闸管型

TLP521-1

发光器　受光器

输入　输出

+5V　+12V

(a)　(b)

图 6.11　光电隔离电路

6.2.6 功率放大电路

从环形分配器输出的进给控制信号的电流只有几毫安,而步进电动机的定子绕组需要几安培的电流,因此功率放大电路的作用就是对从环形分配器输出的经过光电隔离的信号进行功率放大并送至步进电动机的各绕组。这个功率放大电路称为步进电动机驱动电源或步进电动机驱动器。通常光电隔离电路也集成在驱动电源中。步进电动机所采用的驱动电源有电压型和电流型两种。电压型又分为单电压型、双电压型和调频调压型;电流型又分为恒流型、斩波型和电流细分型。每一种驱动电源都有它的适用范围。单电压型结构简单,但脉冲波形差,输出功率低,主要用于驱动低转速的小型步进电动机。调频调压型适用于所有步进电动机,它既解决了低频振荡问题,也保证了高频运行时的输出转矩,但这种电路比较复杂,成本也较高。驱动电源所采用的功率半导体元件可以是大功率晶体管 GTR,也可以是功率场效应晶体管 MOSFET 或可关断晶闸管 GTO。

(1)高低电压切换驱动电路

高低电压驱动电路的特点是给步进电动机绕组的供电有高低两种电压,高压充电、低压供电,高压充电以保证电流以较快的速度上升,低压供电维持绕组中的电流为额定值。高压由电动机参数和晶体管的特性决定,一般在 80V 至更高范围;低压即步进电动机的额定电压,一般为几伏,不超过 20V。

图 6.12 为一种高低电压切换驱动电路的工作原理图及波形。该种高低压驱动电路采用了一个脉冲变压器 T 组成高压控制电路。当输入脉冲信号为低电平时,VT_1、VT_2、VT_g、VT_d

均截止,电动机绕组 L_a 中无电流通过,步进电动机不转动。当输入脉冲信号为高电平时,
VT_1、VT_2、VT_d 饱和导通,在 VT_2 由截止过渡到饱和导通期间,与 T 一次侧串联在一起的
VT_2 集电极回路的电流急剧增加,在 T 的二次侧产生感应电压,加到高压功率管 VT_g 的基极
上,使 VT_g 导通,80V 的高压经功率管 VT_g 加到步进电动机绕组 L_a 上,使电流按 $\tau =$
$L_a/(R_d + r)$ 的时间常数上升,经过一段时间,达到电流稳定值 $U_g/(R_d + r)$,当 VT_2 进入稳
定状态(饱和导通)后,T 一次侧电流暂时恒定,无磁通量变化,T 二次侧的感应电压为零,VT_g
截止。这时 12V 低压电源经二极管 VD_d 加到绕组 L_a 上,维持 L_a 中的额定电流不变。当输入
的脉冲结束后,VT_1、VT_2、VT_g、VT_d 又都截止,储存在 L_a 中的能量通过 R_g、VD_g 及 U_g、U_d 构成
放电回路,R_g 使放电时回路时间常数减小,改善电流波形的后沿。放电电流的稳态值为
$(U_g - U_d)/(R_g + R_d + r)$ 。

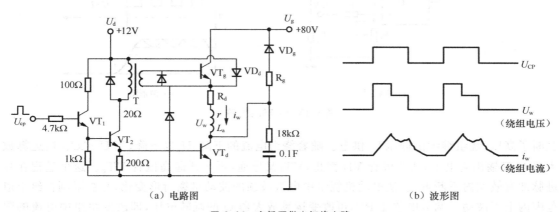

图 6.12 高低压供电切换电路

该电路由于采用高压驱动,电流增长加快,绕组上脉冲电流的前沿变陡,使电动机的转矩
和起动及运行频率都得到提高。又由于额定电流由低电压维持,故只需较小的限流电阻,功耗
较小。

该电路只供步进电动机的一相绕组工作,若为三相步进电动机则需三组电路供电,即步进
电动机有几相就需要几组高低电压切换驱动电路。

高低压切换也可通过定时来控制。在每一个步进脉冲到来时,高压脉宽由定时电路控制,
故称作高压定时控制驱动电源。

(2)恒流斩波电路

恒流斩波驱动电源也称定电流驱动电源,或称波顶补偿控制驱动电源。这种驱动电源的
控制原理是随时检测绕组的电流值,当绕组电流值降到下限设定值时,便使高压功率管导通,
使绕组电流上升,上升到上限设定值时,便关断高压管。这样,在一个步进周期内,高压管多次
通断,使绕组电流在上、下限之间波动,接近恒定值,提高了绕组电流的平均值,有效地抑制了
电动机输出转矩的降低。图 6.13 所示为恒流斩波电路原理图及波形。

高压功率管 VT_g 的通断同时受到步进脉冲信号 U_{CP} 和运算放大器 Q 的控制。在步进脉
冲信号 U_{CP} 到来时,一路经驱动电路驱动低压管 VT_d 导通,另一路通过 VT_1 和反相器 D_1 及驱
动电路驱动高压管 VT_g 导通,这时绕组由高压电源 U_g 供电。随着绕组电流的增加,反馈电阻
R_f 上的电压 U_f 不断升高,当升高到比 Q 同相输入电压 U_s 高时,Q 输出低电平,使晶体管 VT_1
的基极通过二极管 VD_1 接低电平。这时 VT_1 截止,反相器 D_1 输出低电平,这样,高压管 VT_g

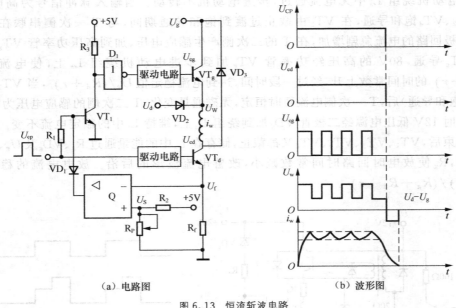

（a）电路图　　　　　　　　　　　　（b）波形图

图 6.13　恒流斩波电路

关断了高压，绕组继续由低压 U_d 供电。随着绕组电流的下降，U_f 也下降，当 $U_f < U_s$ 时，运算放大器 Q 又输出高电平，使二极管 VD_1 截止，VT_1 又导通，再次开通高压管 VT_g。这个过程在步进脉冲有效期内不断重复，使电动机绕组中电流波顶的波动呈锯齿形变化，并被限制在给定值范围内上下波动。调节电位器 RP，可改变运算放大器 Q 的翻转电压，即改变绕组中电流的限定值。运算放大器的增益越大，绕组的电流波动越小，电动机运转越平稳，电噪声也越小。

这种定电流控制的驱动电源，在运行频率不太高时，补偿效果明显。但运行频率升高时，因电动机绕组的通电周期缩短，高压管开通时绕组电流来不及升到整定值，所以波顶补偿作用就不明显了。通过提高高压电源的电压 U_g，可以使补偿频段提高。

（3）调频调压驱动电路

在电源电压一定时，步进电动机绕组电流的上冲值是随工作频率的升高而降低的，使输出转矩随电动机转速的提高而下降。要保证步进电动机高频运行时的输出转矩，就需要提高供电电压。前述的各种驱动电源都是为保证绕组电流有较好的上升沿和幅值而设计的，以有效地提高步进电动机的工作频率。但上述方法在低频运行时，会因绕组中注入过多的能量而引起电动机的低频振荡和噪声。调频调压驱动电路可以解决这个问题。

调频调压电路的基本原理是：当步进电动机在低频运行时，供电电压降低，当运行在高频段时，供电电压也升高，即供电电压随着步进电动机转速的增加而升高。这样，既解决了低频振荡问题，也保证了高频运行时的输出转矩。

在 CNC 系统中，可由软件配合适当硬件电路实现，如图 6.14 所示。U_{cp} 是步进控制脉冲信号，U_{ct} 是开关调压信号。U_{cp} 和 U_{ct} 都由 CPU 输出。当 U_{ct} 输出一个负脉冲信号，晶体管 VT_1 和 VT_2 导通，电源电压 U_1 作用在电感 L_s 和电动机绕组 W 上，L_s 感应出负电动势，电流逐渐增大，并对电容 C 充电，充电时间由负脉冲宽度 t_{on} 决定。在 U_{ct} 负脉冲过后，VT_1 和 VT_2 截止，L_s 又产生感应电动势，其方向是 U_2 处为正。此时，若 VT_3 导通，这个反电动势便经电动机绕组 W→R_s→VT_3→地→VD_1→L_s 回路泄放，同时电容 C 也向绕组 W 放电。由此可见，向电

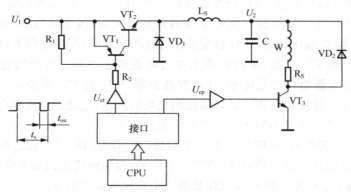

图 6.14　调频调压驱动电路

动机绕组供电的电压 U_2 取决于 VT_1 和 VT_2 的开通时间，即取决于负脉冲宽度 t_{on}。负脉冲宽度越大，U_2 越高。因此，根据 U_{cp} 的频率，调整 U_{ct} 的负脉冲宽度，便可实现调频调压。

（4）细分驱动电路

前述的各种驱动电源，都是按电动机工作方式轮流给各相绕组供电，每换一次相，电动机就转动一步，即每拍电动机转动一个步距角。为了制造方便、降低成本，步进电动机的步距角通常都比较大。要想获得小的转角有两种方法，一是采用减速传动，二是采用细分电源。前者结构复杂、费用高，减速比不能随意更改；后者采用细分电路，成本低且更容易实现。

如果在一拍中，通电相的电流不是一次达到最大值，而是分成多次，每次使绕组电流增加一些。每次增加，都使转子转过一小步。同样，绕组电流的下降也是分多次完成。即通过控制电动机各相绕组中电流的大小和比例，从而使步距角减少到原来的几分之一至几十分之一（一般不小于十分之一），因此，细分驱动也称微步驱动，它可以提高步进电动机的分辨率，减弱甚至消除振荡，会大大提高电动机运行的精度和平稳性。要实现细分，需将绕组中的矩形电流波变成阶梯形电流波。阶梯波控制信号可由很多方法产生，图 6.15 所示为一种恒频脉宽调制细分驱动电源。

可由计算机提供 D/A 转换器的数字信号，该信号是与步进电动机各相电流相对应的值，

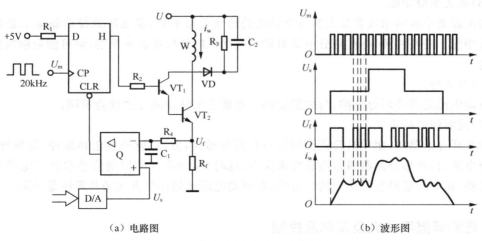

（a）电路图　　　　　　　　　　　　　　（b）波形图

图 6.15　恒频脉宽调制细分驱动电源

D 触发器的触发脉冲信号 U_m 也可由计算机提供。当 D/A 转换器接收到数字信号后,即转换成相应的模拟信号电压 U_s 加在运算放大器 Q 的同相输入端,因这时绕组中电流还没跟上,故 $U_f < U_s$,运算放大器 Q 输出高电平,D 触发器在高频触发脉冲 U_m 的控制下,H 端输出高电平,使功率晶体管 VT$_1$ 和 VT$_2$ 导通,电动机绕组中的电流迅速上升。当绕组电流上升到一定值时,$U_f > U_s$,运算放大器 Q 输出低电平,D 触发器清零,VT$_1$ 和 VT$_2$ 截止。以后当 U_s 不变时,由于运算放大器 Q 和触发器 D 构成的斩波控制电路的作用,使绕组电流稳定在一定值上下波动,即绕组电流稳定在一个新台阶上。当稳定一段时间后,再给 D/A 输入一个增加的电流数字信号,并启动 D/A 转换器,这样 U_s 上升一个台阶,和前述过程一样,绕组电流也跟着上一个阶梯。当减小 D/A 的输入数字信号,U_s 下降一个阶梯,绕组电流也跟着下降一个阶梯。由此,这种细分驱动电源,既实现了细分,又能保证每一个阶梯电流的恒定。

6.2.7 步进电动机驱动电源的选择

驱动电源是一种成熟的通用产品,有时为了缩短机电一体化系统的设计周期,可以从市场上直接购得。在选择步进电动机的驱动电源时,主要应该考虑以下几方面的问题。

(1)驱动电动机的类型

步进电动机分为永磁、反应和混合式三种,每种电动机又有不同的相数,必须清楚所选择的驱动电源用来驱动哪种类型的步进电动机。

(2)输出电流

输出电流的大小是步进电动机驱动电源的最重要的参数。通常所选择的驱动电源的最大电流要大于电动机的额定电流,一般在 1~10A 之间。

(3)输出电压

输出电压的高低是判断驱动器升速能力的标志,一般在 DC 24~310V 之间。

(4)输入电压

有些驱动电源直接使用 220V 交流的市电,但有些驱动电源需要市电经过变压器降压后供电,还有的驱动电源需要变压后的两个独立绕组供电,甚至有些驱动电源需要供给它直流电源。因此,在选择驱动电源时,要考虑到驱动电源本身的供电问题。

(5)有无细分功能

如果需要小的转角或者要求步进电动机的转动非常平稳,那么所选择的驱动电源最好带有细分功能。需要注意,有些细分电源对抑制电动机的低频振荡有帮助,但可能会影响微步矩的精度。

(6)有无环分

驱动电源是否带环分电路,与之配套的控制器分配脉冲的方式就会不同。

(7)控制信号的定义

带有环分电路时,驱动电源接受的信号有两种形式:方向、脉冲或正转脉冲、反转脉冲;不带环分电路时,环形分配器通常用软件来实现,这时,驱动电源的控制信号取决于电动机的相数。另外,还要清楚控制器送出的信号线,在驱动电源端的接线方式是共阴还是共阳。

6.3 直流伺服电动机及其速度控制

以直流电动机作为驱动元件的伺服系统称为直流伺服系统。因为直流伺服电动机实现调速比较容易,为一般交流电动机所不及,尤其是他励和永磁直流伺服电动机,其机械特性比较硬,所以直流电动机自 20 世纪 70 年代以来,在数控机床上得到了广泛的应用。

6.3.1　直流伺服电动机的结构与分类

直流伺服电动机的品种很多,根据磁场产生的方式,直流电动机可分为他励式、永磁式、并励式、串励式和复励式 5 种。永磁式用氧化体、铝镍钴、稀土钴等软磁性材料建立激磁磁场。在结构上,直流伺服电动机有一般电枢式、无槽电枢式、印制电枢式、绕线盘式和空心杯电枢式等。为避免电刷换向器的接触,还有无刷直流伺服电动机。根据控制方式,直流伺服电动机可分为磁场控制方式和电枢控制方式。永磁直流伺服电动机只能采用电枢控制方式,一般电磁式直流伺服电动机大多也用电枢控制方式。

在数控机床中,进给伺服系统常用的直流伺服电动机主要有以下几种。

(1)小惯性直流伺服电动机

小惯性直流伺服电动机因转动惯量小而得名。这类电动机一般为永磁式,电枢绕组有无槽电枢式、印制电枢式和空心杯电枢式 3 种。因为小惯量直流电动机最大限度地减小电枢的转动惯量,所以能获得最快的响应速度。在早期的数控机床上,这类伺服电动机应用得比较多。

(2)大惯量宽调速直流伺服电动机

大惯量宽调速直流伺服电动机又称直流力矩电动机。一方面,由于它的转子直径较大,线圈绕组匝数增加,力矩大,转动惯量比其他类型电动机大,且能够在较大过载转矩时长时间地工作,因此可以直接与丝杠相连,不需要中间传动装置。另一方面,由于它没有励磁回路的损耗,它的外形尺寸比类似的其他直流伺服电动机小。它还有一个突出的特点,是能够在较低转速下实现平稳运行,最低转速可以达到 1r/min,甚至 0.1r/min。因此,这种伺服电动机在数控机床上得到了广泛应用。

(3)无刷直流伺服电动机

无刷直流伺服电动机又叫无整流子电动机。它没有换向器,由同步电动机和逆变器组成,逆变器由装在转子上的转子位置传感器控制。它实质是一种交流调速电动机,由于其调速性能可达到直流伺服发电机的水平,又取消了换向装置和电刷部件,大大地提高了电动机的使用寿命。

6.3.2　直流伺服电动机的调速原理与方法

直流电动机是由磁极(定子)、电枢(转子)和电刷与换向片三部分组成。在此以他励式直流伺服电动机为例,研究直流电动机的机械特性。直流电动机的工作原理是建立在电磁定律的基础上,即电流切割磁力线,产生电磁转矩,如图 6.16 所示。电磁电枢回路的电压平衡方程式为

$$U_a = E_a + I_a R_a \tag{6-2}$$

式中,R_a 为电动机电枢回路的总电阻;U_a 为电动机电枢的端电压;I_a 为电动机电枢的电流;E_a 为电枢绕组的感应电动势。

当励磁磁通 Φ 恒定时,电枢绕组的感应电动势与转速成正比,则

$$E_a = C_E \Phi n \tag{6-3}$$

式中,C_E 为电动势常数,表示单位转速时所产生的电动势;n 为电动机转速。电动机的电磁转

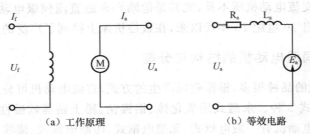

(a) 工作原理　　　　　　　　　(b) 等效电路

图 6.16 他励直流电动机工作原理图

矩为

$$T_\text{m} = C_\text{T} \Phi I_\text{a} \tag{6-4}$$

式中，T_m 为电动机电磁转矩；C_T 为转矩常数，表示单位电流所产生的转矩。

将式(6-2)～式(6-4)联立求解，即可得出他励式直流伺服电动机的转速公式为

$$n = \frac{U_\text{a}}{C_\text{E}\Phi} - \frac{R_\text{a}}{C_\text{E}C_\text{T}\Phi^2} T_\text{m} = n_0 - \frac{R_\text{a}}{C_\text{E}C_\text{T}\Phi^2} T_\text{m} \tag{6-5}$$

其中

$$n_0 = \frac{U_\text{a}}{C_\text{E}\Phi} \tag{6-6}$$

式中，n_0 为电动机理想空载转速。

直流电动机的转速与转矩的关系称为机械特性，机械特性是电动机的静态特性，是稳定运行时带动负载的性能。此时，电磁转矩与外负载相等。当电动机带动负载时，电动机转速与理想转速产生转速差 Δn，它反映了电动机机械特性的硬度，Δn 越小，表明机械特性越硬。

由直流伺服电动机的转速公式(6-5)可知，直流电动机的基本调速方式有三种，即调节电阻 R_a、调节电枢电压 U_a 和调节磁通 Φ 的值。但电枢电阻调速不经济，而且调速范围有限，很少采用。在调节电枢电压时，若保持电枢电流 I_a 不变，则磁场磁通 Φ 保持不变，由式(6-4)可知，电动机电磁转矩 T_m 保持不变，为恒定值，因此称调压调速为恒转矩调速。

调磁调速时，通常保持电枢电压 U_a 为额定电压，由于励磁回路的电流不能超过额定值，因此励磁电流总是向减小的趋势调整，使磁通下降，称为弱磁调速，此时转矩 T_m 也下降，则转速上升。调速过程中，电枢电压 U_a 不变，若保持电枢电流 I_a 也不变，则输出功率维持不变，故调磁调速又称为恒功率调速。

直流电动机调节电枢电压和调节磁通调速方式的机械特性曲线如图 6.17 所示。图中，n_N 为额定转矩 T_N 时的额定转速，Δn_N 为额定转速差。由图 6.17(a)可见，当调节电枢电压时，直流电动机的机械特性为一组平行线，即机械特性曲线的斜率不变，而只改变电动机的理想转速，保持了原有较硬的机械特性，所以数控机床伺服进给系统的调速采用调节电枢电压调速方式。由图 6.17(b)可见，调磁调速不但改变了电动机的理想转速，而且使直流电动机机械特性变软，所以调磁调速主要用于机床主轴电动机调速。

Δn_N 的大小与电动机的调速范围密切相关。如果 Δn_N 值比较大，不可能实现宽范围的调速。永磁式直流伺服电动机的机械特性的 Δn_N 值比较小，满足这一要求，因此，进给伺服系统常采用永磁式直流电动机。

6.3.3　直流伺服电动机速度控制单元的调速控制方式

直流伺服电动机速度控制单元的作用是将转速指令信号转换成电枢的电压值，达到速度

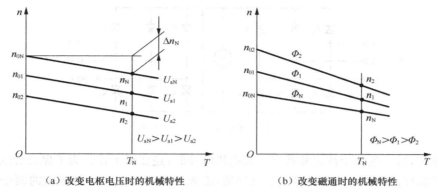

（a）改变电枢电压时的机械特性　　　　　　（b）改变磁通时的机械特性

图 6.17　直流电动机的机械特性

调节的目的。现代直流电动机速度控制单元常采用的调速方法有晶闸管（Semiconductor Control Rectifier，SCR）调速系统和晶体管脉宽调制（Pulse Width Modulation，PWM）调速系统。

1. 晶闸管调速系统

在大功率及要求不很高的直流伺服电动机调速控制中，晶闸管调速控制方式仍占主流。图 6.18 所示为晶闸管直流调速基本原理框图。由晶闸管组成的主电路在交流电源电压不变的情况下，通过控制电路可方便地改变直流输出电压的大小，该电压作为直流电动机的电枢电压 U_d，即可成为直流电动机的调压调速方式。图中，改变速度控制电压 U_0^* 即可改变电枢电压 U_d，从而得到速度控制电压所要求的电动机转速。由测速发电机获得的电动机实际转速电压 U_0 作为速度反馈与速度控制电压 U_0^* 进行比较，形成速度环，目的是改善电动机运行的机械特性。

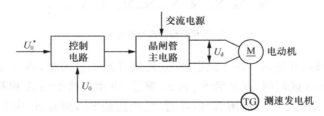

图 6.18　晶闸管直流调速原理框图

晶闸管调速系统采用的是大功率晶闸管，它的作用有两个，一是用作整流，将电网交流电源变为直流；将调节回路的控制功率放大，得到较高电压与较大电流以驱动电动机。二是在可逆控制电路中，电动机制动时，把电动机运转的惯性能转变为电能，并回馈给交流电网，实现逆变。为了对晶闸管进行控制，必须设有触发脉冲发生器，以产生合适的触发脉冲。该脉冲必须与供电电源频率及相位同步，保证晶闸管的正确触发。

在数控机床中，直流主轴电动机或进给直流伺服电动机的转速控制是典型的正反转速度控制系统，既可使电动机正转，又可使电动机反转，俗称四象限运行。晶闸管调速系统的主电路普遍采用三相桥式反并联可逆电路，如图 6.19 所示。它由 12 个可控硅大功率晶闸管组成，晶闸管分两组，每组按三相桥式连接，两组反并联，分别实现正转和反转。反并联是指两组变流桥反极性并联，由一个交流电源供电。每组晶闸管都有两种工作状态：整流和逆变。一组处

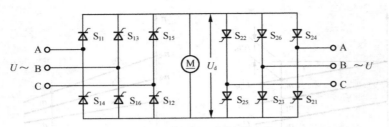

图 6.19　三相桥式反并联可逆电路

于整流工作时,另一组处于待逆变状态。在电机降速时,逆变组工作。为了保证合闸后两个串联的晶闸管能够同时导通或电流截止后再导通,必须对共阳极组和共阴极组的两个晶闸管同时发出脉冲。

三相全控桥式电路的电压波形如图 6.20 所示。图上所标出的晶闸管触发角 α 为 $\pi/3$。晶闸管以 $\pi/3$ 的间隔按次序开通,每 6 个脉冲电动机转 1 转。由于晶闸管以较快的速率被触发,所以流经电动机的电流几乎是连续的。

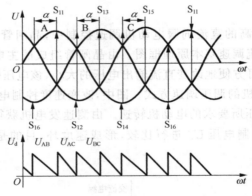

图 6.20　三相全控桥式电路的电压波形

当 $\omega t = \pi/6 + \alpha$ 时,开通 S_{11},而在此之前 S_{16} 已被开通了。因此,当 A 相电压波形在 $\pi/6 + \alpha < \omega t \leqslant \pi/6 + \alpha + \pi/3$ 区间时,晶闸管 S_{11} 和 S_{16} 导通,电动机端子与 A 相和 B 相接通,故 $U_d = U_{AB}$。当 $\omega t = \alpha + \pi/3 + \pi/6$ 时,晶闸管 S_{12} 开通,电流流经 S_{12},而且 S_{16} 由于受反向偏置而关断(自然或电网换向)。这时 S_{11} 和 S_{12} 导通,电动机两端电压 $U_d = U_{AC}$。就这样,每隔 $\pi/3$ 又有一只晶闸管被开通之后,重复上述过程。由波形图可见,只要改变触发角 α 的值,就可以改变电动机电压的输入值,进而调节直流电动机电枢的电流值,达到调节直流电动机速度的目的,但调速范围比较小,机械特性比较软,是一种开环控制方法。

在数控机床的伺服控制系统中,为满足调速范围的要求,引入速度反馈;为增加机械特性硬度,增加一个电流反馈环节,构成闭环控制系统。图 6.21 所示为数控机床中较常见的一种晶闸管直流双环调速系统图。该系统是典型的串级控制系统,内环为电流环,外环为速度环,驱动控制电源为晶闸管变流器。

速度调节器的作用是使电动机转速 n 跟随给定电压 U_n^* 变化,保证转速稳态无静差;对负载变化起抗干扰作用;速度调节器输出限幅值决定电枢主回路的最大允许电流值 I_{dm}。电流调节器对电网电压波动起到及时抗干扰的作用,启动时保证获得允许的最大电流 I_{dm};在转速调节过程中,使电枢电流跟随其给定电压值变化;当电动机过载甚至堵转时,即有很大的负载

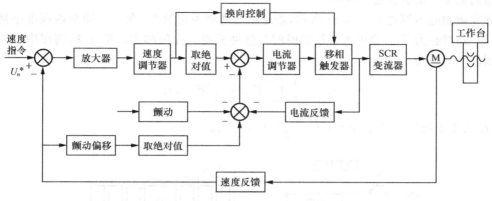

图 6.21　直流双环调速系统

干扰时,可以限制电枢电流的最大值,从而起到快速的过电流安全保护作用,如果故障消失,系统能自动恢复正常工作。

直流晶闸管调速系统的工作原理阐述如下。

① 当速度指令信号增大时,速度调节器输入端的偏差信号加大,速度调节器的放大器输出随之增加,电流调节器输入和输出同时增加,因此使触发器的输出脉冲前移(即减小晶闸管触发角 α 的值),SCR 变流器输出电压增高,电动机转速上升。同时速度检测信号值增加,当达到给定的速度值时,偏差信号为 0,系统达到新的平衡状态,电动机按指令速度运行。当电动机受到外负载干扰,如外负载增加时,转速下降,速度调节器输入偏差增大,与前面产生同样的调节效果。

② 当电网电压产生波动时,如电压减小,主回路电流随之减小。这时,电动机由于转动惯量速度尚未发生改变,但电流调节器的输入偏差信号增加,输出增加,使触发器脉冲前移,SCR变流器输出电压增加,使电流恢复到指定值,从而抑制了主回路电流的变化,起到了维持主回路电流的作用。

③ 当速度给定信号为一个阶跃信号时,电流调节器输入一个很大的值,但其输出值已达到整定的饱和值。此时电动机以系统控制的最大极限电流运行(一般为额定值的 2～4 倍),从而使电动机在加速过程中始终保持最大转矩和最大加速度状态,以缩短启动、制动过程。

双环调速系统具有良好的动、静态指标,其启、制动过程快,可以最大限度地利用电动机的过载能力,使电动机运行在极限转矩的最佳过渡过程。其缺点是在低速轻载时,电枢电流出现断续现象,机械特性变软,总放大倍数降低,动态品质恶化。为此可采取电枢电流自适应调节方案,也可以增加一个电压调节器内环,组成三环系统来解决。

2. PWM 调速控制系统

与晶闸管相比,功率晶体管控制电路简单,不需要附加关断电路,开关特性好。目前功率晶体管的耐压性能及制造工艺都已大大提高,因此,在中、小功率直流伺服系统中,PWM 方式驱动系统已得到了广泛应用。

所谓脉宽调制,就是使功率晶体管工作于开关状态,开关频率保持恒定,用改变开关导通时间的方法来调整晶体管的输出,使电动机两端得到宽度随时间变化的电压脉冲。当开关在每一周期内的导通时间随时间发生连续变化时,电动机电枢得到的电压的平均值也随时间连续地发生变化,而由于内部的续流电路和电枢电感的滤波作用,电枢上的电流则连续地改变,从而达到调节电动机转速的目的。

脉宽调制基本原理如图 6.22 所示,若脉冲的周期固定为 T,在一个周期内高电平持续的时间(导通时间)为 T_{on},高电平持续的时间与脉冲周期的比值称为占空比 λ,则图中直流电动机电压的平均值为

$$\overline{U_a} = \frac{1}{T}\int_0^{T_{on}} E_{dt} = \frac{T_{on}}{T}E = \lambda E \tag{6-7}$$

式中,E 为电源电压;λ 为占空比,$\lambda = \dfrac{T_{on}}{T}$,$0 < \lambda < 1$。

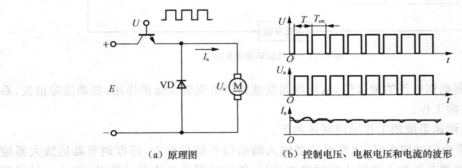

(a) 原理图　　　　　(b) 控制电压、电枢电压和电流的波形

图 6.22　PWM 脉宽调制原理图

当电路中开关功率晶体管关断时,由二极管 VD 续流,电动机便可以得到连续电流。实际的 PWM 系统先产生微电压脉宽调制信号,再由该脉冲信号去控制功率晶体管的导通与关断。

(1)晶体管脉宽调制系统的组成原理

图 6.23 为脉宽调制系统组成原理图。该系统由控制部分、功率晶体管放大器和全波整流器三部分组成。控制部分包括速度调节器、电流调节器、固定频率振荡器、三角波发生器、脉宽调制器和基极驱动电路。其中速度调节器和电流调节器与晶闸管调速系统相同,控制方法仍然是采用双环控制。不同部分是脉宽调制器、基极驱动电路和功率放大器。

与晶闸管调速系统相比,晶体管脉宽调制系统有以下特点。

① 频带宽。晶体管的结电容小,截止频率高,比晶闸管高一个数量级。因此,PWM 系统的开关工作频率一般为 2kHz,有的高达 5kHz,使电流的脉动频率远远超过机械系统的固有频率,避免机械系统由于机电耦合产生共振。

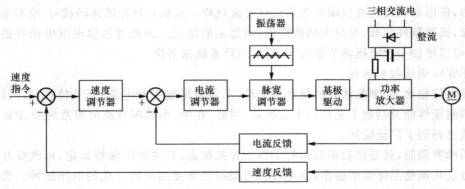

图 6.23　脉宽调制系统原理图

另外,晶闸管调速系统开关频率依赖于电源的供电频率,无法提高系统的开关工作频率,因此系统的响应速度受到限制。而 PWM 系统在与小惯量电动机相匹配时,可充分发挥系统的性能,获得很宽的频带,使整体系统的响应速度增高,能实现极快的定位速度和很高的定位精度,适合于起动频繁的工作场合。

② 电流脉动小。电动机为感性负载,电路的电感值与频率成正比,因而电流的脉动幅值随开关频率的升高而降低。PWM 系统的电流脉动系数接近于 1,电动机内部发热小,输出转矩平稳,有利于电动机低速运行。

③ 电源功率因数高。在晶闸管调速系统中,随开关导通角的变化,电源电流发生畸变,在工作过程中,电流为非正弦波,从而降低了功率因数,且给电网造成污染。这种情况,导通角越小越严重。而 PWM 系统的直流电源,相当于晶闸管导通角最大时的工作状态,功率因数可达 90%。

④ 动态硬度好。PWM 系统的频带宽,校正伺服系统负载瞬时扰动的能力强,提高了系统的动态硬度,且具有良好的线性,尤其是接近零点处的线性好。

(2)脉宽调制器

脉宽调制器的作用是将电压量转换成可由控制信号调节的矩形脉冲,即为功率晶体管的基极提供一个宽度可由速度指令信号调节且与之成比例的脉宽电压。在 PWM 调速系统中,电压量为电流调节器输出的直流电压量,该电压量是由数控装置插补器输出的速度指令转化而来。经过脉宽调制器变为周期固定、脉宽可变的脉冲信号,脉冲宽度的变化随着速度指令而变化。由于脉冲周期不变,脉冲宽度的改变将使脉冲平均电压改变。

脉宽调制器种类很多,但从结构上看,都是由调制信号发生器和比较放大器两部分组成。调制信号发生器有三角波和锯齿波两种。下面以三角波发生器为例,介绍脉宽调制的原理,结构如图 6.24 所示,这种结构适合于双极性可逆式开关功率放大器。

图 6.24(a)的上面部分为三角波发生器,三角波发生器由二级运算放大器组成。第一级运算放大器 Q_1 是频率确定的自激方波发生器,其输出端输出方波给前一级的积分器 Q_2(由运算放大器 Q_2 构成),形成三角波。它的工作过程如下:设在电源接通瞬间,放大器 Q_1 的输出电压 u_B 为其负电源电压 $-u_d$,被送到 Q_2 的反向输入端。Q_2 组成积分器,输出电压 u_A 按线性比例关系逐渐上升。同时 u_A 又通过 R_5 反馈到 Q_1 的输入端,形成正反馈,与 u_B(通过 R_2 反馈到 Q_1 的输入端)进行比较,当比较结果大于零时,Q_1 立即翻转。由于正反馈的作用,其输出 u_B 瞬时达到最大值 $+u_d$,即 Q_1 的正电压值。此时,$t=t_1$,$u_A=(R_5/R_2)u_d$。在 $t_1<t<T$ 时间区间内,由于 Q_2 的输入端为 $+u_d$,所以积分器 Q_2 的输出 u_A 线性下降。当 $t=T$ 时,u_A 与 u_B 的比较结果略小于零,Q_1 再次翻转回原来的状态 $-u_d$,即 $u_B=-u_d$,而 $u_A=-(R_5/R_2)u_d$。如此反复,形成自激振荡,于是 Q_2 的输出端便得到一串三角波电压信号 u_A。

图 6.24(a)的下面部分为比较放大电路,这部分电路实现了如图 6.24(b)所示的 u_1、u_2、u_3 和 u_4 的电压波形。晶体管 VT_1、VT_2、VT_3 和 VT_4 的基极输入分别与比较器 Q_3、Q_4、Q_5 和 Q_6 的输出相连,输出波形与放大器的输出波形相对应,在系统中起驱动放大的作用。这 4 个比较器输入的比较电压信号都是控制电压 u_{er}(由电流调节器输出)和三角波信号 u_A。u_{er} 和 u_A 直接求和信号分别输出给 Q_3 的负输出端和 Q_4 的正输入端。u_{er} 通过 Q_7 求反后和 u_A 直接求和信号分别输出给 Q_5 的负输出端和 Q_6 的正输入端。这样 Q_3 和 Q_4 的输出电平相反,Q_5 和 Q_6 的输出电平相反。当控制电压 $u_{er}=0$ 时,各比较器输出的基集驱动信号皆为方波,而 4 个晶体管 VT_1、VT_2、VT_3 和 VT_4 的基极输入信号 u_1、u_2、u_3 和 u_4 也是方波。如图 6.24 (b)所示,当

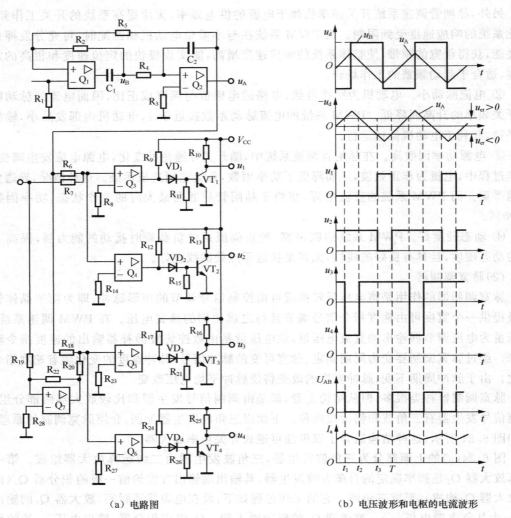

（a）电路图　　　　　　　　　（b）电压波形和电枢的电流波形

图 6.24　脉宽调制器

控制电压 $u_{er}<0$ 时，u_1 的高电平宽度小于低电平，而 u_2 的高低电平宽度正好与 u_1 相反；u_3 的高电平宽度大于低电平，而 u_4 的高低电平宽度正好与 u_3 相反。同样可以分析出 $u_{er}>0$ 时情况。可见，改变控制电压 u_{er}，即可改变输出电压 u_{AB} 的波形宽度，这就实现了脉宽调制。

（3）开关功率放大器

开关功率放大器是脉宽调制速度单元的主回路，其结构形式有两种，一种是 H 型（也称桥式），另一种是 T 型。每种电路又有单极性工作方式和双极性工作方式之分，而各种不同的工作方式又可组成可逆开关放大电路和不可逆开关放大电路。图 6.25 所示为广泛使用的 H 型开关电路及工作原理图。它是由 4 个二极管和 4 个功率管组成的桥式回路。直流供电电源 $+E_d$ 由三组全波整流电源供电。将脉宽调制器输出的脉冲波 u_1、u_2、u_3 和 u_4 经光电隔离器，转换成与各脉冲相位和极性相同的脉冲信号 U_1、U_2、U_3 和 U_4，并将其分别加到开关功率放大器的基极。当电动机正常工作时，在 $0<t<t_1$ 的时间区间内，U_2、U_3 为高电平，功率晶体管 VT_2、VT_3 饱和导通，此时电源 $+E_d$ 加到电枢的两端，向电动机供给能量，电流方向是电源 $+E_d \rightarrow VT_3 \rightarrow$ 电动机电枢 $\rightarrow VT_2 \rightarrow$ 电源。在 $t_1 \leqslant t<t_2$ 时，U_1 和 U_3 均为低电平，VT_1 和 VT_3 截

止,电源＋E_d被切断。而此时U_2为正,因此由于电枢电感的作用,电流经 VT_2 和续流二极管 VD_4 继续流通。在 $t_2 \leqslant t < t_3$ 时,U_2 和 U_3 又同时为正,电源＋E_d又经 VT_2 和 VT_3 加至电动机电枢的两端,电流继续流通。在 $t_3 \leqslant t < T$ 时,U_2 和 U_4 同时为负,电源＋E_d又被切断,而 U_3 为正,所以电枢电流经 VT_3 和 VD_1 续流。如此反复,主回路中得到的电压波形U_{AB}和电枢的电流波形 I_a 如图 6.24(b)所示。U_{AB}是在＋E_d和 0 之间变化的脉冲电压。而由于电源切断时二极管的续流和电动机电枢电感的滤波作用,电枢电压 I_a 则连续在波动。

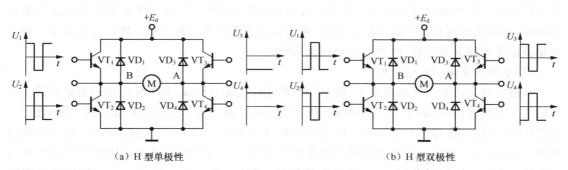

(a) H 型单极性　　　　　　　　　　　　(b) H 型双极性

图 6.25　开关功率放大器

从上述的电路工作过程的分析中可以发现,开关电路输出的电压频率比每个晶体管开关频率高 1 倍,从而弥补了大功率晶体管开关频率不能做得很高的缺馅,改善了电枢电流的连续性,这也是这种电路被广泛采用的原因之一。

上述介绍的两种直流电动机调速方法都是模拟控制方法,而全数字调制是最先进的调速方法。在全数字伺服调速系统中,仅功率放大元件和执行元件的输入信号和输出信号为模拟信号,其余信号都为数字信号,由计算机通过算法实现。在几毫秒内,计算机可以完成电流和转速的检测,计算出电流环和速度环的输入输出数值,产生控制波形的数据,控制电动机的转速和转矩。

6.4　交流伺服电动机及其速度控制系统

如前所述,由于直流电动机具有优良的调速性能,因此长期以来,在调速性能要求较高的场合,直流电动机调速一直占据主导地位。但是由于它的电刷和换向的磨损,有时会产生火花,换向器由多种材料制成,制作工艺复杂,电动机的最高速度受到限制,且直流电动机结构复杂,成本较高,所以在使用上受到一定的限制。而近年来交流电动机得到飞速发展,它不仅克服了直流电动机结构上存在整流子、电刷维护困难、造价高、寿命短、应用环境受限等缺点,同时又充分发挥了交流电动机坚固耐用、经济可靠、动态响应好、输出功率大等优点。因此,在某些场合,交流伺服电动机已逐渐取代直流伺服电动机。

6.4.1　交流伺服电动机的分类与特点

在数控机床上应用的交流电动机一般都为三相。交流伺服电动机分为异步型交流伺服电动机和同步型交流伺服电动机。

从建立所需气隙磁场的磁势源来说,同步型交流电动机可分为电磁式及非电磁式两大类。在后一类中又有磁滞式、永磁式和反应式多种。其中磁滞式和反应式同步电动机存在效率低、功率因数差、制造容量不大等缺点。永磁式同步电动机与电磁式同步电动机相比,其优点是结构简单、运行可靠、效率高;缺点是体积大、起动特性欠佳。但采用高剩磁感应、高矫顽力的稀土类磁铁材料后,电动机在外形尺寸、质量及转子惯量方面都比直流电动机大幅减小。与异步交流伺服电动机相比,由于采用永磁铁励磁消除了励磁损耗,所以效率高;其体积也比异步交流伺服电动机小,所以在数控机床进给驱动系统中多数采用永磁式同步电动机。

异步型交流伺服电动机相当于交流感应异步电动机,它与同容量的直流电动机相比,质量轻,价格便宜;它的缺点是其转速受负载的变化影响较大,同时不能经济地实现范围较广的平滑调速,必须从电网吸收滞后的励磁电流,因而会使电网功率因数变坏。所以进给运动一般不用异步型交流伺服电动机,而用在主轴驱动系统中。

(1)永磁式交流同步电动机

永磁式交流同步电动机由定子、转子和检测元件三部分组成,其工作原理与电磁式同步电动机的工作原理相同,即定子三相绕组产生的空间旋转磁场和转子磁场相互作用,带动转子一起旋转;所不同的是转子磁极不是由转子的三相绕组产生,而是由永久磁铁产生,其工作原理如图6.26所示。当定子三相绕组通以交流电后,产生一旋转磁场,这个旋转磁场以同步转速n_s旋转。根据磁极的同性相斥、异性相吸的原理,定子旋转磁场与转子永久磁场磁极相互吸引,并带动转子一起旋转,因此转子也将以同步转速n_s旋转。当转子轴加上外负载转矩时,转子磁极的轴线将与定子磁极的轴线相差一个θ角,若负载增大,θ也随之增大。只要外负载不超过一定限度,转子就会与定子旋转磁场一起旋转。若设其转速为n_r,则

$$n_r = n_s = 60f_1/p \tag{6-8}$$

式中,f_1为交流供电电源频率(定子供电频率),Hz;p为定子和转子的极对数。

永磁式交流同步伺服电动机的转速—转矩曲线如图6.27所示。曲线分为连续工作区和断续工作区两部分。在连续工作区内,速度与转矩的任何组合,都可以连续工作。连续工作区的划分有两个条件:一是供给电动机的电流是理想的正弦波;二是电动机工作在某一特定的温度下。断续工作区的极限,一般受到电动机的供电限制。交流电动机的机械特性一般要比直流电动机硬。另外,断续工作区较大时,有利于提高电动机的加、减速能力,尤其是在高速区。

永磁式交流同步电动机的缺点是起动难。这是由于转子本身的惯量、定子与转子之间的转速差过大,使转子在起动时所受的电磁转矩的平均值为零所致,因此电动机难以起动。解决

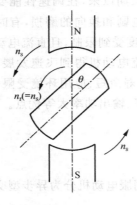

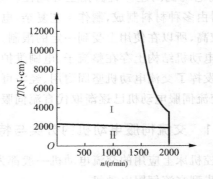

图6.26 永磁式交流同步电动机的工作原理　　　图6.27 永磁式交流同步电动机工作特性曲线

Ⅰ—连续工作区;Ⅱ—断续工作区

的办法是在设计时设法减小电动机的转动惯量,或在速度控制单元中采取先低速后高速的控制方法。

(2)交流主轴电动机

交流主轴电动机是基于感应电动机的结构而专门设计的。通常为增加输出功率、缩小电动机体积,采用定子铁心在空气中直接冷却的方法,没有机壳,且在定子铁心上做有通风孔。因此电动机外形多呈多边形而不是常见的圆形。转子结构与普通感应电动机相同。在电动机轴尾部安装检测用的码盘。为了满足数控机床切削加工的特殊要求,也出现了一些新型主轴电动机,如液体冷却主轴电动机和内装主轴电动机等。

交流主轴电动机与普通感应式伺服电动机的工作原理相同。由电工学原理可知,在电动机定子的三相绕组通以三相交流电时,就会产生旋转磁场,这个磁场切割转子中的导体,导体感应电流与定子磁场相作用产生电磁转矩,从而推动转子转动,其转速 n_r 为

$$n_r = n_s(1-s) = \frac{60f_1}{p}(1-s) \tag{6-9}$$

式中,n_s 为同步转速,r/min;f_1 为交流供电电源频率(定子供电频率),Hz;s 为转差率,$s = (n_s - n_r)/n_s$;p 为极对数。

同感应式伺服电动机一样,交流主轴电动机需要转速差才能产生电磁转矩,所以电动机的转速低于同步转速,转速差随外负载的增大而增大。

6.4.2 交流电动机控制方式

每台电动机都有额定转速、额定电压、额定电流和额定频率。国产电动机通常的额定电压是 220V 或 380V,额定频率为 50Hz。当电动机在额定值运行时,定子铁芯达到或接近磁饱和状态,电动机温升在允许的范围内,电动机连续运行时间可以很长。在变频调速过程中,电动机运行参数发生了变化,这可能破坏电动机内部的平衡状态,严重时会损坏电动机。由电工学原理可知

$$U_1 \approx E_1 = 4.44 f_1 N_1 K_1 \Phi_m \tag{6-10}$$

$$\Phi_m \approx \frac{1}{4.44 N_1 K_1} \frac{U_1}{f_1} \tag{6-11}$$

$$T_m = C_M \Phi_m I_2 \cos\varphi_2 \tag{6-12}$$

式中,f_1 为定子供电电压频率;N_1 为定子每相绕组匝数;K_1 为定子每相绕组等效匝数系数;U_1 为定子每相相电压;E_1 为定子每相绕组感应电动势;Φ_m 为每极气隙磁通量;T_m 为电动机电磁转矩;I_2 为转子电枢电流;φ_2 为转子电枢电流的相位角,C_M 为电磁常数。

由于 N_1、K_1 为常数,Φ_m 与 U_1/f_1 成正比。当电动机在额定参数下运行时,Φ_m 达到临界饱和值,即 Φ_m 达到额定值 Φ_{mN}。而在电动机工作过程中,要求 Φ_m 必须在额定值以内,所以 Φ_m 的额定值为界限,供电频率低于额定值 f_{1N} 时,称为基频以下调速,高于额定值 f_{1N} 时,称为基频以上调速。

(1)基频以下调速

由式(6-11)可知,当 Φ_m 处在临界饱和值不变时,降低 f_1,必须按比例降低 U_1,以保持 U_1/f_1 为常数。若 U_1 不变,则使定子铁芯处于过饱和供电状态,不但不能增加 Φ_m,而且会烧坏电动机。

当在基频以下调速时,Φ_m 保持不变,即保持定子绕组电流不变,电动机的电磁转矩 T_m 为

常数,称为恒转矩调速,满足数控机床主轴恒转矩调速运行的要求。

（2）基频以上调速

在基频以上调速时,频率高于额定值 f_{1N},受电动机耐压的限制,相电压 U_1 不能升高,只能保持额定值 Φ_{mN} 不变。在电动机内部,由于供电频率的升高,使感抗增加,相电流降低,使 Φ_m 减小,由式(6-12)可知输出转矩 T_m 减小,但因转速提高,使输出功率不变,因此称为恒功率调速,满足数控机床主轴恒功率调速运行的要求。

当频率很低时,定子阻抗压降已不能忽略,必须人为地提高定子电压 U_1,用以补偿定子阻抗压降。

图 6.28 为交流电动机变频调速的特性曲线。

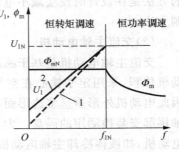

图 6.28 交流电动机变频调速的特性曲线
1—不带定子阻抗压降补偿; 2—带定子阻抗压降补偿

6.4.3 交流伺服电动机的变频调速

由式(6-8)和式(6-9)可见,只要改变交流伺服电动机的供电频率,即可改变交流伺服电动机的转速,所以交流伺服电动机调速应用最多的是变频调速。

变频调速的主要环节是为电动机提供频率可变电源的变频器。变频器可分为交—交变频和交—直—交变频两种,如图 6.29 所示。交—交变频,利用晶闸管整流器直接将工频交流电(频率 50Hz)变成频率较低的脉动交流电,正组输出正脉冲,反组输出负脉冲,这个脉动交流电的基波就是所需的变频电压。但这种方法所得到的交流电波动比较大,而且最大频率即为变频器输入的工频电压频率。

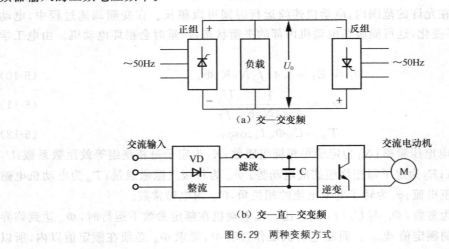

（a）交—交变频

（b）交—直—交变频

图 6.29 两种变频方式

交—直—交变频方式是先将交流电整流成直流电,然后将直流电压变成矩形脉冲波电压,这个矩形脉冲波的基波就是所需的变频电压。这种调频方式所得交流电的波动小,调频范围比较宽,调节线性度好。因此,数控机床上常采用交—直—交变频调速。

在交—直—交变频中,根据中间直流电压是否可调,可分为中间直流电压可调 PWM 逆变器和中间直流电压固定的 PWM 逆变器。根据中间直流电路上的储能元件是大电容还是大电感,可分为电压型逆变器和电流型逆变器。

SPWM 变频器是目前应用最广、最基本的一种交—直—交型电压型变频器,也称为正弦波 PWM 变频器,具有输入功率因数高和输出波形好等优点,不仅适用于永磁式交流同步电动机,也适用于交流感应异步电动机,在交流调速系统中获得广泛应用。

SPWM 逆变器是用来产生正弦脉宽调制波,如图 6.30 所示,正弦波的形成原理是把一个正弦半波分成 N 等分,然后把每一等分的正弦曲线与横坐标所包围的面积都用一个与此面积相等的高矩形脉冲来代替,这样可得到 N 个等高而不等宽的脉冲。这 N 个脉冲对应着一个正弦波的半周。对正弦波的负半周也采取同样处理,得到相应的 $2N$ 个脉冲,这就是与正弦波等效的正弦脉宽调制波,即 SPWM 波。

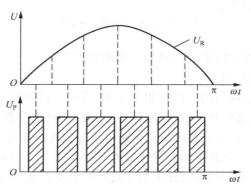

图 6.30　与正弦波等效的矩形脉冲波

SPWM 波形可采用模拟电路,以"调制"方法实现。SPWM 调制是用脉冲宽度不等的一系列矩形脉冲去逼近一个所需要的电压信号,它是利用三角波电压与正弦参考电压相比较,以确定各分段矩形脉冲的宽度。图 6.31 所示为三角波调制法原理图,在电压比较器 Q 的两输入端分别输入正弦波参考电压 U_R 和频率与幅值固定不变的三角波电压 U_Δ,在 Q 的输出端便得到 PWM 调制电压脉冲。PWM 脉冲宽度确定可由图 6.31(b)看出,当 $U_\Delta < U_R$ 时,Q 输出端为高电平;而 $U_\Delta > U_R$ 时,Q 输出端为低电平。U_R 与 U_Δ 的交点之间的距离随正弦波的大小而变化,而交点之间的距离决定了比较器 Q 输出脉冲的宽度,因而可以得到幅值相等而宽度不等的 PWM 脉冲调制信号 U_P,且该信号的频率与三角波电压 U_Δ 相同。

要获得三相 SPWM 脉宽调制波形,则需要三个互成 120°的控制电压 U_A、U_B、U_C 分别与同一三角波比较,获得三路互成 120°SPWM 脉宽调制波 U_{0A}、U_{0B}、U_{0C}。图 6.32 所示为三相 SPWM 波的调制原理,而三相控制电压 U_A、U_B、U_C 的幅值和频率都是可调的。三角波频率为正

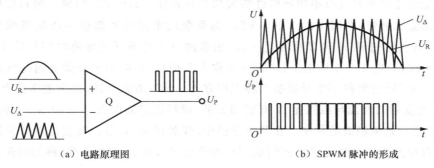

（a）电路原理图　　　　　　　　　（b）SPWM 脉冲的形成

图 6.31　三角波调制法原理图

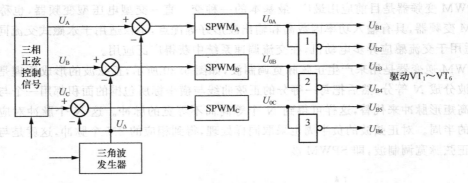

图 6.32 三相 SPWM 控制电路框图

弦波频率 3 倍的整数倍,所以保证了三路脉冲调制波形 U_{0A}、U_{0B}、U_{0C} 和时间轴所组成的面积随时间的变化互成 120° 相位角。

三相电压型 SPWM 变频器的主回路如图 6.33 所示。该回路由两部分组成,即左侧的桥式整流电路和右侧的逆变器电路,逆变器是其核心。桥式整流电路的作用是将三相工频交流电变成直流电;而逆变器的作用则是将整流电路输出的直流电压逆变成三相交流电,驱动电动机运行。直流电源并联有大容量电容器件 C_d,由于存在这个大电容,直流输出电压具有电压源特性,内阻很小,这使逆变器的交流输出电压被钳位为矩形波,与负载性质无关,交流输出电流的波形与相位则由负载功率因数决定。在异步电动机变频调速系统中,这个大电容同时又是缓冲负载无功功率的储能元件。直流回路电感 L_d 起限流作用,电感量很小。

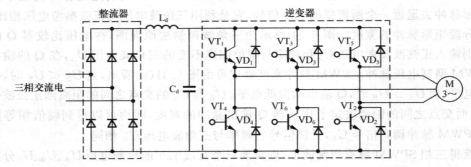

图 6.33 三相电压型 SPWM 变频器主电路

三相逆变电路由 6 只具有单向导电性的大功率开关管 $VT_1 \sim VT_6$ 组成。每只功率开关上反并联一只续流二极管,即图中的 $VD_1 \sim VD_6$,为负载的电流滞后提供一条反馈到电源的通路。6 只功率开关管每隔 60° 电角度导通一只,相邻两只的功率开关导通时间相差 120°,一个周期共换向 6 次,对应 6 个不同的工作状态(又称为六拍)。根据功率开关导通持续的时间不同,可以分为 180° 导通型和 120° 导通型两种工作方式。导通方式不同,输出电压波形也不同。

SPWM 逆变器的性能与载频比 N 有密切关系,载频比定义为 $N = f_c / f$。f_c 代表三角载波的频率,f 是正弦调制波的频率。在调速过程中,视载频比 N 是否改变可以分为同步调制和异步调制两种方式。在改变 f 的同时成正比地改变 f_c,使 N 保持不变,称为同步调制。采用同步调制的优点是可以保证输出波形的对称性。在改变 f 的同时 f_c 的值保持不变,则 N 值不断变化,称为异步调制。采用异步调制的优点是可以使逆变器低频运行时 N 加大,相应地减小谐波含量,以减轻电动机的谐波损耗和转矩脉动。实用的 GTR 逆变器常采用分段同步调制的方案,低速段采用异步调制,高速段分段同步化,N 值逐级改变。

图 6.34 为 SPWM 变频调速系统框图。速度(频率)给定器给定信号,用以控制频率、电压及正反转;平稳启动回路使启动加、减速时间可随机械负载情况设定达到软启动目的;函数发生器是为了在输出低频信号时,保持电动机气隙磁通一定,补偿定子电压降的影响而设。电压频率变换器将电压信号转换成具有一定频率的脉冲信号,经分频器、环形计数器产生方波,和经三角波发生器产生的三角波一并送入调制回路;电压调节器和电压检测器构成闭环控制,电压调节器产生频率与幅值可调的控制正弦波,送入调制回路;在调制回路中进行 SPWM 变换产生三相的脉冲宽度调制信号;在基极回路中输出信号至功率晶体管基极,即对 SPWM 的主回路进行控制,实现对永磁交流伺服电动机的变频调速;电流检测器进行过载保护。

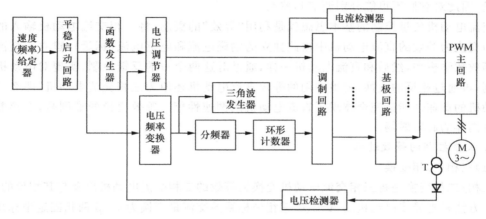

图 6.34　SPWM 变频调速系统框图

SPWM 控制信号可用多种方法产生,上面介绍的是模拟电路实现的 SPWM 变频,其缺点是所需硬件比较多,而且不够灵活,改变参数和调试比较麻烦。而由数字电路实现的 SPWM 逆变器,则采用以软件为基础的控制模式,其优点是所需硬件少,灵活性好,智能性强,但需要通过计算确定 SPWM 的脉冲宽度,有一定的延时和响应时间。随着高速、高精度多功能微处理器、微控制器和 SPWM 专用芯片的出现,采用微机控制的数字化 SPWM 技术已占当今 SP-WM 逆变器的主导地位,人们倾向于用微处理器或单片机来合成 SPWM 信号,生产出全数字的变频器。用微处理器合成 SPWM 信号,通常使用算法计算后形成表格,存于内存中;在工作过程中,通过查表方式,控制定时器定时输出三相 SPWM 调制信号;而通过外部硬件电路延时和互锁处理,形成六路信号。但由于受到计算速度和硬件性能的限制,SPWM 的调制频率及系统的动态响应速度都不能达到很高。在闭环变频调速系统中,采用一般的微处理器实现纯数字的速度调节和电流调节比较困难。目前,具有代表性的 PWM 专用芯片有美国 Intel 公司的 8XC196MC 系列、日本电气(NEC)公司的 PD78336 系列和日本日立公司的 SH7000 系列。

6.4.4　交流伺服电动机的矢量控制

矢量控制又称磁场定向控制,是由德国的 F. Blasche 于 1971 年提出的。交流伺服电动机可以利用 SPWM 进行矢量变频调速控制,使得交流调速真正获得如同直流调速同样优良的理想性能。经过 40 多年的工业实践的考验、改进和提高,目前广泛应用于工业生产实践中。

1. 矢量控制的基本原理

直流电动机能获得优异的调速性能,其根本原因是与电动机电磁转矩 T_m 相关的是互相独立的两个变量——励磁磁通 Φ 和电枢电流 I_a。由直流电动机理论可知,如果补偿绕组完全补偿了电枢反应,即完全克服了电枢电流对励磁磁通的影响,若略去磁路饱和的影响,电刷又置于几何中心线上,则励磁磁通仅正比于励磁电流,而与电枢电流 I_a 无关。在空间上,励磁磁通 Φ 与电枢电流 I_a 正交,使 Φ 与 I_a 形成两个独立变量,由直流电动机电磁转矩表达式(6-4)可知,分别控制励磁电流和电枢电流,即可方便地进行转矩与转速的线性控制。而交流电动机则不同,根据交流电动机理论中异步电动机电磁转矩关系式(6-12)可知,其电磁转矩与气隙磁通 Φ_m 和转子电流 I_2 成正比,交流电动机的定子通三相正弦对称交流电时产生随时间和空间都在变化的旋转磁场,因而磁通是空间交变矢量。磁通 Φ_m 与转子电流 I_2 不正交,它们不再是独立的变量,因此对它们不可能分别调节和控制。

交流电动机矢量控制的基本思想就是利用"等效"的概念,将三相交流电动机输入的电流(矢量)变换为等效的直流电动机中彼此独立的励磁电流和电枢电流(标量),建立起交流电动机的等效数学模型,然后和直流电动机一样,通过对这两个量的反馈控制,实现对电动机的转矩控制;再通过相反的变换,将被控制的等效直流电动机还原为三相交流电动机,那么三相交流电动机的调速性能就完全体现了直流电动机的调速性能。等效变换的准则是,变换前后必须产生同样的旋转磁场。

2. 矢量控制的等效过程

(1)三相/二相变换

三相/二相变换是将三相交流电动机变换为等效的二相交流电动机以及与其相反的变换。采用的方法是把异步电动机的 A、B、C 三相坐标系的交流量变换为 $\alpha-\beta$ 两相固定坐标系的交流量。如图 6.35 所示,在空间互成 120°的异步电动机三个固定定子绕组 A、B、C 上,通以三相正弦平衡交流电流 i_A、i_B、i_C,这样一个三相异步电动机可以用一个二相电动机来等效,该二相电动机两个固定定子绕组 α、β 在空间正交。等效条件是两相电流 i_α、i_β 与三相电流 i_A、i_B、i_C 满足如下关系,即

$$\begin{bmatrix} i_\alpha \\ i_\beta \end{bmatrix} = \sqrt{\frac{2}{3}} \begin{bmatrix} \cos 0 & \cos \frac{2}{3}\pi & \cos \frac{4}{3}\pi \\ \sin 0 & \sin \frac{2}{3}\pi & \sin \frac{4}{3}\pi \end{bmatrix} \begin{bmatrix} i_A \\ i_B \\ i_C \end{bmatrix} = \sqrt{\frac{2}{3}} \begin{bmatrix} 1 & -\frac{1}{2} & -\frac{1}{2} \\ 0 & \frac{\sqrt{3}}{2} & -\frac{\sqrt{3}}{2} \end{bmatrix} \begin{bmatrix} i_A \\ i_B \\ i_C \end{bmatrix} \tag{6-13}$$

上式中的系数矩阵称为由三相固定绕组到二相固定绕组的变换矩阵。

二相/三相逆变换关系为

$$\begin{bmatrix} i_A \\ i_B \\ i_C \end{bmatrix} = \sqrt{\frac{2}{3}} \begin{bmatrix} 1 & 0 \\ -\frac{1}{2} & \frac{\sqrt{3}}{2} \\ -\frac{1}{2} & -\frac{\sqrt{3}}{2} \end{bmatrix} \begin{bmatrix} i_\alpha \\ i_\beta \end{bmatrix} \tag{6-14}$$

三相异步电动机的电压和磁链的变换均与电流变换相同,这样就可将三相电动机转换为二相电动机。

(2)矢量旋转变换

将三相电动机转化为二相电动机后,还需要将二相交流电动机变换为等效的直流电动机。

如图 6.36 所示,矢量旋转变换是将 $\alpha-\beta$ 两相固定坐标系中的交流量变换为以转子磁场定向的 $d-q$ 直角坐标系的直流量,$d-q$ 坐标系旋转的同步电气角速度为 ω_1。旋转坐标系水平轴位于转子轴线上,称为转子磁场定向的矢量控制,静止和旋转坐标系之间的夹角 θ 就是转子位置角,可用装于电动机轴上的位置检测元件——编码盘来获得,永磁同步电动机的矢量控制属于此类。如果矢量控制的旋转坐标系统是选在电动机的旋转磁通轴上,称为磁通定向控制,适用于三相异步电动机,其静止和旋转坐标系之间的夹角不能检测,需通过计算获得。

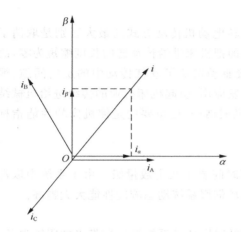

图 6.35　三相/二相变换

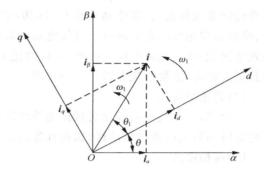

图 6.36　矢量旋转变换

矢量旋转变换的实质就是矢量向标量的转换,是静止的直角坐标系向旋转的直角坐标系的转换。这里就是要把 i_α、i_β 转化为 i_d、i_q,转化条件是保证合成磁场不变。i_α、i_β 的合成矢量是 i,将其向一个旋转直角坐标系 $d-q$ 分解。图中 $\alpha-\beta$ 是固定的直角坐标系,$d-q$ 是以同步角速度 ω_1 旋转的直角坐标系。矢量变换的矩阵表达式为

$$\begin{bmatrix} i_d \\ i_q \end{bmatrix} = \begin{bmatrix} \cos\theta & \sin\theta \\ -\sin\theta & \cos\theta \end{bmatrix} \begin{bmatrix} i_\alpha \\ i_\beta \end{bmatrix} \tag{6-15}$$

其逆变换矩阵为

$$\begin{bmatrix} i_\alpha \\ i_\beta \end{bmatrix} = \begin{bmatrix} \cos\theta & -\sin\theta \\ \sin\theta & \cos\theta \end{bmatrix} \begin{bmatrix} i_d \\ i_q \end{bmatrix} \tag{6-16}$$

其中 i_d、i_q 分别对应直流电动机的激磁电流和电枢电流。这样就实现了二相交流电动机向直流电动机的等效变换。

用极坐标表示 i_d、i_q 时,可用下面的关系式

$$\begin{cases} |\boldsymbol{i}| = \sqrt{i_d^2 + i_q^2} \\ \tan\theta_1 = \dfrac{i_q}{i_d} \end{cases} \tag{6-17}$$

由于矢量控制需要复杂的数学计算,所以矢量控制是一种基于微处理器的数字控制方案。根据矢量变换原理就可组成交流伺服电动机矢量控制变频调速系统。

6.5　直线电动机及其在数控机床中的应用简介

随着以高效率、高精度为基本特征的高速加工技术的发展,要求高速加工机床除必须具有

适宜高速加工的主轴部件,动、静、热刚度好的机床支撑部件,高刚度、高精度的刀柄和快速换刀装置,高压大流量的喷射冷却系统和安全装置等之外,对高速机床的进给系统也在进给速度、加速度及精度方面提出了更高的要求,由"旋转伺服电动机＋滚珠丝杠"构成的传统直线运动进给方式已很难适应,因此,一种崭新的传动方式应运而生了,这就是直线电动机直接驱动系统。

6.5.1　直线电动机的特点

机床进给系统采用直线电动机直接驱动,与原旋转电动机传动方式的最大区别是取消了从电动机到工作台(拖板)之间的机械中间传动环节,即把机床进给传动链的长度缩短为零,故这种传动方式称为"直接驱动",也称"零传动"。直接驱动避免了丝杠传动中的反向间隙、惯性、摩擦力和刚性不足等缺点。直线电动机系统的开发应用,引起机床行业的传统进给机械结构发生突变;通过先进的电气控制,不仅简化了进给机械结构,更重要的是使机床的性能指标得到很大提高,主要表现在以下几个方面。

(1)高速响应性

一般来讲,电气元器件比机械传动件的动态响应时间要小几个数量级。由于系统中取消了响应时间较大的机械传动件(如丝杠等),使整个闭环伺服系统动态响应性能大大提高。

(2)高精度性

由于取消了丝杠等机械传动机构,因而减少了插补时因传动系统滞后所带来的跟随误差。通过高精度(如小于 μ 级)的直线位移检测元件进行位置检测反馈控制,即可大大提高机床的定位精度。

(3)速度快、加减速过程短

机床直线电动机进给系统,能够满足 $60\sim100\text{m/min}$ 或更高的超高速切削进给速度。由于具有"零传动"的高速响应性,其加减速过程大大缩短,加速度一般可达到 $(2\sim10)g$。

(4)运行时噪声低

取消了传动丝杠等部件的机械摩擦,导轨副可采用滚动导轨或磁悬浮导轨(无机械接触),使运动噪声大大下降。

(5)效率高

由于无中间传动环节,也就避免了其机械摩擦时的能量损耗。

(6)动态刚度高

由于没有中间传动部件,传动效率高,可获得很好的动态刚度(动态刚度即为在脉冲负荷作用下,伺服系统保持其位置的能力)。

(7)推力平稳

"直接驱动"提高了传动刚度,直线电动机可根据机床导轨的形面结构及其工作台运动时的受力情况来布置,通常设计成均布对称,使其运动推力平稳。

(8)行程长度不受限制

通过直线电动机的转子(初级)的铺设可无限延长定子(次级)的行程长度,并可在一个行程全长上安装使用多个工作台。

(9)采用全闭环控制系统

由于直线电动机的转子已和机床的工作台合二为一,因此,与滚珠丝杠进给单元不同,直线电动机进给单元只能采用全闭环控制系统。

直线电动机在机床上的应用也存在一些问题，包括以下方面。

① 由于没有机械连接或啮合，因此垂直轴需要外加一个平衡块或制动器。

② 当负荷变化大时，需要重新整定系统。目前，大多数现代控制装置具有自动整定功能，因此能快速调机。

③ 磁铁（或线圈）对电动机部件的吸力很大，因此应注意选择导轨和设计滑架结构，并注意解决磁铁吸引金属颗粒的问题。

6.5.2　直线电动机的基本结构和分类

直线电动机可以认为是旋转电动机在结构上的一种演变，它可以看作将旋转电动机在径向剖开，然后将电动机沿着圆周展开成直线，形成了扁平型直线电动机，如图 6.37 所示。除了扁平型直线电动机的结构形式外，将扁平型直线电动机沿着和直线运动相垂直的方向卷成圆柱状（或管状），就形成了管型直线电动机，如图 6.38 所示。由定子演变而来的一侧称为初级，由转子演变而来的一侧称为次级。此外，直线电动机还有弧型和盘型结构，分别如图 6.39 和图 6.40 所示。所谓弧型结构，就是将扁平型直线电动机的初级沿运动方向改成弧形，并安放于圆柱形次级的柱面外侧；盘型直线电动机是将初级放在次级圆盘靠近外缘的平面上。

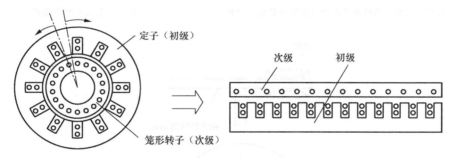

（a）由感应式旋转电动机演变为直线电动机的过程

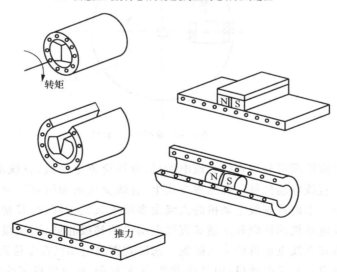

（b）由永磁旋转电动机演变为直线电动机的过程

图 6.37　由旋转电动机演变为直线电动机的过程

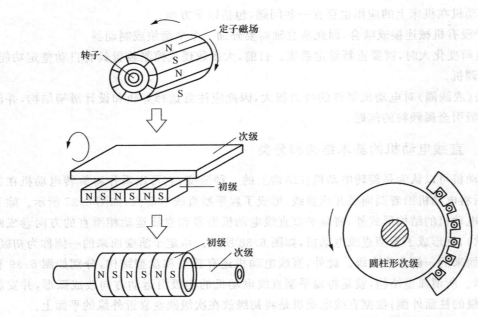

图 6.38　旋转电动机演变为管型直线电动机的过程　　　图 6.39　弧型直线电动机

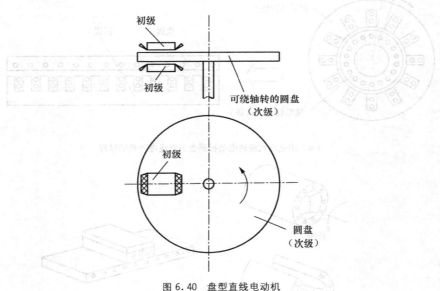

图 6.40　盘型直线电动机

　　直线电动机按原理可分为直线直流电动机、直线交流电动机、直线步进电动机、混合式直线电动机和微特直线电动机等。在励磁方式上,直线交流电动机可以分为永磁式(同步)和感应式(异步)两种。永磁式直线电动机的次级由多块永久磁钢铺设,其初级是含铁芯的三相绕组。感应式直线电动机的初级和永磁式直线电动机的初级相同,而次级用自行短路的不馈电栅条来代替永磁式直线电动机的永久磁钢。永磁式直线电动机在单位面积推力、效率、可控性等方面均优于感应式直线电动机,但其成本高,工艺复杂,而且给机床的安装、使用和维护带来不便。感应式直线电动机在不通电时是没有磁性的,因此有利于机床的安装、使用和维护,近年来,其性能不断改进,已接近永磁式直线电动机的水平,在机械行业的应用已受到欢迎。

6.5.3　直线电动机的基本工作原理

直线电动机不仅在结构上相当于是从旋转电动机演变而来的,而且其工作原理也与旋转电动机相似。

将图 6.41 所示的旋转电动机在顶上沿径向剖开,并将圆周拉直,便成了图 6.42 所示的直线电动机。在这台直线电动机的三相绕组中通入三相对称正弦电流后,也会产生气隙磁场。当不考虑由于铁芯两端开断而引起的纵向边端效应时,这个气隙磁场的分布情况与旋转电动机相似,即可看成沿展开的直线方向呈正弦形分布。当三相电流随时间变化时,气隙磁场将按A、B、C 相序沿直线移动。这个原理与旋转电动机的相似,二者的差异是:这个磁场是平移的,而不是旋转的,因此称为行波磁场。显然,行波磁场的移动速度与旋转磁场在定子内圆表面上的线速度是一样的,即为 v_s,称为同步速度(m/s)。

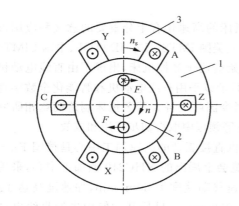

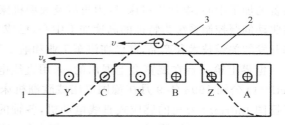

图 6.41　旋转电动机的基本工作原理
1—定子;2—转子;3—磁场方向

图 6.42　直线电动机的基本工作原理
1—初级;2—次级;3—行波磁场

再来看行波磁场对次级的作用。假定次级为栅形次级,图 6.43 中仅画出其中的一根导条。次级导条在行波磁场切割下,就产生感应电动势并产生电流,而所有导条的电流和气隙磁场相互作用便产生电磁推力。在这个电磁推力的作用下,如果初级是固定不动的,那么次级就顺着行波磁场运动的方向作直线运动。若次级移动的速度用 v 表示,移动的差率(简称移差率)用 s 表示,则有

$$s = \frac{v_s - v}{v_s}$$

$$v_s - v = sv_s$$

$$v = (1 - s)v_s$$

在电动机运行状态下,s 在 0 与 1 之间。上述就是直线电动机的基本工作原理。

应该指出,直线电动机的次级大多采用整块金属板或复合金属板,因此并不存在明显的导条。但在分析时,不妨把整块看成是无限多的导条并列安置,这样仍可以应用上述原理进行讨论。在图 6.43 中,分别画出了假想导条中的感应电流及金属板内电流的分布,图中 $l_δ$ 为初级铁芯的叠片厚度,c 为次级在 $l_δ$ 长度方向伸出初级铁芯的宽度,它用来作为次级感应电流的端部通路。

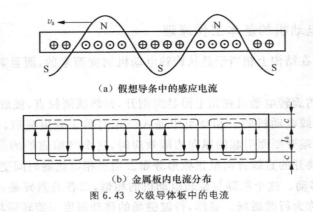

（a）假想导条中的感应电流

（b）金属板内电流分布

图 6.43 次级导体板中的电流

6.5.4 直线电动机在机床上的应用

直线电动机驱动系统具有很多的优点，对于促进机床的高速化有十分重要的意义和应用价值。20 世纪末以来，从世界四大国际机床展（欧洲 EMO、美国 IMTS、日本 JIMTOF、中国 CIMT）表明，国际上存在着一种趋势，直线电动机直接驱动开始应用于数控机床，出现了由直线电动机装备的加工中心、电加工机床、压力机以及大型机床。目前以采用直线电动机和智能化全数字直接驱动伺服控制系统为特征的高速加工中心，已成为当今国际上各大著名机床制造商竞相研究和开发的关键技术和产品，并已在汽车工业和航空工业等领域中取得初步应用和成效。

世界上第一台在展览会上展出的、采用直线电动机直接驱动的高速加工中心是德国 Ex-CelI-O 公司 1993 年 9 月在德国汉诺威欧洲机床博览会上展出的 XHC240 型加工中心，采用了德国 Indrmat 公司的感应式直线电动机，各轴的快速移动速度为 80m/min，加速度高达 $1g$ （$g = 9.8\text{m/s}^2$），定位精度 0.005mm，重复定位精度 0.0025mm。最早开发使用进给直线电动机的美国 Ingersoll 公司研制的 HVM8 加工中心的 X、Y、Z 轴上使用永磁直线同步电动机，进给最高速度达 76.2m/min，加速度达 $(1\sim1.5)g$。意大利 Vigolzone 公司生产的高速卧式加工中心，进给速度三轴均达到 70m/min，加速度达 $1g$。在日本 JIMTOF 2000 机床展中，直线电动机应用十分普遍，松浦机械所 XL-1 型立式加工中心 4 轴联动，主轴转速 100000r/min，进给采用直线电动机，快速移动速度 90m/min，最大加速度 $1.5g$；丰田工机、OKUMA 等公司采用直线电动机进给驱动最大加速度达 $2g$，快速移动速度达 $100\sim120\text{m/min}$。在 2000 年上海国际模具加工机床展览会上，日本 SODICK 公司展出了永磁直线电动机伺服系统电火花成型机床，对电加工机床驱动进行了一次革命性的变革，大大提高了电加工机床的加工速度和精度，AQ35L 三轴直线电动机驱动电火花成型机快速行程为 36m/min。在美国国际制造技术展览会（IMTS 2000）上，直线电动机品种很多，而且发展速度很快。Cincinnati 公司的最新用直线电动机驱动的加工中心样机解决了发热和防磁等难题，这项技术是机床高速驱动的发展趋势。目前，在机床上使用的直线电动机及其系统的研究开发主要有以下方面的趋势。

① 机床进给系统用永磁直线伺服电动机，将以永磁式为主导。

② 注重直线电动机本体的优化设计，包括材料、结构和工艺。

③ 各种新的驱动电源技术和控制技术被应用到整个系统中。

④ 电动机、编码器、导轨、电缆等集成，减小电动机尺寸，便于安装和使用。

⑤ 将各功能部件（导轨、编码器、轴承、接线器等）模块化。

⑥ 注重相关技术的发展，如位置反馈元件，这是提高直线电动机性能的基础。

　　由于直线电动机直接驱动数控机床处于初级应用阶段,生产批量不大,1997 年采用直线电动机的机床销售量为 300 台,因而成本很高。但可以预见,作为一种崭新的传动方式,直线电动机必然在机床工业中得到越来越广泛的应用,并显现巨大的生命力。

6.6　位置控制

　　数控机床进给伺服系统是位置随动系统,需要对位置和速度进行精确控制,这通过对位置环、速度环、电流环的控制来实现。位置环和速度环(电流环)是紧密相连的,速度环的给定值,就是来自位置环。而位置环的输入一方面有来自轮廓插补器在每一个插补周期内插补运算输出的位置指令,另一方面有来自位置检测元件测得的机床移动部件的实际位置信号。插补得到的指令位移和位置检测元件得到的机床移动部件的实际位移在位置比较器中进行比较,得到位置偏差,位置控制单元再根据速度指令的要求及各环节的放大倍数(称增益)对位置数据进行处理,把处理的结果送给速度环,作为速度环的给定值。其控制过程简图如图 6.44 所示。

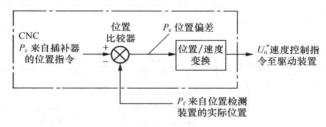

图 6.44　位置控制原理

　　根据对位置环、速度环和电流环的控制是用软件还是硬件来实现,可将伺服系统分为混合式伺服系统和全数字式伺服系统。混合式伺服系统是通过软件实现位置环控制,通过硬件实现速度环和电流环的控制,是一种软硬结合、数字信号和模拟信号结合的混合系统。对于混合式伺服系统,根据位置比较方式的不同,分为数字—脉冲比较伺服系统、相位比较伺服系统和幅值比较伺服系统。全数字伺服系统是用计算机软件实现数控系统中位置环、速度环和电流环的控制,即系统中的控制信息全用数字量处理。在全数字系统中,各种增益常数可根据外界条件的变化而自动更改,保证在各种条件下都是最优值,因而控制精度高、稳定性好。全数字系统对提高速度环、电流环的增益,实现前馈控制、自适应控制等都是十分有利的。

6.6.1　相位比较伺服系统

　　相位比较伺服系统,是数控机床中常用的一种伺服系统。其特点是将指令脉冲信号和位置检测反馈信号都转换为相应的同频率的某一载波的不同相位的脉冲信号,在位置控制单元进行相位的比较,它们的相位差就反映了指令位置与实际位置的偏差。

　　相位比较伺服系统的位置检测元件采用旋转变压器、感应同步器或磁栅,这些装置工作在相位工作状态。由于旋转变压器、感应同步器和磁栅的检测信号为电压模拟信号,同时这些装置还有励磁信号,故相位比较首先要解决信号处理的问题,即怎样形成指令相位脉冲和实际相位脉冲,主要由脉冲调相器及滤波、放大、整形电路来实现。相位比较的实质是脉冲相位之间超前或滞后关系的比较,相位比较由鉴相器实现。

　　图 6.45 所示是一个采用感应同步器作为位置检测元件的相位比较伺服系统原理框图。在该系统中，感应同步器取相位工作状态，以定尺的相位检测信号经整形放大后所得的 $P_{\theta f}$ 作为实际位置反馈信号。指令脉冲 F_c 的数量、频率和方向分别代表了工作台的指令进给量、进给速度和进给方向，经脉冲调相器转变为相对于基准脉冲信号 f_0 的相位变化的指令脉冲信号 $P_{\theta c}$。$P_{\theta c}$ 和 $P_{\theta f}$ 为两个同频的脉冲信号，输入鉴相器进行比较，比较后得到它们的相位差 $\Delta\theta$。伺服放大器和伺服电动机构成的调速系统，接受相位差 $\Delta\theta$ 信号以驱动工作台朝指令位置进给，实现位置跟踪。当指令脉冲 $F_c = 0$ 且工作台处于静止时，$P_{\theta c}$ 和 $P_{\theta f}$ 为两个同频率、同相位的脉冲信号，经鉴相器进行相位比较判别，输出的相位差 $\Delta\theta = 0$。此时，伺服放大器的速度给定为 0，它输出到伺服电动机的电枢电压亦为 0，工作台维持在静止状态。当指令脉冲 $F_c \neq 0$ 时，若设 F_c 为正，经过脉冲调相器后，$P_{\theta c}$ 产生正的相移，由于工作台静止，$P_{\theta f} = 0$，故鉴相器的输出 $\Delta\theta > 0$，伺服驱动部分使工作台正向移动，此时 $P_{\theta f} \neq 0$，经反馈比较，$\Delta\theta$ 变小，直到消除 $P_{\theta c}$ 与 $P_{\theta f}$ 的相位差。反之，若设 F_c 为负，则 $P_{\theta c}$ 产生负的相移，在 $\Delta\theta < 0$ 的控制下，伺服机构驱动工作台作反向移动。

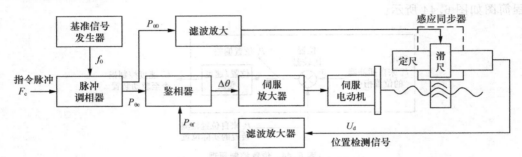

图 6.45　相位比较伺服系统原理框图

　　下面着重讨论脉冲调相器和鉴相器的工作原理。

　　图 6.46 为脉冲调相器组成原理框图。脉冲调相器也称脉冲—相位变换器，其作用有两个，一是通过对基准脉冲 f_0 进行分频，产生基准相位脉冲 $P_{\theta 0}$，由该脉冲形成的正、余弦励磁绕组的励磁电压 U_s、U_c 的频率与 $P_{\theta 0}$ 频率相同，感应电压 U_d 的相位 θ_f 随着工作台的移动而相对于基准相位 θ_0 有超前或滞后；二是通过对指令脉冲 F_c 的加、减，再通过分频产生相位超前或滞后于 $P_{\theta 0}$ 的指令相位脉冲 $P_{\theta c}$。由于指令相位脉冲 $P_{\theta c}$ 的相位 θ_c 和实际相位脉冲 $P_{\theta f}$ 的相位 θ_f 均以基准相位脉冲 $P_{\theta 0}$ 的相位 θ_0 为基准，因此 θ_c 和 θ_f 通过鉴相器获得是 θ_c 超前 θ_f、还是 θ_f 超前 θ_c，或者两者相等。

　　基准脉冲 f_0 由石英晶体振荡器组成的脉冲发生器产生，以获得频率稳定的载波信号。f_0信号输出分成两路，一路直接输入 m 分频的二进制计数器，称为基准分频通道；另一路则先经过加减器再进入分频数亦为 m 的二进制计数器，称为调相分频通道。上述两个计数器均为 m分频，即当输入 m 个计数脉冲后产生一个溢出脉冲。基准分频通道应该输出两路频率和幅值相同，但相位互差 90°的电压信号，以供给感应同步器滑尺的正、余弦绕组励磁。为了实现这一要求，可将该通道中的最末一级计数触发器分成两个，如图 6.47 所示。由于最后一级触发器的输入脉冲相差 180°，所以经过 2 分频后，它们的输出端的相位互差 90°。由脉冲调相器基准分频通道输出的矩形脉冲，应经过滤除高频分量以及功率放大后才能形成供给滑尺励磁的正、余弦信号 U_s 和 U_c。然后，由感应同步器电磁感应作用，可在其定尺上取得相应的感应电势 U_d，再经滤波放大，就可获得用作位置反馈的脉冲信号 $P_{\theta f}$。调相分频通道的任务是将指令

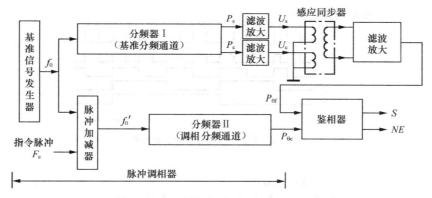

图 6.46　脉冲调相器组成原理框图

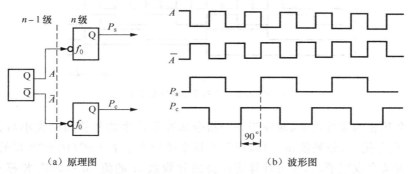

（a）原理图　　　　　　　　（b）波形图

图 6.47　基准分频器末级相差 90°输出

脉冲信号 F_c 调制成与基准分频通道输出的励磁信号 P_s、P_c 同频率，而相位的大小和方向与指令脉冲 F_c 的多少、正负有关的脉冲信号 $P_{\theta c}$。

　　下面举例说明数字移相的工作原理。设分频器由 4 个二进制计数触发器 $T_0 \sim T_3$ 组成，分频数 $m = 2^4 = 16$，即每输入 16 个脉冲产生一个溢出脉冲信号。如图 6.48 所示，在没有指令进给脉冲输入的情况下，调相通道和基准通道的波形一致，均如图中的 T_3 所示。

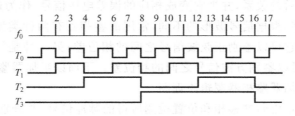

图 6.48　四位二进制计数器波形图

　　在正指令进给脉冲输入时，通过脉冲加减器在时钟脉冲中插入了指令脉冲，使调相通道各触发器提前翻转，插入一个指令进给脉冲后的波形如图 6.49 所示。可见调相通道最末一级的输出 T_3 相对于基准通道的输出 T_3（见图 6.48）来说，产生了正的相移 $\Delta\theta$，即超前 $\Delta\theta$。

　　同理，当有负指令进给脉冲输入时，通过脉冲加减器，每输入一个指令脉冲就在时钟脉冲中减去一个脉冲，因而调相通道各触发器延时翻转。图 6.50 示出了减去一个脉冲的情况，可见其 T_3 产生了负的相移 $\Delta\theta$，即滞后 $\Delta\theta$。

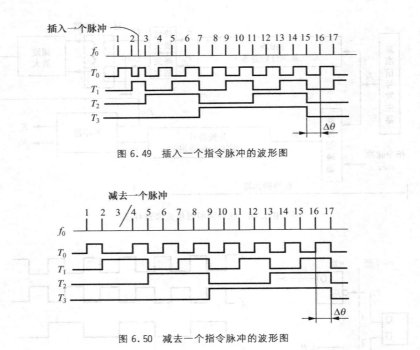

图 6.49 插入一个指令脉冲的波形图

图 6.50 减去一个指令脉冲的波形图

由上述指令移相的原理可知,对应于一个指令脉冲所产生的相移角的大小与分频器的分频数 m 有关。在上例中,分频数 $m=16$,则每个指令脉冲产生了 $360°/16=22.5°$ 的相移;同理当相移角要求为某个设定值时,亦可计算所需的分频数 m 的值:$m=360°/$相移角。也可在已知数控机床的脉冲当量 δ 和感应同步器的节距 2τ 时求得相移角的大小。例如,设某数控机床的脉冲当量 $\delta=0.001\text{mm}$,感应同步器的节距 $2\tau=2\text{mm}$,则单位脉冲所对应的相移角 $=\delta\times 360°/(2\tau)=0.001\times 360°/2=0.18°$,此时可知分频数 $m=360°/0.18°=2000$,分频器输入的基准脉冲频率将是励磁频率的 m 倍。若本例的感应同步器励磁频率取为 10kHz,分频系数 $m=2000$,则基准频率 $f_0=2000\times 10\text{kHz}=20\text{MHz}$。

鉴相器又称相位比较器,它的作用是鉴别指令信号与反馈信号的相位,判别两者之间的相位差及其相位超前、滞后的关系,并把它变成相应的误差电压信号,作为速度单元的输入信号。鉴相器的结构形式很多,根据信号波形的不同,常用的鉴相器有两种类型,一种是二极管型鉴相器(或称变压器型),它可以鉴别正弦波信号之间的相位差;另一种是门电路型鉴相器(或称触发器型鉴相器),它可以鉴别方波信号之间的相位差。下面以半加器鉴相器为例说明鉴相工作原理。图 6.51 是半加器鉴相器逻辑原理图。

用 A 和 B 分别表示由脉冲移相和位置检测所得的脉冲信号,并分别输入鉴相器的计数触发器 T_1 和 T_2,经二分频后所输出的 A、$\overline{A}$ 和 B、$\overline{B}$ 频率降低一半。鉴相器的输出信号有两个:S 和 NE。S 为 A 和 B 信号的半加和,也即 A 和 B 作异或逻辑运算 $S=A\overline{B}+\overline{A}B$ 的结果,其值反映了相位差 $\Delta\theta$ 的绝对值。由半加原理可知,同频脉冲信号 A 和 B 相位相同时,半加和 $S=0$。然而,当 A 和 B 不同相时,无论两者超前或滞后的关系如何,S 信号将是一个周期的方波脉冲信号,此脉冲信号的宽度代表了两参加鉴相的数字脉冲信号的相位差 $\Delta\theta$。NE 为一个 D 触发器的输出信号,根据 D 端和 CP 端相位超前或滞后的关系,决定其输出的电平高低。由图 6.52 可知,对于由下降沿触发的 D 触发器,当接于 D 端的 A 信号超前 B 时,即 A 领先于 B

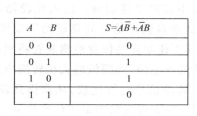

A	B	$S=A\bar{B}+\bar{A}B$
0	0	0
0	1	1
1	0	1
1	1	0

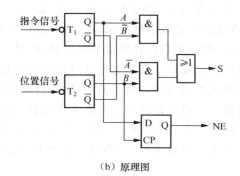

（a）真值表　　　　　　　　　　（b）原理图

图 6.51　半加器鉴相器

由"1"变为"0"，则 D 触发器的 Q 端应被置"0"，输出低电平。反之，当 A 滞后于 B 由"1"变为"0"，则 D 触发器将被置"1"，输出高电平。因此，输出端信号 $NE=0$，表示指令信号的相位超前于位置信号，相位差为正；$NE=1$，表示指令信号的相位滞后于位置信号，相位差为负。图 6.52 分别表示相位差 $\Delta\theta=0°$、$+90°$、$+180°$、$+270°$ 四种情况下，鉴相器输入信号 $P_{\theta c}$、$P_{\theta f}$ 二分频后的信号 A、B 以及输出信号 S 和 NE 的波形。

由图 6.52 可知，当 $P_{\theta c}$ 与 $P_{\theta f}$ 的相位差超过 $180°$ 后，两者的超前和滞后的关系会发生颠倒。现在利用 2 分频后的 A 和 B 进行相位比较，故其鉴相器范围可扩大至 $360°$。增加指令信号和位置信号的分频系数可进一步扩大检测范围，但是，随着分频系数的增加，灵敏度会下降。

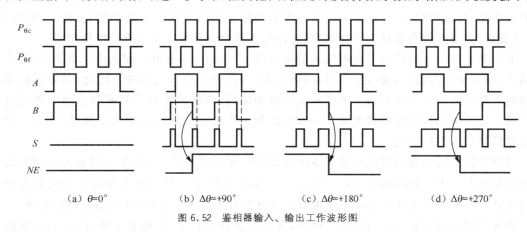

（a）$\theta=0°$　　　　（b）$\Delta\theta=+90°$　　　　（c）$\Delta\theta=+180°$　　　　（d）$\Delta\theta=+270°$

图 6.52　鉴相器输入、输出工作波形图

一般情况下，鉴相器的输出信号为脉宽调制波，需经滤波、整流，将其变换为电压信号，以作为速度控制信号 U_n^*。同时，鉴相器判别出脉冲移相和位置检测所得的脉冲信号的超前、滞后的关系，使得速度控制信号在输入正向指令脉冲时为正，反向指令时为负。

6.6.2　幅值比较伺服系统

幅值比较伺服系统是以位置检测信号的幅值大小来反映机械位移的数值，并以此作为位置反馈信号与指令信号进行比较构成的半闭环控制系统，简称幅值伺服系统。

图 6.53 所示是一个采用旋转变压器作为位置检测元件的幅值比较伺服系统原理框图，其由鉴幅器和电压频率变换器组成的位置测量信号处理电路、比较器、励磁电路、伺服放大器和伺服电机共五部分组成。该系统与相位伺服系统相比，最显著的区别是所用的位置检测元件

工作在幅值工作方式,除感应同步器外,旋转变压器和磁栅都可用于幅值比较伺服系统。另外,比较器比较的是数字脉冲量,不是相位信号,所以不需要基准信号。进入比较器的脉冲信号有两路,一路是来自数控装置的指令脉冲,另一路是来自测量信号处理电路的反馈脉冲,两路脉冲信号在比较器中直接进行脉冲数量的比较。其工作原理是位置检测装置将测量出的实际位置转换成测量信号幅值的大小,再通过测量信号处理电路,将幅值的大小转换成反馈脉冲频率的高低。一路反馈脉冲信号进入比较器,与指令脉冲信号进行比较,从而得到位置偏差,经 D/A 转换、伺服放大后作为驱动伺服电动机的信号,伺服电动机带动工作台移动,直到比较器输出信号为零时停止;另一路反馈脉冲信号进入励磁电路,控制产生幅值工作方式的励磁信号。

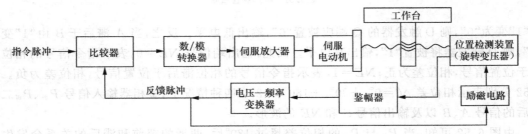

图 6.53　幅值比较伺服系统原理框图

在幅值比较伺服系统中,鉴幅器即是解调电路,主要由低通滤波器、放大器和检波器组成。它的功能是对位置测量元件输出的代表工作台实际位移的电压信号进行滤波、放大、检波、整流,变成正、负与工作台移动方向相对应、幅值与工作台位移成正比的直流电压信号。

电压频率变换器的作用是根据输入的电压值,产生相应的脉冲。输入电压为正时,输出正向脉冲;输入电压为负时,输出负向脉冲;输入为 0 时,不产生任何脉冲。因此,鉴幅后输出的模拟电压经电压频率变换器后变换成相应的脉冲序列,该脉冲序列的频率与直流电压的电平高低成正比。电压频率变换器的输出一方面作为工作台的实际位移送入比较器,另一方面作为励磁信号送入励磁电路。

励磁电路的任务是根据电压频率变换器输出脉冲的多少和方向,生成测量元件所需的励磁电压信号 $U_s = U_m \sin\alpha \sin\omega t$ 和 $U_c = U_m \cos\alpha \sin\omega t$,其中电气角 α 的大小由脉冲的多少和方向决定,U_s 和 U_c 的频率及周期根据要求可用基准信号的频率和计数器的位数调整、控制。

当采用感应同步器为位置检测元件时,在幅值比较过程中,工作台不断移动,通过变换反馈脉冲不断产生,经脉冲比较得到偏差脉冲,直至指令脉冲等于反馈脉冲、偏差脉冲为零,工作台停止在指令要求的位置上。对旋转变压器而言,在幅值比较时,丝杠有一定的角位移增量即产生一定的的反馈脉冲,其他同感应同步器。

6.6.3　数字脉冲比较伺服系统

数字脉冲比较伺服系统结构比较简单,常采用光电编码器、光栅做位置检测装置,以半闭环的控制结构形式构成的数字脉冲比较伺服系统较为普遍。

图 6.54 所示为数字脉冲比较伺服系统的半闭环控制原理框图,其采用光电编码器作为位置检测装置。数字脉冲比较伺服系统的特点是指令脉冲信号与位置检测装置的反馈脉冲信号在比较器中是以脉冲数字的形式进行比较。

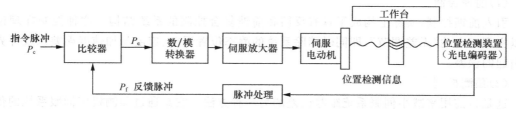

图 6.54 半闭环数字脉冲比较系统原理框图

数字脉冲比较伺服系统的工作原理如下：当数控系统要求工作台向一个方向进给时，经插补运算得到一系列进给脉冲作为指令脉冲 P_c，其数量代表了工作台的指令进给量，频率代表了工作台的进给速度，方向代表了工作台的进给方向。以增量式光电编码器为例，当光电编码器与伺服电动机及滚珠丝杠直联时，随着伺服电动机的转动，编码器测得的角位移量经脉冲处理后输出反馈脉冲 P_f，脉冲的频率将随着转速的快慢而升降。指令脉冲 P_c 与反馈脉冲 P_f 在数字脉冲比较器中比较，取得位置偏差信号 P_e；位置偏差 P_e 经 D/A 转换（全数字伺服系统不经 D/A 转换）、伺服放大后送入伺服电动机，驱动工作台移动。

数字脉冲比较电路的基本组成有两个部分：一是脉冲分离电路，二是可逆计数器，如图 6.55 所示。应用可逆计数器实现脉冲比较的基本要求是：当输入指令脉冲为正 P_{c+} 或反馈脉冲为负 P_{f-} 时，可逆计数器作加法计数器；当指令脉冲为负 P_{c-} 或反馈脉冲为正 P_{f+} 时，可逆计数器作减法计数。在脉冲比较过程中

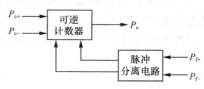

图 6.55 数字脉冲比较器的基本组成

值得注意的问题是，指令脉冲 P_c 和反馈脉冲 P_f 到来的时刻可能错开或重叠。当这两路计数脉冲先后到来并有一定的时间间隔时，则计数器无论先加后减，或先减后加，都能可靠地工作。但是，如果两路脉冲同时进入计数脉冲输入端，则计数器的内部操作可能会因脉冲的"竞争"而产生误操作，影响脉冲比较的可靠性。为此，必须在指令脉冲与反馈脉冲进入可逆计数器之前，进行脉冲分离处理。脉冲分离电路是由硬件逻辑电路保证先作加法计数，然后经过几个时钟的延时再作减法计数，这样可保证两路计数脉冲信号均不会丢失。

当采用绝对式编码器作为检测元件时，通常情况下，先将位置检测装置的反馈信号进行处理，经数码—数字转换后变成数字脉冲信号，再与指令脉冲信号进行比较。

6.6.4 全数字控制伺服系统

全数字控制伺服系统是用计算机软件实现数控系统中位置环、速度环和电流环的控制。在全数字式伺服系统中，CNC 系统直接将插补运算得到的位置指令以数字信号的形式传送给伺服驱动单元，伺服驱动单元本身具有位置反馈和位置控制功能，速度环和电流环都具有数字化测量元件，速度控制和电流控制由专用 CPU 独立完成，对伺服电动机的速度调节也是由微处理器完成。CNC 与伺服驱动之间通过通信联系，采用专用接口芯片。

全数字控制伺服系统可以采用以下新技术，通过计算机软件实现最优控制，达到同时满足高速度和高精度的要求。而普通数控机床的伺服系统是根据传统的反馈控制原理设计的，很难达到无跟踪误差控制，即很难同时达到高速度和高精度。

(1)前馈控制

引入前馈控制,实际上构成了具有反馈和前馈复合控制的系统结构。这种控制在理论上可以实现完全的"无差调节",即同时消除系统的静态位置误差、速度与加速度误差以及外界扰动引起的误差。

(2)预测控制

这是目前用来减小伺服系统跟踪误差的另一种方法。它是通过预测机床伺服系统的传递函数来调节输入控制量,以产生符合要求的输出。

(3)学习控制或重复控制

这种控制方法适合于周期性重复操作控制指令情况的加工,可以获得高速、高精度的效果。它的工作原理是:当系统跟踪第一个周期指令时产生伺服滞后误差,系统经过对前一次的学习,能记住这个误差的大小,在第二次重复这个加工过程中能够做到精确、无滞后地跟踪指令。学习控制是一种智能型的伺服控制。

全数字控制伺服系统可采用现代控制理论,通过计算机控制,具有更高的动、静态控制精度。在检测灵敏度、时间及温度漂移和抗干扰性能等方面优于混合式伺服系统。

全数字控制伺服系统采用总线通信方式,极大地减少了连接电缆,便于机床的安装、维护,提高了系统可靠性;同时,全数字式伺服系统具有丰富的自诊断、自测量和显示功能。目前,全数字控制伺服系统在数控机床的伺服系统中得到了越来越多的应用。

思考题和习题

6-1　简述数控机床伺服系统的组成和要求。

6-2　简述步进电动机的结构和工作原理。

6-3　简述步进电动机伺服系统的组成。

6-4　简述环形分配器的作用及类型。

6-5　简述步进电动机驱动电源的功能及类型。

6-6　简述直流电动机的 H 双极性调速原理。

6-7　交流电动机的类型有哪些?

6-8　简述变频调速原理。

6-9　什么是 SPWM?

6-10　步进电动机的主要性能指标有哪些?

6-11　某开环控制数控机床的横向进给传动结构为步进电动机经齿轮减速后带动滚珠丝杠螺母,驱动工作台移动。已知横向进给脉冲当量为 0.005mm/p,齿轮减速比是 2.5,滚珠丝杠导程为 6mm,那么三相步进电动机的步距角为多少? 如果步进电动机转子有 80 个齿,那么应该采用怎样的通电方式? 写出通电顺序。

6-12　简述直流电动机的 H 单极性调速原理。

6-13　某五相步进电动机转子有 48 个齿,采用五相十拍工作方式,试计算其步距角。

6-14　某三相步进电动机三相单三拍的步距角为 6°,则其工作方式为三相六拍的步距角为多少?

6-15　步进电动机驱动电源的输入信号通常为 CP 和 DIR,如何利用这两个信号控制步进电动机的转速、旋转方向和运动步数?